天文学史新视野丛书

·········· 孙小淳◎主编 ··········

中国
古代天文学的
“汉范式”

孙小淳　肖 尧 / 编著

THE HAN PARADIGM OF
ANCIENT CHINESE ASTRONOMY

长江出版传媒
湖北科学技术出版社

图书在版编目(CIP)数据

中国古代天文学的“汉范式” / 孙小淳，肖尧编著.
武汉 : 湖北科学技术出版社， 2024. 10. --（天文学史
新视野丛书 / 孙小淳主编）. -- ISBN 978-7-5706-3502-3

Ⅰ. P1-092

中国国家版本馆 CIP 数据核字第 2024P91H80 号

策　　划：严　冰　　　　责任校对：陈横宇
责任编辑：张波军　刘　芳　　　　封面设计：喻　杨

出版发行：湖北科学技术出版社
地　　址：武汉市雄楚大街 268 号（湖北出版文化城 B 座 13—14 层）
电　　话：027-87679468　　　　邮　　编：430070

印　　刷：湖北新华印务有限公司　　　　邮　　编：430035

710×1000　1/16　　　　20 印张　　380 千字
2024 年 10 月第 1 版　　　　2024 年 10 月第 1 次印刷
定　　价：128.00 元

总 序

天文学史特别是中国天文学史的研究，一直以来都是中国科学技术史研究领域中最为活跃、成果最为丰富的领域之一。在过去的一个世纪中，中国学者正式出版的关于天文学史的著作超过150种，还有数不胜数的相关论文。这些研究内容涵盖了历法、天文仪器、宇宙论、星表与星图、天象观测与记录、星占术、天文学家传记、少数民族天文学、天文学起源、天文学社会史以及中外天文学交流史等诸多方面。21世纪以来，中国学者在上述领域研究的基础上，开拓了数理天文学史、考古天文学、中国近现代天文学史以及国外天文学史等新的研究领域，并取得了丰硕的研究成果。这使得天文学史研究呈现出一派生机勃勃的景象。

“天文学史新视野丛书”正是在这样的背景下诞生的。它试图在以下几个方面进行创新：

其一是新范式。过去的研究往往侧重于揭示中国古代天文学的成就，并将其与现代天文学相比较。然而，本丛书主张我们应该深入古代的情境中去理解古代天文学，探讨古天文概念和理论是如何建立起来的。这就要求我们将古代天文学的观测、计算和理论统一起来考虑，进行古代科学思想的复原研究。换而言之，我们的研究范式应该从单纯的发现转变为更为深入的复原。

其二是新视角。天文学作为古代科学的基础，与其他科学领域有着密切的联系。同时，天文学与国家社会、政治、文化息息相关。因此，我们可以从学科交叉的角度和社会文化史的角度来审视和研究古代天文学。

其三是新材料。随着考古学的发展，新的考古材料不断被发现，如新发现的汉简等。随着研究视角和研究范式的转变，许多过去被忽视的史料也可能获得新的意义，从而在某种程度上成为我们研究的新材料。

其四是新问题。天文学史研究是一个不断发展的过程，新的问题不断涌现。这些问题既包括学科内史的问题，也包括学科外史的问题。正如"一切历史都是当代史"，新问题的提出始终与我们当前的关切分不开。

最后也是最重要的，是新力量。学科要持续发展，离不开新的研究力量的加入。"天文学史新视野丛书"的作者中，有许多是我指导过的研究生。看到他们逐渐成长起来，我由衷地感到欣慰。

是为序。

2024 年 8 月 10 日

目录 CONTENTS

第十章 验历与中国古代历法的制定 / 251

“天下之中”“土中”与“地中”概念辨析 / 273

郭守敬四丈高表测影研究 / 291

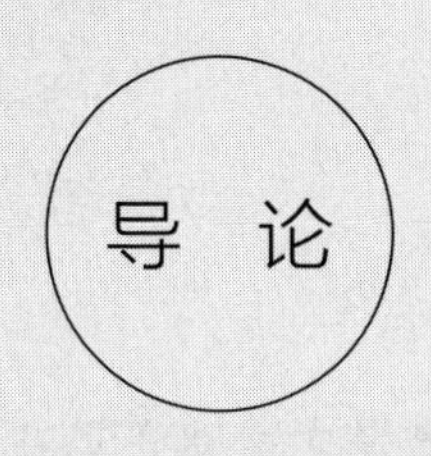

导论 中国古代天文学的“汉范式”

孙小淳

中国古代有没有“科学”？这是大家感兴趣并且常常问起的问题，它涉及对中国古代科学的认识问题。一讲到中国古代科学史，就有人说，中国古代根本就没有“科学”这个概念，怎么会有中国古代科学史呢？照这样讲，我们就无法研究大部分学科的古代史。比如社会学，我们不能研究中国古代社会学史，因为中国古代没有“社会学”这个概念；我们也不能研究中国古代的美学，因为那时也没有“美学”这个概念。因此，必须指出，我们研究古代科学，只是借用现代科学的概念，回溯过去，探讨与科学接近的东西。中国古代科学史的研究，正是基于这个理解之上的研究。本书尝试通过对汉代天文学的相关研究来展现中国古代科学的特点，从而使读者对中国古代科学有更深刻的理解和更全面的认识。

本书定名为《中国古代天文学的“汉范式”》，是有一定缘由的。“范式（paradigm）”的概念，是托马斯·塞缪尔·库恩（Thomas Samuel Kuhn）在其著作《科学革命的结构》（*The Structure of Scientific Revolutions*）中提出的。书的第二章叫“常规科学之路”，讲一门科学是不是成熟，要看它是不是已经具有“范式”，常规科学就是指在“范式”

指导下的科学研究活动。大多数自然科学（学科）都是到近代才有自己的范式的，不过库恩特别指出，数学和天文学是例外，二者早在近代之前就拥有“范式”了[1]。受此启发，我开始思考中国古代天文学的“范式”问题。

中国古代天文学的“汉范式”这个说法，是我数年前提出的。几年前，剑桥李约瑟研究所的前所长古克礼（Christopher Cullen）教授写了两本关于汉代历法的书：一本是《天数：中国秦汉时期的天文与权力》（*Heavenly Numbers：Astronomy and Authority in Early Imperial China*）[2]，另一本是《天文计算的基础：三部中国古代的天文历法》（*The Foundations of Celestial Reckoning：Three Ancient Chinese Astronomical Systems*）[3]。他在第二本书中讨论“Han paradigm（汉范式）”，还特别提到了我和他关于这个提法的私人通信[4]。

探讨中国古代天文学的“汉范式”，天文历法是很好的切入点。汉代的《三统历》是非常典型的一部历法，它可以视为“太初改历”的成就[5]，尤其能反映当时天文学的状况。《汉书·律历志》说：“《经》元一以统始，《易》太极之首也。《春秋》二以目岁，《易》两仪之中也。”[6]

---

[1] KUHN T.The Structure of Scientific Revolution[M].Chicago：University of Chicago Press，1962：15.

[2] CULLEN C.Heavenly Numbers：Astronomy and Authority in Early Imperial China [M].Oxford：Oxford University Press，2017a.

[3] CULLEN C.The Foundations of Celestial Reckoning：Three Ancient Chinese Astronomical Systems[M].London and New York：Routledge，2017b.

[4] CULLEN C.The Foundations of Celestial Reckoning：Three Ancient Chinese Astronomical Systems[M].London and New York：Routledge，2017b：2.

[5] 尽管“太初改历”制定的历法是《太初历》，但《三统历》的内容结构基本上和《太初历》一致。

[6] 班固.汉书·律历志[A]//中华书局编辑部.历代天文律历等志汇编（五）.北京：中华书局，1976：1406-1407。

这是把历法跟《春秋》和《易》联系起来。为什么要这样做？在我看来，《易》代表自然的东西，也就是天道所辖，而《春秋》谈论如何治理社会，代表的是人道，因此，《三统历》实际代表的是天人之道。仔细看《三统历》的内容，前面部分写的是怎样构造数字模型来预测天体运行，后面部分有一篇《世经》，其文从伏羲说起，一直写到汉代，甚至说到王莽新朝，以此来为王莽的新政提供"君权神授"的依据。所以中国古代的历法不是一门简单的自然科学，也不是一门简单的社会历史科学，它应当被视为一门包揽自然（天道）和社会（人道）的学问。

对于这样一门学问，应该如何理解它的科学性质呢？我认为汉代历法的构造本身就体现出科学的特质，同时也体现出中国古代天文学的特点，比如"象数易"[1]和"律历一体"[2]的思想。往大的方面说，天文历法是一个天人合一的体系，是天道与人道的总纲，是《易》与《春秋》的结合，是一个根据音律、易、五行、天地之数等要素构建的宇宙系统，是包括宇宙与人文的"大一统"理论。这样讲可能有些空泛，下面我通过对《三统历》的分析来说明这一点。

《三统历》可以视为一个由三套常数系统组成的体系（图 0–1），分别是"统母""纪母""五步"。其中，"统母"是关于日月运动的天文常数，如日法 81、闰法 19、月法 2392 等，与之相关的天文学概念有朔望月长度、回归年长度、交食周期等；"纪母"是关于行星运动的天文常数，以岁星（即木星）为例，其岁数 1728、见中分 20736、见中法 1583 等，这些数据显然不是直接测量得到的，而是某种构造的结果；"五步"是

[1] "象数易"在汉代文化里是十分重要的思想，它是汉代天文历法的一个基础。关于"象数易"后文会具体展开介绍。

[2] "律历一体"是汉代历法的另一个重要思想，人们相信音律和历法是和谐统一的两部分，因此在历法构建中常常会看到音律内容的参与。

关于五星动态的天文常数，用以描述观测到的五星运动状态。在这三套常数系统的基础上，又有各自的“术”（即统术、纪术和岁术）对这些常数进行运算操作，包括加减乘除、去整取余、通分约分等运算。用统术、纪术和岁术对三套常数系统进行运算，就可以推出想要知道的日月五星运动情况，当然也包括五星凌犯、日月食等特殊天象。

统母：日法 81，闰法 19，月法 2392，通法 598，统法 1539，元法 4617，会数 47，朔望之会 135，会月 6345，统月 19035，元月 57105，章月 235，中法 140530，周至 57，七勒之数 7/235，周天 562120，岁中 12，月周 254，章中 2280，统中 18468，元中 55404，策余 8080

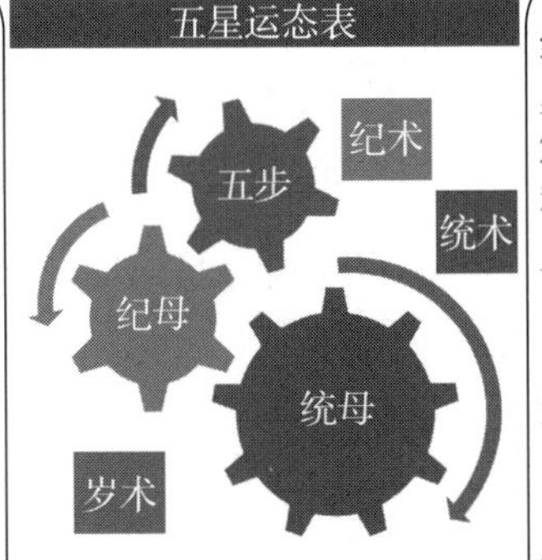

纪母（以岁星为例）：岁数 1728，见中分 20736（1728 × 12），积中 13，中余 157，见中法 1583，见闰分 12096（1728 × 7），积月 13，月余 15079，见月法 30077（1583 × 19），见中日法 7308711（3 × 见月日法），见月日法 2436267（见中法 × 1539）

图 0–1　构造《三统历》的三套常数系统

这样看时，《三统历》就是一个关于天体运动的数字模型。它就像一个编程系统，先设定好一些参数，并给它们赋值（即确定天文常数），然后用一套运算法则对这些参数进行运算操作，推算出想要知道的结果。

对于这样一套系统，我们关心的问题是：最初的参数是如何确定的？比如说月法 2392 和日法 81，这两个数一除，得 $29\frac{43}{81}$ 日，这是朔望月长度。这个朔望月长度值的确定，显然不是我们通常想象的那样，测量多少个月之后把测量的数值平均一下得到的，因为不太可能特造一种测量方法，可以直接测量出 $\frac{43}{81}$ 这样的分数。但是日法这个常数，为什么必须是 81？简单地说，在古人看来，这样的天文常数必须有权威性，或者必须揭示宇宙的某种本质。

中国古代有“天地之数”的说法，就是“天一地二，天三地四，天五地六，天七地八，天九地十”。天数是奇数，加起来就是二十有五；地数是偶数，加起来是三十。天地之数全部加起就是五十有五。通过这些数字，就可以“成变化而行鬼神”[1]。所有奇妙的事情都是从这些数字开始的。

古人对天地之数有一个非常神秘的说法，就是所谓“河出图，洛出书”。河图洛书里蕴含了宇宙的本质，宇宙中的一切变化及其规律，都可以从河图洛书中的数推衍出来。所有天文常数都可以由这些本质性的数字构造出来。比如，闰法 19 就是天地之终数相加所得，9 加 10 等于 19，所以闰法就是 19。可是实际情况是怎么样的呢？这构造出来的东西与经验的东西是什么关系呢？

先看日法 81。《三统历》说：“太极中央元气，故为黄钟，其实为一龠，以其长自乘，故八十一为日法。”[2] 按音律，黄钟之律管长九寸，又为天数（即 1、3、5、7、9）中最大的数。81 这个数是“黄钟之数”，是音律的首律，代表宇宙的起始。

再看月法 2392。《三统历》说：“元始有象一也，春秋二也，三统三也，四时四也，合而为十，成五体。以五乘十，大衍之数也，而道据其一，其余四十九，所当用也，故蓍以为数。以象两两之，又以象三三之，又以象四四之，又归奇象闰十九，及所据一加之，因以再扐两之，是为月法之实。”[3] 这段话翻译成算式，就是 $(49\times2\times3\times4+19+1)\times2=2392$。但这个数字真的可以全凭这样的办法被神秘地构造出来吗？

---

[1] 班固．汉书·律历志 [A]// 中华书局编辑部．历代天文律历等志汇编（五）．北京：中华书局，1976：1409.

[2] 班固．汉书·律历志 [A]// 中华书局编辑部．历代天文律历等志汇编（五）．北京：中华书局，1976：1406.

[3] 班固．汉书·律历志 [A]// 中华书局编辑部．历代天文律历等志汇编（五）．北京：中华书局，1976：1408.

应该不是这样，因为历法常数如果完全被这样构造，那就没有任何实测的依据，变成十足的“神秘主义”了。

这个“月法”的数据来源其实就是《四分历》，春秋战国以来的历法都叫《四分历》，原因是它们取回归年长度为$365\frac{1}{4}$日。同时，关于历法中“闰月”的放置，春秋战国时期就总结出“19 年 7 闰”的“闰周”，所以《三统历》说“闰法 19”，并把它说成是“并终数为十九，《易》穷则变”[1]，意思是 19 为天地之终数 9 和 10 相加。根据这些数据，就知道 19 年中有 235 个月，有$6939\frac{3}{4}$日，这样一个月的日数就为$29\frac{499}{940}$日。《三统历》觉得这个数与“易数”没有什么关系，于是就按照日法 81 去取近似之值。此数分母取了 81，分子只有取 43 最合适（取 42 太小，取 44 则太大）。

为了更具体地展示汉代天文历法的构造模式，这里展开谈谈行星的天文常数构造。以火星为例，火星在古人眼里是一个非常麻烦的天体，因为它的运动规律不好把握，古代称它为“荧惑”（捉摸不定的意思）[2]。《三统历》中火星的纪母是这样一组数据：小周 64，岁数 13824，见中分 165888，积中 25，中余 4163，见中法（见数）6469，见闰分 96768，积月 26，月余 52954，见月法 122911，见中日法 29867373，见月日法 9955791。这些常数相互关联，构成一个整体。

《三统历》有载：“火经特成，故二岁而过初，三十二过初为六十四岁而小周。小周乘乾策，则太阳大周，为万三千八百二十四岁，是为

[1] 班固．汉书·律历志 [A]// 中华书局编辑部．历代天文律历等志汇编（五）．北京：中华书局，1976：1409.

[2] 西方也是这样，17 世纪初开普勒研究行星运动问题时就专攻火星，他称其为“火星之战”，最后开普勒获得胜利，发现了“行星运动三定律”（即开普勒定律）。

荧惑岁数。"[1] 所以火星的岁数 13824 是由小周 64 乘以乾策 [2]216 而得。而火星的见中法则是火星在一岁数中的会合次数 [3]，计算可得 6469。又比如见中分 165888=13824（岁数）×12（一岁数中的中气数，一岁有 12 个中气）。仔细分析可以知道，这些数据背后都有实际的天文意义，并且只要岁数确定，结合前面的闰法、日法等基本常数，行星的纪母就全部可以推演出来。

推五星运动还要有一个五星运态表，叫“五步”。《三统历》中给出的火星五步（可见第八章的表 8–1）如下：

火，晨始见，去日半次。顺，日行九十二分度五十三，二百七十六日，始留，十日而旋。逆，日行六十二分度十七，六十二日。复留，十日而旋。复顺，日行九十二分度五十三，二百七十六日而伏。凡见六百三十四日，除逆，定行星三百一度。伏，日行不盈九十二分度七十三，伏百四十六日千五百六十八万九千七百分，行星百一十四度八百二十一万八千五分。一见，七百八十日千五百六十八万九千七百分，凡行星四百一十五度八百二十一万八千五分。通其率，故曰日行万三千八百二十四分度之七千三百五十五。[4]

“晨始见”，就是早晨刚刚看到火星的时间点，这时火星“去日半次”，

[1] 班固．汉书·律历志 [A]// 中华书局编辑部．历代天文律历等志汇编（五）．北京：中华书局，1976：1421.

[2]《易·系辞上》：“乾之策，二百一十有六；坤之策，百四十有四，凡三百有六十，当期之日。二篇之策，万有一千五百二十，当万物之数也。是故四营而成易，十有八变而成卦。”

[3] 从火星的“五步”数据来看，星行平均速度是 7355/13824，即恒星周期为 13824/7355。由此按公式“1/ 会合周期 =1−1/ 恒星周期”，可推出会合周期为 13824/6469。也就是说，荧惑在一岁数中会合 6469 次。

[4] 班固．汉书·律历志 [A]// 中华书局编辑部．历代天文律历等志汇编（五）．北京：中华书局，1976：1425−1426.

就是离开太阳有 15° 左右[1]；“晨始见”后是顺行，速度为每日（$\frac{53}{92}$）°，行 276 日；之后是“始留”，速度为每日 0°，共 10 日；再之后开始逆行，速度为每日（$\frac{17}{62}$）°，行 62 日；接着又是留，而后顺行到太阳（东边）半次以内，即为伏，伏行 146 天后再次晨出东方。

可以看到，其中星行速度和星行时间，涉及很大的分母 29867373，就是前面提到的见中日法。这个见中日法，显然也不是直接观测到的，而是在观测基础上的一种人为构造。因此，天文常数背后往往对应着一定的天文意义，这里可以以木星为例来说明。

木星的天文常数，其结构与火星相同，它的小周为 12，岁数为 1728（小周 12× 坤策 144）。岁星小周 12 是比较好理解的部分，因为木星在天上运行一圈差不多就是 12 年。更准确一点，木星的恒星周期是 11.86 年，小周定为 12 与之相近。可是木星的岁数为什么是小周 12×144 呢？它仅仅是出于易策的考虑吗？

事实上，刘歆认为岁星 144 年会发生一次“岁星超辰”，而 12 辰为一周天，因此岁星超辰一周天就需要 12×144=1728 年，如此一来，木星的岁数就定为小周 12×144。其所蕴含的天文意义是，木星在 1728 年中会运行 144+1=145 个周天，这样岁星的恒星周期就会是 $\frac{1728}{145}$（约 11.92）年。但我们现在知道岁星大概是 84 年就超辰一次，刘歆为什么取 144 而不取 84？这是值得探讨的问题。我认为，一方面，刘歆所谓岁星 144 年超辰一次，必然依据了实际的观测，毕竟《左传》中已有岁星所在星次的记录；另一方面，144 恰好是坤策之数，具有易学上的神秘性，更重要的是，刘歆取 144 的构造使木星的其他天文常数和天地之数相关联，在整体上使所有常数都获得了权威性。应当承认，《三统历》是经过精巧设计构建出的严密体系。

[1] 一般认为行星离开太阳不足半次时无法被看见。

除了上面谈及的天地之数和音律之数，汉代天文历法中的天文常数还有其他来源，比如一些规律性、定律性的数，像圭表测影中的“日影千里差一寸”，又比如经精密测量所得的数，像二十八宿宿度。总的来看，这些数字具有各自的权威性，汉代天文历法正是依靠这些具有权威性的数字来建立模型的。

不少人对汉代的这种数字模型抱有怀疑的态度，他们常常会质疑这些被构造的数字模型的真实性，甚至有人说，这些都是数字神秘主义的东西，是迷信而非科学。对此我们应当认真做一些思考。

关于数，我们先看一下近现代数学家怎么说。德国数学家尤利乌斯·威廉·理查德·戴德金（Julius Wilhelm Richard Dedekind）有一本书叫《数是什么？数应当是什么？》（*Wassind und Was Sollen die Zahlen*？），他认为：“数是人类心灵的自由创造；数能更简捷地理解事物的差别。只有通过纯逻辑的过程建立数的科学并因此获得连续的数域，我们才能研究时空，即把时空与我们心灵创造的数联系起来。”[1]《三统历》构造的那些数，很多就是心灵的创造。汉代历法模型，就是数和宇宙联系了起来；把数与天地的结构、日月五星的运动做了一个连接。

很多时候，人们有一种错觉，认为古希腊采用几何模型的天文学才是真实的。延伸而来的一种认识是现代科学只能从古希腊而来。但是，古希腊的几何模型——本轮均轮模型，也只是一种数学的构造，我们早已了解，天上没有本轮，也没有均轮。如果非要说区别，那就是古希腊的构造更关注几何，中国汉代的构造更注重数字。更进一步，汉代利用数字模型去解释现象的做法同柏拉图的“拯救现象”在道理上是一致的，从这个意义来讲，汉代天文学的数字模型具有与古希腊的本轮均轮模型

[1] 王淑红，孙小淳．心灵的创造：戴德金的数学思想 [J]. 自然辩证法通讯，2019，41（2）：115-122.

同等的真实性。

同古希腊天文学一样，汉代天文历法的数字模型也需要解释现象。在这样的要求下，天文学家开始进行库恩所谓的常规科学（normal science）中的“解谜”工作。对汉代天文学家来说，就会去研究二十四节气时刻，朔望时刻，五星会合、见伏等内容。当然，还有一些范式规定的基础性工作，比如二十八宿宿度，天文学家推算天体位置需要二十八宿宿度作为坐标，因此可以反复地进行测量，就好像现代物理学中反复测量重力加速度一样。

除了以上工作，范式中的模型还需要能够根据实际情况不断改进。以火星的动态表为例，《四分历》（85 年）的分段要比《三统历》的多，《元嘉历》（445 年）的分段更多，与火星运动吻合得更好，南北朝的《大明历》（510 年）的吻合程度更高，而在唐代的《大衍历》（729 年）中，动态表里已经反映出火星运动的不均匀性。根据唐泉、曲安京的研究，宋代的《纪元历》（1106 年）推算五星运动的精度已经不亚于欧洲 16 世纪的水平[1]。应该说，根据观测数据设计和调整模型的常数系统，也是范式中的一项常规工作。

而如果人们对天体运动的认识发生了大的变化，即要对这个模型做根本性的变化，或者引入新的参数。用今天的话说，就是发生了“科学革命”。一旦发生了这样的革命，就像“日心说”代替“地心说”一样，原来的模型就要被新的模型取代，而新的模型必须能够将新发现的东西容纳其中。不过不同文明对于“现象”的选择不太一样，天文学家在用模型解释现象时，往往已经构建了二者间的“连接点（contact points）”——具有判决性的可验证现象，之后对这些现象进行验证，

[1] 唐泉，曲安京．北宋的行星计算精度：以《纪元历》外行星计算为例 [J]. 中国科技史杂志，2009，30（1）：46-54.

如果模型推演与判决性的（观测）现象偏离太大，那么用库恩的话说——这个范式下的常规科学产生了危机。接下来，就需要天文学家对模型进行修正，简单的修正就是对常数做些加减修正，而复杂的修正可能要引进新的常数，甚至可能改变整个模型的结构，可以视为一种革命性的改变。

中国古代这类对模型进行修正的案例很多。比如汉代早先没有黄道的概念，以为月行迟疾的问题可以通过引进黄道来解决，于是就引入黄道度的概念，之后发现这样仍解决不了月行迟疾的问题，就开始讨论“九道术”之类的新术；又比如发现冬至点在天上的位置好像不是固定的，于是就引入“斗分”的概念；还如，东汉的贾逵意识到月亮运动的不均匀性，隋代的刘焯意识到太阳运动的不均匀性，南北朝时期的张子信发现五星运动的不均匀性，他们通过各自的方法对模型进行调整，最终的结果反映在他们历法和历术中。

值得一提的是，“汉范式”下的天文学也有对于“终极问题”的探索，其方法是一种叫作“候气”的实验。在中国古代的天文学系统里，宇宙是气，而音律是宇宙之气的状态，因此人们就设想了一种“候气”实验，它能够比圭表测影更准确地测定二十四节气时刻。“候气”实验的理论依据是，在冬至时刻，宇宙之气会反映黄钟之律。按照“候气”实验的设计，在黄钟之管内撒上很细的葭灰，冬至时宇宙之气的音律就会和黄钟之音发生共鸣，那么葭灰就会飞起来。不难看出，“候气”实验中的“气”同现代物理学家设想过的“以太”类似。[1] 不过这个实验似乎没有成功的记录，因为它本身的假设就有问题，就像迈克尔逊－莫雷实验一样，其失败也是必然的。不过应该看到，在当时的天文学范式里，也有对“终

[1] 孙小淳 . 候气：中国的迈克尔逊－莫雷实验？ [J]. 中国国家天文，2009（9）：18−23.

极理论”的追求。

我们可以做一个简单的总结。历法的数是一种规律的体现，可以称为“天数”，它是实在且可被认知的事物。“天数”可以通过一些现象反映出来，其中一些是非常根本的现象，比如音律。之后就可以按照这种数的框架去认识天体运动。因此，对天文的认识体现在“数”和“术”中，而“数”和“术”统一构成了一个动态的、多重的、多层次的模型。

当然，这其中还有许多问题值得讨论。比如这个“天数”，它是确定不变的吗？汉代有一种说法，“夫天运，三十岁一小变，百年中变，五百载大变，三大变一纪，三纪而大备；此其大数也”[1]。这是什么意思呢？是说有些基本的数据要发生变化，还是说我们的测量精度不够？当预测不准的时候，我们是反思天道，反思天数，抑或是反思我们自己的测量术？如果测量得不准，是不是多次测量就能提高数据的可靠性？数据的可靠性如何评判？这些问题值得今天的科学史家们思考。

史蒂文·夏平（Steven Shapin）写过一本叫《真理的社会史：17世纪英国的文明与科学》（*A Social History of Truth: Civility and Science in Seventeenth-century England*）的书[2]。他指出，在17世纪的英国，只有绅士们说出来的事情才可靠。其中有社会构建（social construction）的意味，尽管夏平的思想有些走向极端，但对我们开展古代史的研究很有启发性。比如我们不能简单地认为，对于一个天文参数，古人就一定会认为测上十几遍，平均后就会越来越准确。还要看是什么人测量的，测量的人是不是可信；或者还要看是在什么情境下进行

---

[1] 司马迁．史记·天官书 [A]// 中华书局编辑部．历代天文律历等志汇编(一). 北京：中华书局，1976：57.

[2] 史蒂文·夏平．真理的社会史：17世纪英国的文明与科学 [M]. 赵万里等，译．南昌：江西教育出版社，2002.

的测量。总之，古人认定“真理”的方式与我们今天采用的科学方法不一定是全然相同的。

看汉代的“太初改历”。改历完了以后，数据都测量好了，基本数据都有了，但是突然发现“不能为算”，不知道怎么办，于是决定征召民间知历者来解决问题，结果就把身在阆中的落下闳召来了。落下闳根据测量数据制定了新术，特别是取日法为81，其术就叫“落下闳术”。这时“数”和“术”就实现了一个完美的配合，可以说是“术足数成”了。也就是说，计算的方法找到了，最后的规律也就找到了。

这里边还有一个问题，就是怎么看经验与模型的关系。历法常数是模型的参数，所以古代历法具有数学模型的性质，这里边包括了数、率、术等。经验的测量和模型的数要找到结合点。而这结合点所关注的天象，就是关于时间与空间的信息。至于我们为什么要关注这些现象，为什么这些现象具有特别的性质，它又同社会、政治、文化方面的因素相关。所以说，我们不能把古代的天文学，古代关于自然的知识，与政治和社会完全隔离开。从《三统历》就可以看出，它实际上是一个“天人合一”的体系。

再来看汉代历法中关于观察与测验、必然性与偶然性的思考。比如《续汉书·律历志》写道:“夫五音生于阴阳，分为十二律，转生六十，皆所以纪斗气，效物类也。天效以景，地效以响，即律也。阴阳和则景至，律气应则灰除。是故天子常以日冬夏至御前殿，合八能之士，陈八音，听乐均，度晷景，候钟律，权土炭，效阴阳。冬至阳气应，则乐均清，景长极，黄钟通，土炭轻而衡仰。夏至阴气应，则乐均浊，景短极，蕤宾通，土炭重而衡低。”[1] 其中涉及许多具体观测，像前面提到的“候气”

[1] 司马彪．续汉书·律历志[A]// 中华书局编辑部．历代天文律历等志汇编（五）．北京：中华书局，1976：1470.

实验，它要使用土炭，古人在称量时就已经发现土炭的重量在不同的季节不一样。这些观测是建立在理论之上的，没有理论，实际上就谈不上观测；观测的对象，必有理论的负载。对土炭等事物的测量，其意义是基于古人对音律的认识而产生的。

对于必然性和偶然性，汉代人也有自己的认识。对于很多事物，他们并不认为是必然发生的，而是偶然地、自发地发生的。出现彗星也好，出现流星也好，不是可以预先知道的，也没有办法总结出一条明确的规律。他们认为这些现象是气之间的一种感应，是天人之间的感应，是自然发生的事物。

具体到验历工作中，古人采取了一种类似概率论的思想。观测多少次，应验多少次，谁的历法中应验的次数多，谁的历法就好。但是这里边有很大的问题：你可能在一个关键的地方错了，在别的地方吻合得再多也没有用。但是，因为古人不认为天体运行是必然的，有偶然性的因素在里边，所以这种概率式的验历方式也是合理的。

从《三统历》就可以看出，中国古代天文学本身就有一个数字化的传统，它采用数字模型，以律历理论、天数、地数、五行、象数等为基础，构造出一套推算天体运动的体系。拥有范式之后，古代天文学研究就进入常规科学的阶段，这门科学就有它自己合法的问题和合法的解决方法，同时有可能有危机、突破、知识的增长以及所谓的“革命”。如果把打破旧的理论说成“科学革命”的话，那中国古代天文学可以被认为发生过许多次“革命”。只是那样的“革命”，没有造成像现代科学革命那种社会上的、政治上的甚至世界范围内的变革。

所以从这个意义来讲，我觉得有必要对中国古代科学进行重新认识。我们不能像过去那样，为了说明中国古代有科学，就把过去的东西往现代科学上套，过分强调某项发现领先世界。但是我们也不能说，中国古代就没有科学，中华传统文化中就没有求真的意识，没有科学的基因，因而在中国古代传统里完全不可能产生科学的东西。事实上，只要真正了解中国古代天文学，就不会下这样的结论。

在我看来，中国古代天文学既是关于自然的学问，也是关于人的学问。天上的学问跟人间的学问是相互联系、不可分割的一个整体。康德说："两样东西，思之越深，敬之日新而弥甚——头顶的星空和我心中的道德法则。"[1]古希腊的托勒密也说，只有对天上的星星充分认识，我们才会变得更高尚、更伟大、更有道德[2]。汉代的天文学家也一样，也是把天上的、地上的事物认识清楚，并用它们来建立道德伦理。所以说汉代天文学是中国古代科学的一个典范。它可以大观，看天人之际的关系，看天人合一的思想；也可以微观，分析其中的构建、理论和观测。

我们谈中国古代科学，还是回到历史的情境中去认识。但问题在于，人们对"回到历史的情境"理解并不一样。以上我所谈的算是一种回到历史情境的方式，就是要从天人关系的角度去认识古代天文学。以前大家可能更注重用现代科学的语言去理解古代天文学，那样的工作当然非常重要，非常有意义。但是，我们如果还停留在那样的层面上研究古代天文学，新的问题就很难产生，我们也很难超越前人，做出更有价值的工作。

因此，我们有必要按照汉代天文学的"范式"去理解汉代的天文学。本书可以说是这样的一个尝试。收入本书的文章，绝大多数是对"汉范式"天文学的一个方面的解读，即探讨"汉范式"天文学中一些"常规科学"问题的研究，涉及宇宙观、理论、模型、观察、测量、计算、验

[1] REATH，ANDREWS. Kant：Critique of Practical Reason.2nd ed.[M]//Cambridge Texts in the History of Philosophy. Cambridge：Cambridge University Press，2015.

[2] G J TOOMER. Ptolemy's Almagest[M]. London：Duckworth，1984.

证等方面，包括后来的发展和变化，还有与天文学相关的社会、政治等内容。文章的作者绝大多数是我曾经指导的研究生，他们很多已经成为颇有成就的学者了。这些文章研究的问题涉及很广，成文的时间跨度也比较长。如果要在其中找到共同点，使其内容具有某种自洽性，中国古代天文学的“汉范式”是最恰当不过的表述了。因此，我把我关于汉代天文学的演讲整理成文，作为本书的导论。因为是演讲，所以有一些口语的成分，同时对一些问题也没有做系统深入的论述，更多是为了提出问题、启发问题。这样想来，再读本书中的各篇文章，我觉得本篇作为本书的导论，既是必要的，也是恰当的。

第一章 早期中国思维中的数理、图理与式图——以北大秦简《鲁久次问数于陈起》为中心

刘未沫

早期中国如何建立事物的关联

与西方的因果思维相对，中国古代思维常被称为“关联性思维”，这种思维经常被描述为一种关于自然、社会、政治等一系列因素交融的广义宇宙论，具有模糊和多义等特征。20 世纪一些思想家给予了这种思维方式很高的评价，如李约瑟认为这种古老、明智，但全然不是欧洲特有的思维方式将贡献于未来科学[1]；葛瑞汉认为中国人这种看似混乱模糊、以客观经验为基础并能从中建立秩序的前逻辑思维模式，是西方因果思维、逻辑思维的补充[2]；郝大维和安乐哲认为这种边界得以模糊和变动的特点，使知识得以情境化，并具有审美性、诗性、体系松软而包容等优势[3]。

[1] 李约瑟 . 李约瑟中国科学技术史 第 2 卷 科学思想史 [M]. 何兆武，译 . 北京：科学出版社，2018.

[2] 葛瑞汉 . 论道者：中国古代哲学论辩 [M]. 张海晏，译 . 北京：中国社会科学出版社，2003.

[3] 郝大维，安乐哲 . 期望中国・中西哲学文化比较 [M]. 上海：学林出版社，2005.

但这里的起点——模糊性——是否可靠？中国思维是真的模糊，还只是因为对现代思维来说较为陌生而显得模糊？在研究中，我逐渐发现早期的中国思维有自洽的逻辑，有自己的规律和架构（framework）；最初一些核心要素被联类和组合的基础，可以通过分析的方式被清晰描述。早期中国高级知识分子对这种思维方式的形成起着决定性的作用，但由于他们并不在意对这种认知方式进行分析和刻画，因而在这种思维方式淡出历史后，便难以再寻其最初建立的方法和路径。所幸近几十年大量出土文献的发现，为我们恢复这条路径提供了可能：通过与传世文献比对，通过与不同出土地点文献的比对，我们可以接近早期中国人将不同种类事物进行联结的底层构架。这种构架是中国思维的特质，虽然它作为模型并不完美——所有理论模型都不完美[1]，但它将展现给我们一种与西方主要借由因果关系建立的事物统一性不同的、在事物之间建立关联的思路。如今我们研究者也有能力和责任将这种思维方式清晰地展现出来。

着手这项研究的过程中，两个关键凸显出来：一是数，二是图或图像。[2]"数"在早期中国的不同材料中呈现出多义性：它不仅可以表示量，还可以表示性质；它不仅可以因为数值相同，而将不同类的事物联结起来，也可以因为意义相同，而将不同类的事物联结起来（类似于符号）；数与数之间可以通过加减乘除建立动态的生成关系。数本身的这种多义

[1] 关于所有模型都是不完美的，我们不可能拥有理想的理论模型。参见：ROSENBLUETH A，WIENER N.The Role of Models in Science[J].Philosophy of Science，1945，12（4）：316–321. doi：10.1086/286874.

[2] 本文不打算讨论图、图像、象等的分类，但可以就其细微差别做如下简要说明。"图像（image）"或中国古代所说的"图（graphs）"是最大的类。"图像"或"图"之下，则可以按多种方式细分。如下文借用颜光禄的说法，称本文涉及的图为"图理"，是就其区别于书（图识）和画（图形）而言的；而"式图"（*Shi*–graph），作为中国古代特殊的时空一体图像，则可以被看作一种"图理"。

性及其能够在不同维度间转换的性质，使它成为携带信息的跨层级沟通者、不同类事物关联的中转站。第二个关键是图，这里特指与数有关的图，包括数的生成规律向外投射的图，也特指早期中国数术文献中的一类时空图像“式图”。按颜光禄“图载之意”的分类（图理、图识、图形），本文讨论的应当都算作“图理”之图。[1] 这类图既不是对外部实在的具象再现，也不是纯粹对思想的图解或示意，而更像是一种关于实在的或者关于自然的模型，类似于维特根斯坦所说的逻辑图像。[2] 这些图理与实在所共享的描绘形式，可称为数或数理。图理与数理不可相互通约，而只能在图像中展示。[3] 本文涉及的三方三圆图、七衡六间图、十二律周期图就是这样的图理，它们或是太阳回归周期的模型，或是音律回归周期的模型。在早期中国，还有一种时间－空间相互统一的特殊图像（即式图），它在民间广泛而长期地流行，因而这种图像很有可能在频繁使用中反作用于大多数人的思想，形成固定的联想习惯，这样关联思维或者象思维才逐渐成为早期中国人特殊的思维。

本文的目标是论证这些以非文字形式展示出来的图理以及它们与实

[1] 唐代张彦远《历代名画记·叙画之源流》记载：“庖牺氏发于荥河中，典籍图画萌矣。轩辕氏得于温洛中，史皇仓颉状焉。……是时也，书画同体而未分，象制肇创而犹略。无以传其意，故有书；无以见其形，故有画。……颜光禄云：图载之意有三。一曰图理，卦象是也；二曰图识，字学是也；三曰图形，绘画是也。又周官教国子以六书，其三曰象形，则画之意也。是故知书画异名而同体也。《周礼》‘保氏掌六书’，指事、谐声、象形、会意、转注、假借，皆仓颉之遗法也。”

[2] “图像是实在的一种模型。”（维特根斯坦．逻辑哲学论 [M]. 韩林合，译．北京：商务印书馆，2013.）

[3] 对照维特根斯坦在《逻辑哲学论》中的说法：“为了能够按照应该有的那种方式描绘实在，不管描绘得正确与否，图像都必须与之共有的东西，就是图像的描绘形式（pictorial form）。”（2.17）“对任何实在，只要图像拥有其形式，它都能描绘。空间图像能描绘一切空间的东西，颜色图像能描绘一切有颜色的东西，等等。”（2.171）“然而，图像不能描绘其描绘形式，而只能展示它。”（2.172）

在所共享的数理，在早期中国思维的形成中扮演了底层构架的功用，以此拓展和推进对象思维何以成为中国思维之基本特质的理解。选择从这个数理与图理角度讨论早期中国思维特质，与我近年来的一些研究心得有关。我认为中西方宇宙论（这里特别指早期中国和古希腊的宇宙论）在开始建立时有非常相似的理论任务，并且其中都有重视数的传统，但最终走向了不同形态；其核心差异是底层构架不同，中国宇宙论的构架由图提供（或许我们可以称之为“图像本体论”，也就是经常说的“象思维”），而古希腊宇宙论的构架则由形而上学提供。我在其他地方讨论过中西方以数为原则构建宇宙的共性[1]，本文则重点讨论早期中国思维在讨论相关内容时的特性，致力于重构这种特性的形成过程。问题的先始是：什么是人类思维中普遍的东西？然后才是：什么是中国思维中特有的东西？本文虽然以探讨特性为主，但也是放在文明互鉴的视野中才得以可能。

本文将以一篇讨论数作为万物根本的秦简牍《鲁久次问数于陈起》（以下简称《陈起》）为中心来解释这一过程，重点涉及早期中国思维中的两类数，即音律数和历法数，关键是解释它们如何通过生成论、周期性及图像化，而建立了相互之间牢固的内在关联。这两类数之所以特别值得关注，首先在于音律与历法都有自然基础，音律是从自然中发现的声音和谐比例，历法是对天体运行和回归周期的把握和计算，因而音律数和历法数的生成规律及其周期性的“发现”就兼具自然与人为的双重来源，它们的图像化是一种关于实在的数图模型（或逻辑图像），它们

[1] 相似性特别体现在原则的确立（数）和从一维、二维到三维的建构方式上，在那篇文章中我的主要目的是打破将中国宇宙论和古希腊宇宙论分别归于算术与几何旧模式化看法。[刘未沫.数的宇宙生成论:《鲁久次问数于陈起》与《蒂迈欧》比较研究[J].世界哲学，2019（2）：104–113.]

的关联也都是建立在关于实在的逻辑图像上的关联，这就区别于不同类事物间单纯借助数值来沟通的等值关联，或者单纯借助象征来人为创建的符号关联。其次，如果我们知道早期中国与古希腊在几乎相同的时期独立发现了这两类数的规律（包括音律比例、音律生成法则、行星运行周期等），我们就能敏感地意识到早期中国这两类数最重要的特征：与历法生成论相关的数以“岁”为旨归。而与音律生成论相关的数以“度”为旨归。前者是中国古代最重要的时间单位，后者则是其最重要的计量单位。简言之，从文明互鉴的视角来看，音律数、历法数各自的生成论最能体现中国文明的特质；而从中国内部不同层级的数的角度来看，音律数－图、历法数－图的关系又最称得上一种超越主体与客体，通过图像来汇聚的思维与实在之间的互动。它在思维上被称为“律历一体”的逻辑关联，在图像上又是一种“时空一体”的图像关联。

下文的说明难免要深入音律数和历法数的细节，但这个过程是值得的，因为我们的目的不只局限于如何理解这个个案中不同层级的数，而是通过该个案获得相对普遍的早期中国思维观念和基本架构。一旦有了这个认识，我们便可以应用它去理解其他个案，同时也在其他个案中不断检验和完善我们对这种以数－图为中心的思维模式的理解。

以《陈起》为中心：篇章结构及不同层次的“数”

《鲁久次问数于陈起》是北京大学2010年入藏的秦简牍《算书》

甲种中的开头部分。《算书》有甲、乙、丙三种，其中甲种篇幅最长，开头是一篇由32枚竹简（816字）组成的独立文章，被命名为《鲁久次问数于陈起》。在汉以前关于数为什么重要及有益的讨论，这个对话是最长且最详细的。

简文原为连抄不分段，整理者按照三问三答的结构将其分为3段（分别以"鲁久次问数于陈起曰""久次曰""久次敢问"为标志）。这里再将其进行细分，第一次的问答较短，不做区分。第二次的回答，我将之分为3段（以三个"曰"字为标志）。第三次的回答，我将之分为2段，第二段是陈起的自问自答（标志是问句）。现将文本结构和内容按顺序总结如下：

A. 第一问。久次向陈起提出"读语"和"计数"何者更紧要的问题，陈起回答"数"更重要，通晓"数"可以通"语"，反之则不可。这就特别肯定了"数"在一切知识中首要性的地位。

B. 第二问。久次继续问，"天下之物，孰不用数？"陈起回答"无不用数者"。然后，陈起对此连续进行了3次说明：

（I）这次说明相当于总说，指出：a. 天、地、岁、四时、日月星辰、五音六律，均用数；b. 转到身边之物，指出一日之劳役、出行、耕作首先需要知道食数、里数和亩数；c. 转到人体和疾病，指出人体如大树（列举22处身体部位），疾病从中生发，其治愈和死亡的关键都在于数。

（II）这次说明中：a. 给出了一个天地模型，即三方三员（通"圆"），并指出规矩准绳、五音、六律都存于其中；b. 指出上古圣君贤臣以创制为天下之法命名（"以作命天下之法"）、立黄钟律为辅佐，用黄钟十二律给天下打上印记，分为十二时，用十二地支命名；从中生五音、十天干、二十八（日）宿；c. 再转到人体，再提人从头到脚各部位都有其主管，各部位是否治愈和死都有数。

（Ⅲ）给出了三方三圆模型的具体数值：大方大圆为单薄之三，中方中圆为日之七，小方小圆为播之五，命它们为四卦，得以卜知天下。

C. 第三问：久次又问临官立政、立度兴事，什么数最紧要？

（Ⅰ）陈起回答每种数都很重要（“数无不急者”），并举出以下例子：上朝理政，没有数就无法知道时间（“循昏黑”）；协调各部门的工作，都需要从小到大的量制单位（升、料、斗、桶）来命名各项物资；制造兵器，没有数就无法做成；锻造铁器、铸造铜器，融合红铜、白锡，调和硬度和韧度，制作磬、钟、竽、瑟等乐器，调和五音六律，没有数就无法和谐；颜色从植物中提取，没有数就无法区分五色；以工具和规矩来筑城，没有数就无法准确裁断；等等。“数”还可以用来分配职事、考核绩效，取第一和最后的平均数为标准［“取其中以为民义（仪）”］。

（Ⅱ）陈起以自问自答的方式，讨论了数之知识的产生及其学习方法。a. 陈起设问，古代研习数学的人，他们的知识从何而来（“凡古为数者，何其知之发也？”），自答其关键是数与标准（“度”）的互相贯通（“相彻也”）。b. 数之于民，就如同日月之于天。因而必须颁布数，然后不断调整改进，否则民就不知百事之利害。稍后陈起又提到，古代圣人所做就是将数写在竹简、简帛上教给后人。c. 至于学习数的方法，应是先难后易。先确立一个整数，再减或除，由锱到锤，将半加倍，由具体的例子来启发。d. 学习数学的诀窍，则是九九乘法表（“隶首者”）和分数与整数的换算（“少广者”）。

在以上对简文内容的梳理中，我们看到陈起关于万物皆数的回答涉及了不同事物，其中的数也具有不同性质，有与天地结构有关的数、与身体部位有关的数、与政事有关的数、度量之数、五音六律、五色等，有的给了具体数值，有的没有。如果认为这些数只是松散地放在一起，就会显得陈起的回答结构难解，只能笼统地说先谈了天地自然之数，后谈了切近的生活用数和身体的数，并且这些数模糊地关联着。但这明显没有回答“为什么”把这些事物关联、数是否和如何成为它们关联的媒介的疑问。[1]

以“岁”为旨归的历法生成论

我首先讨论《陈起》对“万物无不用数”的总说（上节分段中的 B-I），认为其符合早期中国宇宙生成论以“岁”为终点 / 目的的基本结构；同时说明作为终点 / 目的的“岁”或“年”是一个时间单位，这个最重要的时间单位的设置，既有自然规律（太阳运行周期），又有人为规定（以《四分历》为例，就是回归年的小余数取 1/4，即认为规定一年为 $365\frac{1}{4}$ 天）。

借鉴马克（Marc Kallinowski）的研究，我们认为先秦不同文献中关于宇宙生成阶段的表述有一些共通特点。这些特点一是以周期性的“岁”为旨归，二是大致可以分为有规律的 3 个阶段：①混沌阶段，原初宇宙单位在这个阶段出现；②裂变阶段，对立的原初配偶体在这个阶段产生；③定型阶段，即“四时成岁”标志着宇宙运动的定型，常通过四季节律来表达。这个基本模式在不同文本中以不同的方式表达，有时

[1] 关于如何将《陈起》中看似混乱的结构和交错的内容进行整体理解，我给出过一个“音律—历法生成论”的提案。[刘未沫 . 数的宇宙生成论：《鲁久次问数于陈起》与《蒂迈欧》比较研究 [J]. 世界哲学，2019（2）：104–113.] 本文关于《陈起》的理解与该文一致，但本文主旨是讨论思维方式，所有材料皆为这一目的服务。这两篇文章亦可以看作姊妹篇。

以神或圣人作为叙述主体（如《楚帛书》《尚书·尧典》），有时以自然实在表述（如《太一生水》），但都具有同质同用的特征。若以数位形式表达，这个基本模型便是："1 ⟶ 2 ⟶ 4 ⟶岁"。[1] 马克认为以"岁"之周期的完成来标志宇宙创造之巅峰状态，是早期中国宇宙生成论的普遍特点。"岁"在等级上具有优先性，它在作为目的的意义上先于其他时间表达要素，代表着合于宇宙运行包含其他一切周期的万能庞大体系，四季变换及星辰运行只是这种历法周期的具体表达；因而早期中国宇宙论的模式是"将天体运动的规范化过程纳入由多个不同抽象周期所组成的复杂的历法体系"[2]。

我十分同意马克先生的这些看法，只是建议将这个数位表达式修正为"1 ⟶ 2 ⟶岁（包括四时、八节[3] 等时令以及十二月）"。修正后的式子避免了"四时"与"岁"前后关系上可能引起的误解；更主要的是因为虽然"四时"作为太阳的周年运动最重要的节点，是对"岁"最重要、最常见的一种刻画，但就作为阴阳合历的"岁"而言，十二月也是对它的划分。并且就"四时"节点而言，其下还可以细分为八节、二十四节、七十二候等。修改后的式子有利于进行更进一步的划分。

以此看《陈起》对"天下之物，孰不用数"问题第一次说明的首句总说（B–I–a）"天下之物，无不用数者。夫天所盖大殹，地所生之众殹，岁四时之至殹，日月相代殹，星辰之生［往］与来殹，五音六

[1] 法国的马克认为，这个基本进程有时也被表达为"1 → 2 → 3 →万物"（如《淮南子》）。本文在讨论中国古代文本时，若使用阿拉伯数字，则表示数位、排序和计算时的数值；而在叙述中国古代文本中原有概念（如四时、五音、六律）时，则保持汉字书写数字的方式。

[2] 马克．先秦岁历文化及其在早期宇宙生成论中的功用 [J]. 文史，2006（2）：5–22.

[3] 时令术语"八节"，含义为二分（春分、秋分）、二至（夏至、冬至）、二启（立春、立夏）、二闭（立秋、立冬）。

律生殹，毕用数”，就发现其顺序完全符合上述从宇宙原则（数）到裂变（天、地）再到“岁”的顺序，而“四时”标识四季循环的周期性，日夜更替和星辰往来都是在这个“岁”所标识的周期性中的具体时间标志。

从形而上学角度看，这个模式包含着中国早期思维对宇宙生成的深刻思考。首先，先有空间（“夫天所盖大殹，地所生之众殹”），才出现了时间（“岁四时之至殹，日月相代殹，星辰之生［往］与来殹”），因为空间在先才能为生成和变化提供发生的场所，而生成和变化就是时间的具体表达。其次，空间由对极（polarity）——也就是马克所说的“裂变阶段”——所标识，对极在混沌中开辟的区域，是宇宙中最初之维（dimensionality），在《陈起》中这对对极直接展现为“天—地”，在其他文本中可能表达为其他对极。再次，时间在对极所豁开的最初空间中出现，是以一种周期性时间的方式，即“岁”，然后才是可度量、可计算的其他时间，如昼夜交替和四季变化（“日月相代殹，星辰之生［往］与来殹”）。可度量、可计算的时间或称为时间之表象或具体时间，它们以相继和变化为特征。这样的时间该如何从静止的空间中产生？是否有一种兼具空间特征的原初时间，可以作为具体时间流逝的框架？有。那便是周期性（cyclicity），也就是“岁”。当我们称早期中国的历法生成论为以“岁”为目的或旨归的生成论时，表达的正是“岁”在存在论上对于其他流逝时间的在先性，这种在先性源于周期性，而周期性是一种带有空间化特征的时间。因而从存在论角度对这一过程进行解释便是：数作为原则处于最高等级，其次空间（由对极豁开最初维度表达）先于时间，而空间化的时间（周期性）又先于所有具体时间。

表 1-1 以“岁”为旨归的历法生成论

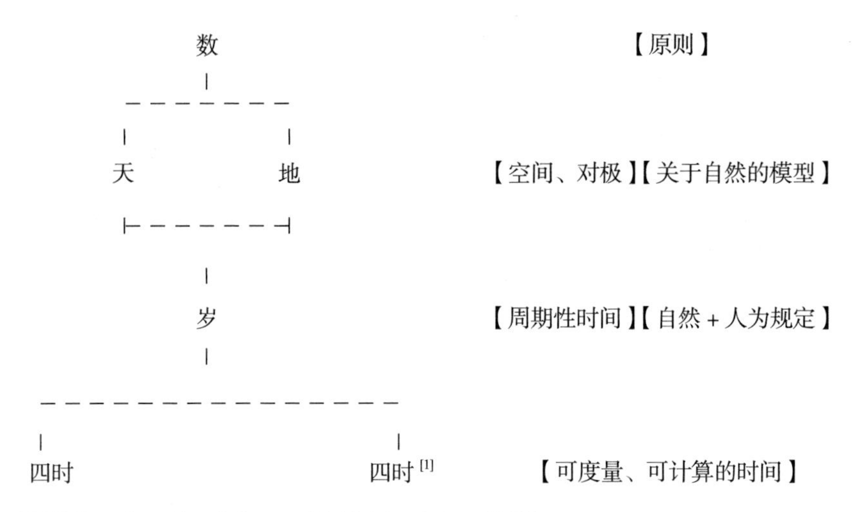

（可分为二分二至、八节、二十四节气、七十二候等）

令人惊讶的是，这种宇宙生成论中所蕴含的对于时空关系的深刻思考，在古希腊也可以找到，例如赫西俄德的《神谱》。[2] 这一相似让我们确认，这些蕴含于宇宙生成论中的深刻思考，并不是我们对早期中国思维的臆想，而可能是人类最初对时空结构的感知决定的。

[1] 陈起在之后的问答中提到了十二月，即“以印记天下为十二时”。这里“十二时”就是十二个月，而不大可能是十二个时制。这是由秦汉所用历法为《四分历》决定的。这我们留到后文详细解释。《四分历》之所以称为《四分历》，就是一“岁”在整数 365 日后，取 1/4 日。可见“岁”在历法中的取值，实际上既有自然来源，又有人为规定。

[2] 详见《古希腊哲人论神》第一章“创造型二元论”。（大卫·赛德利．古希腊哲人论神 [M]. 刘未沫，译．刘玮，校．北京：北京大学出版社，2021.）

岁历周期的图像化及其数理模型

既然周期性是一种有空间化特征的时间，那么“岁”的图像化就是一种自然而然的趋势。之后我们将在深入分析中，逐渐体会周期性与图像化思维的内在关系。在这一节，我分析的是“岁”作为一个基本的度量时间的单位如何被图像化，这正是《陈起》中以文字描述的三方三圆天地模型（见 B-II-a 和 B-III）的解读语境。具体来说，陈起对“岁”进行图像化的方式，是借助太阳运动周期中最重要的节点二分与二至进行的；在此基础上，当时掌握天文知识的知识分子发展出了复杂的盖天数理模型，《陈起》中的三方三圆图与《周髀算经》中的七衡六间图都属于这一传统。

陈起在第二问回答开始（B-I）就提到了天地结构（“夫天所盖大殴”），之后他在第二次说明（B-II-a）中提到了三方三圆，进而在第三次叙述（B-III）中给出了该结构的具体数值：“大方大员（圆），命曰单薄之三；中方中员（圆），命曰日之七；小方小员（圆），命曰播之五。”我们的任务是说明这一文字对应的图像是对“岁”之周期性的具体模拟，它不是象征，而是符合天文现象的演示图。要理解这一点，我们需要对早期中国盖天的天地模型及其所反映的天象有所了解；《周髀算经》中保存着早期中国较为完整的盖天数理模型，我们的背景勾勒参照其进行。

“盖天说”的基本假设是天地平行。如何在这样的天地结构中表示

“岁”的周期性和具体时间流逝，也就是表示四季循环和昼夜交替？《周髀算经》的模型是以一圆表示某地（如周地）的视线范围（见图 1–1 空心大圆），再以另一圆（见图 1–1 实心圆）表示太阳的日照范围。就每日而言，太阳运行进入该地的视线范围就是白天，运动出该视线范围便是黑夜；这个过程便模拟了每日的昼夜变化。若细分，我们可以对其标识出日出、日中、日入、夜半四个关键节点。以冬至为例，如图 1–1 所示。

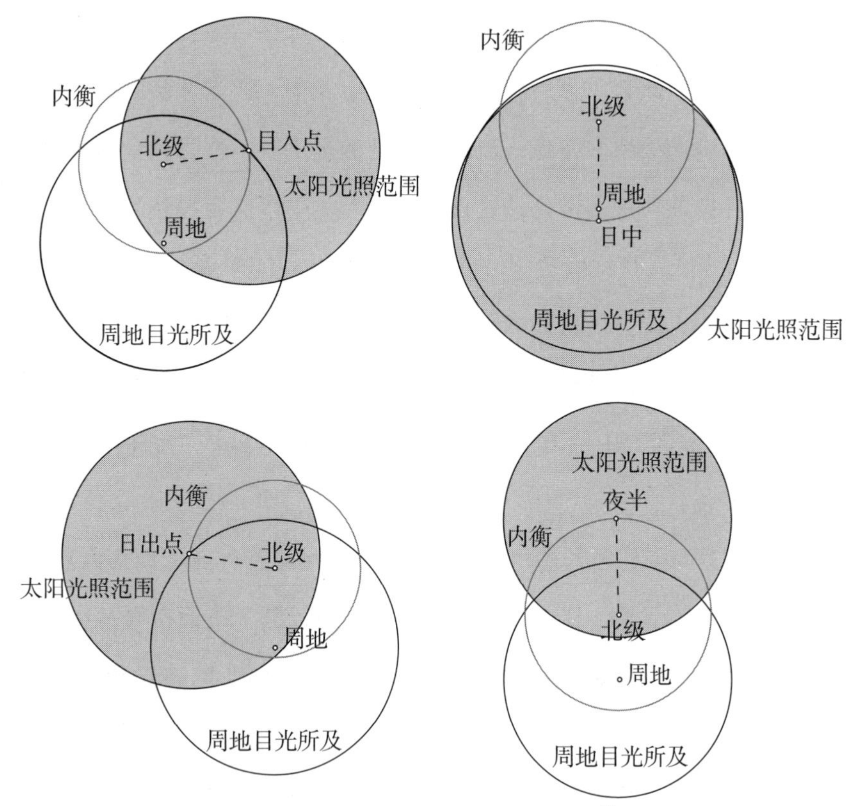

图 1–1　日出、日中、日入、夜半 [1]

我们可以继续在这个图上增加对四季变化的模拟，这依靠增加同心圆的数目来达成。假设太阳每日均绕中心点做圆周运动，由于每日日照

[1] 此图为肖尧博士按照《周髀算经》中的具体数值制成，特此感谢。

时长不同，因而表征每日太阳运动的圆半径就不一。太阳围绕中心点运动的半径越小，它在点状圆上扫过的角度越大——假设角速度一定，即太阳运动速度一定——太阳在视线范围内停留的时间越长，也就是说，日照时间越长。

按照这样的规律，我们就可以首先标识出一年中最重要的“四时”节点（图 1–2）：冬至日照时间最短，因而半径最大；夏至日照时间最长，半径最小；春、秋分日夜平分，半径取二者之中。因而一“岁”中太阳运动，就是从冬至对应的半径最大的最外圈开始做圆周运动，每日推移，圆半径越来越小，到最内圆时是夏至，然后折返，继续向外做圆半径越来越大的圆周运动，至最外圆时为冬至，即一年。这样就以日照范围图像化的方式，模拟了太阳周年运动周期，即“岁”的周期。

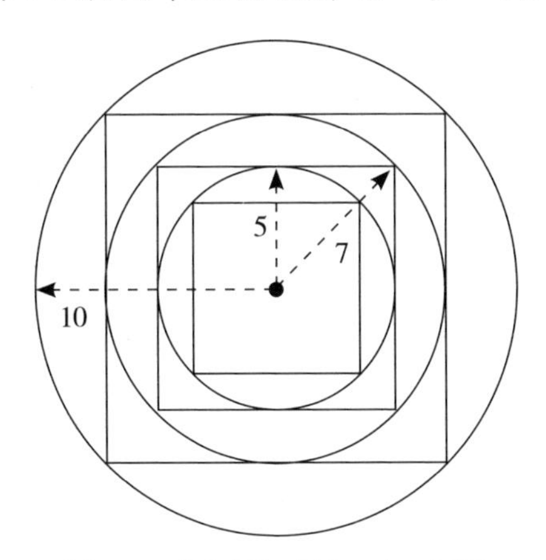

图 1–2 《陈起》中的三方三圆图

在这一个回合的折返运动中，若只标识二分二至点，就会出现 3 个最重要的同心圆，分别对应冬至、春分秋分和夏至，即《陈起》中的大圆、中圆、小圆，或《周髀算经》中的外衡、中衡和内衡；如果像《周髀算经》那样再加入二启（立春、立夏）和二闭（立秋、立冬）的标识，即标识出“八节”，那么就会出现 7 个同心圆，得到七衡图或七衡六间图（图 1–3）。

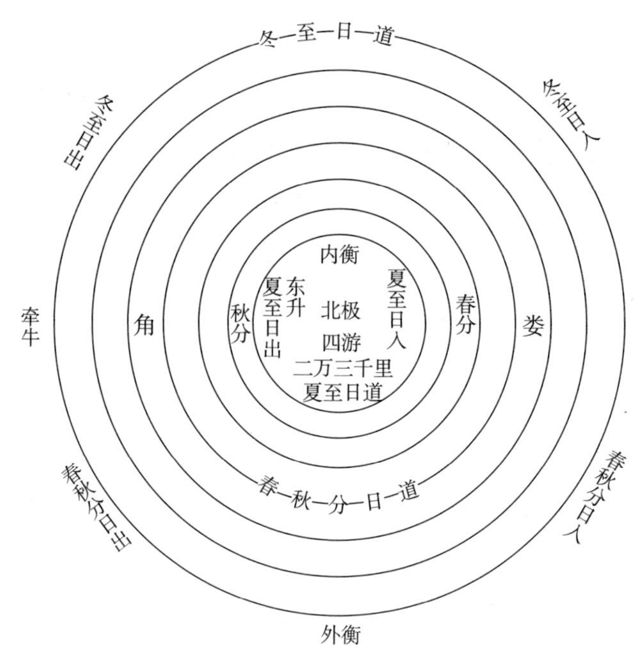

图 1–3 《周髀算经》中的七衡六间图

关于《陈起》中三重方圆图所对应的三、五、七数值，陈镱文和曲安京已经给出了较合理的解释，即理解为 3 组外切圆及其内接正方形层层嵌套的结构。《九章算术》中“方五斜七”的规律（正方形一半的三角形，其边长是 5，斜边约为 7），可以解释“播之五”与“日之七”的数值，与小圆和中圆半径对应；如此小方小圆和中方中圆呈现为外切圆及其内接正方形相互嵌套的结构，推至大方大圆，便得到大圆半径为 10；设大圆半径为一个单位，π 值取 3（同《周髀算经》）其面积就是 3 个单位，对应简文“单薄之三”。因此“黄钟之副，单薄之三”就是三方三圆模型中正方形与其外接圆的面积比。[1]

《陈起》和《周髀算经》在天地模型图上有连续性，它们都是用图像来模拟日照时间长短在一年中的变化，以展现“岁”的周期性；借助

[1] 陈镱文，曲安京．北大秦简《鲁久次问数于陈起》中的宇宙模型 [J]. 文物，2017（3）：93–96.

的最关键节点就是“四时”，这都符合上节以数位和图表列出的早期中国宇宙生成论的演进阶段。但读者可能会注意到这一传统中《陈起》图和《周髀》图的差异:《陈起》中的嵌套三重方圆图是等比模型（公比为$\sqrt{2}$，约为 5 ∶ 7 ∶ 10），而《周髀算经》中的七衡六间图则是等差模型。为何会有两种盖天模型的图像传统呢？陈镱文、曲安京认为《陈起》图比《周髀算经》图更合理，我不大同意。[1] 我认为更合理的解释或许是，等比图（即嵌套方圆图）可以直接由矩和规两种工具画出，作图容易，产生时间较早，我们在考古上发现的早期祭天的大型建筑基本上也是使用了等比形制[2]；而用均匀的等差模型在作图上要麻烦一些，很可能是秦汉时期受到均分时间观念的影响，或者是官方制度化推行的结果。换句话说，《陈起》式等比图借鉴了长期作图和建筑实操，是自下而上的提炼，而《周髀算经》式等差图则是在此基础上，受自上而下推行的均分时间理念影响而修改后的图像。

本节之所以要将《陈起》放回到其历史语境——“盖天说”的天地模型，目的在于说明这种岁历周期的图像化不是象征图像，而有非常实在的知识基础；同时认为它和《周髀算经》中的图像一脉相承，二者的差异是历史原因造成的变化，而并非观念上有所对峙。因为如果是象征图像，更直接的方式是将日照时间最短的冬至与小圆对应，将日照时间最长的夏至与大圆对应。目前学界接受的解释却正好相反，是冬至为大圆，夏至为小圆。只有了解了盖天模型如何反映太阳日照时长并推广至全年重要时间节点，认为多重（方）圆图是对其抽象，才能正确建立这

[1] 陈镱文、曲安京二人对二者差异的解释是将其置于我们今天使用的天球模型中比较，所以他们认为等比图比等差图更合理，因为太阳运行就数值来看就是不均匀的。但我不大同意这一解释，因为对二者差异的解释不能脱离盖天的基本天地结构考察。

[2] 如新疆巴音布鲁克太阳祭坛、陕西三原天井坑（可能是汉代的“天脐”遗址）。

种对应。

《陈起》中用文字表达的这种图理，已经十分抽象，但它仍然是一种关于事实的模型，应当理解为早期中国宇宙三维立体模型（图 1–4）的降维呈现（图 1–2、图 1–3）。这也给这节讨论带来一个副产品，即附带说明了中国并不缺乏拟合天文现象的宇宙论三维几何模型。原先的刻板印象是中国擅长算术思维而古希腊擅长几何思维，但现在看来这两个特质的总结都需要重新思考。[1]

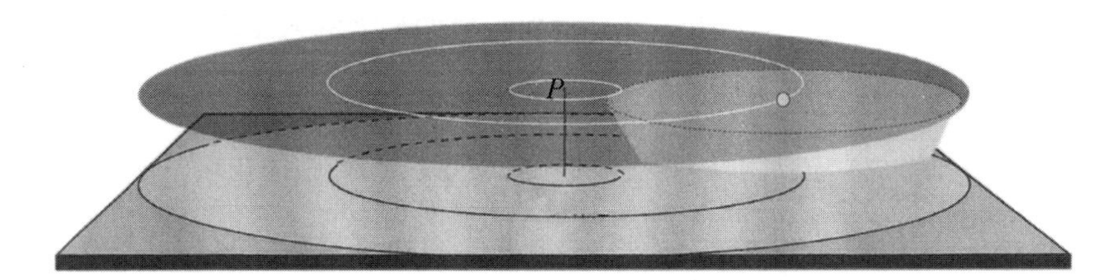

图 1–4　盖天模型的三维可视化

以“度”为旨归的音律生成论

从这一节开始，我们用两节来讨论《陈起》中另一组与以“度”为旨归的音律生成论有关的数。陈起在第一次回答“天下之物毕用数”的

[1] 从我们的研究看来，早期中国和古希腊分享了将时间周期性图像化为圆的相似思维方式，因而真正的问题应该是：何以古希腊演化出将星体圆周运动放入三维球体中去模型化的方式，并逐渐固定化为其经典范式（这并非其思维先天擅长三维立体几何），而早期中国则发展出了另一套倚重图像的方式？

总说时,就在“岁”与“四时”周期及其具体的时间表达之后,提到了“五音六律生殴”。(B–I–a)同样，他在第一次描述三方三圆图时，也提到了“规矩准绳”和“五音六律六间”皆存其中。(B–II–a)在叙述圣人贤臣之“作”时，又提到首先要做的就是“命天下之法，以立黄钟之副”，并以黄钟所生的十二律“印记天下之时”。(B–II–b)与“度”有关的数则出现在第二答第一次说明时提到的食数、里数和亩数(B–I–b),以及整个第三次问答中(C)。这些内容我们认为都可以归入音律生成论,并且其特质就是以“度”为旨归。这一节的工作就是总结和提炼这一音律生成论的基本形态及各个阶段。

讨论音律生成论，我们需要首先对早期中国的生律法有一点初步了解，才能在之后的讨论中知道哪里是观念起作用，哪里是技术。早期中国从自然中发现的音律生成原理通常被叫作五度相生法。虽然在以《管子·地员》为代表的作品中记录的是导生五声音阶的方法,以《吕氏春秋》为代表的作品中记录的是导生十二律的方法，但生律法的实质是一样的。无论采用哪种方法，我们都只需借助五度（2 ∶ 3）和八度（1 ∶ 2）的两个比例（4/3=2/3×2/1），就可以获得五音和十二律的所有音了（表 1–2，图 1–5）。

表 1–2　早期中国生律法

定音方式	音名	生律法
导生五声音阶		
五音	音名	《管子·地员》法
宫 81	C1	81×4/3=108
徵 108	G	108×2/3=72
商 72	D1	144×4/3=96
羽 96	A	96×2/3=64
角 64	E	

（续表）

定音方式	音名	生律法
导生十二律		
十二律	音名	《吕氏春秋》法
黄钟 81	C1	81×2/3=54
林钟 54	G1	54×4/3=72
太簇 72	D1	72×2/3=48
南吕 48	A1	48×4/3=64
姑洗 64	E1	64×2/3 ≈ 42.67，取 42
应钟 42	B1	42×4/3=57
蕤宾 57	#F1	57×4/3=76
大吕 76	#C1	57×2/3 ≈ 50.67，取 51
夷则 51	#G1	51×4/3=68
夹钟 68	#D1	68×2/3 ≈ 45.33，取 45
无射 45	#A1	45×4/3=60
仲吕 60	F1	60

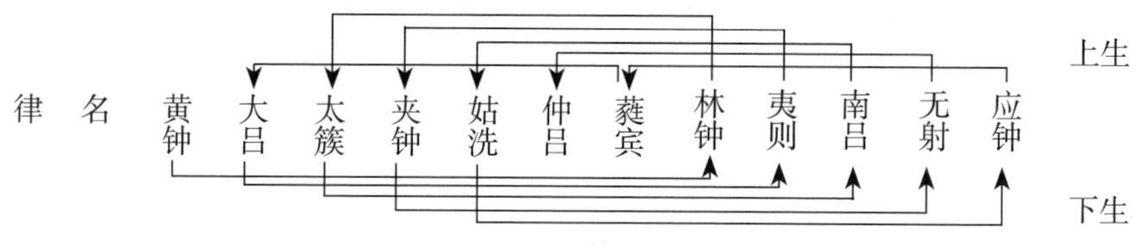

图 1–5　十二律按音高排列[1]

从自然的声音中发现音律比例及发现五度相生的规律，并不是只出现在早期中国，也广泛出现在地中海地区，如古希腊毕达哥拉斯学派的著作中。相较而言，早期中国音律生成论的独特性是将音律生成论与度量衡体系关联起来。“度”（measures）本来完全是一套人为

[1] 谷杰 . 从放马滩秦简《律书》再论《吕氏春秋》生律次序 [J]. 音乐研究，2005（3）：29–34.

规定的度量衡之起点，但将这个单位同时作为音律生成论之终点 / 目的，就将度量衡的来源追溯到了自然的声音比例；再将这个长度作为接下来一整套"量"（weights）的单位的来源，就使整套度量衡体系有了自然来源。这和选取时间单位的情况是类似的，"岁"这个单位的确定也既有自然基础（即太阳运动的周年回归现象），也有人为规定（回归年余数的选取，秦汉时期选取为 1/4）。

陈起在关于宇宙生成论的总说中提到天地、岁、四时、日月、星、音律之后，便给出了与度量有关的回答："子其近计之：一日之役必先智（知）食数，一日之行必先智（知）里数，一日之田必先智（知）亩数，此皆数之始殹。"这里的食数、里数和亩数，分别是度量体积、距离和面积的数。与这句相关的更多内容出现在了第三次问答中（C），在那里陈起又提到了从小到大的量制单位升、料、斗、桶，按整理者的解释，"料"是半斗，"桶"为 10 斗。我们可以借助《汉书·律历志》来重构陈起没有明确给出的关联。《汉书·律历志》关于"王莽新政"颁布度量衡的记载有如下说法："度者，分、寸、尺、丈、引也，所以度长短也。本起（于）黄钟之长，以子谷秬黍中者，一黍直广，（度之）九十（黍，得）黄钟之长。""量者，龠、合、升、斗、斛也，所以量多少也。本起于黄钟之龠，用度数审其容，以子谷秬黍中者千有二百实其龠，以井水准其概。合龠为合，十合为升，十升为斗，十斗为斛，而五量嘉矣。"也就是说，若将音律的基音黄钟律作为"度"的起始，就可以将发出黄钟律的律管的长度（如九十黍）作为标准，进而就有了测量长短的各级单位；以黄钟律管的容量（如一千二百黍）作为单位（即“龠”），进而就有了测量容量的各级单位。[1]最重要的是将黄钟律设为度量衡的起始标准，然后可以通过具体发出黄钟律的律管的长度进一步确定其他度量。

借助《汉书·律历志》中较为成熟的以“度”为旨归的音律生成论形态，可知陈起在第二问答提到的五音六律，与紧接其后提到的食数、里数、亩数（B–I–b），以及第三问答所列举的诸种度数之事（C），当属于一条线索。虽然此时音律和度量的关联还未像《汉书·律历志》那样落实到具体数值，嘉量也还未统一[2]，但这一思路已经体现在了结构安排上：无论在第二问答内，还是第二、三问答的顺序上，都是先谈音律，再谈度量；通过音律这种数，建立了自然与政治领域的关联。《陈起》中明确强调，音律数并非人为创造，而是圣人贤臣从自然中发现的，是他们将这些数作为度量衡的标准，以惠后世（“书竹帛以教后世子孙”）。

表 1–3　以“度”为旨归的音律生成论

生成	【原则】
数	
（八度和五度）比例（1 ： 2和2 ： 3）	【1、2、3的比例】【取自自然】
五音　　十二律	【周期性：12】【自然＋人为设定】
度	【可度量的单位】【人为设定】
量	

（如《陈起》中的升、斗、斗、桶）

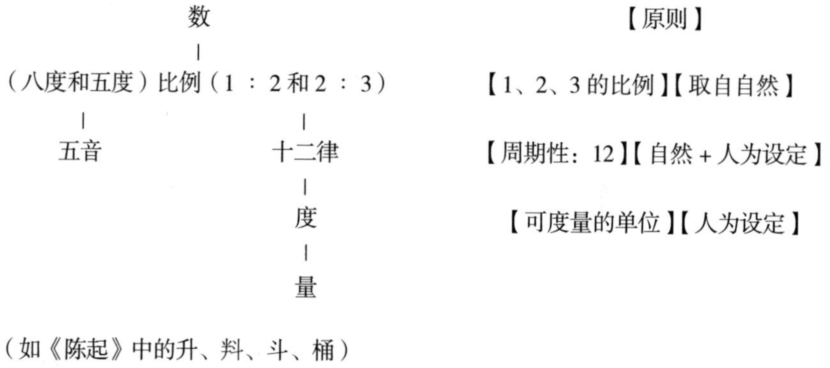

[1] 其他还有：“权者，铢、两、斤、钧、石也，所以称物平施，知轻重也。本起于黄钟之重，一龠容千二百黍，重十二铢，两之为两。”“石者，大也，权之大者也……。重百二十斤者，十二月之象也。终于十二辰而复于子，黄钟之象也。”

[2] 对比《汉书·律历志》也可以发现，《陈起》中的计量单位名称与之有重合（升、斗），也有不同（料、桶）。

至于早期中国为何会将音律生成论与度量关联起来，为何会用音律作为度量衡系统的初始标准，我也给出一个猜测性的回答。我认为可能有技术和历史两方面原因。技术上，因为实际演奏中弦乐器的音高很不稳定，需要更稳定的乐器作为定音标准，因而出现了保持绝对音高的乐器——律管；但从现有的实物证据看，如雨台山楚墓出土的律管和汉初马王堆出土的律管，以定音为目的的律管多为竹制。在中国黄钟律成为度量衡标准，则与战国时期开始、秦汉时期进一步确立、西汉末年完成的度量衡标准化运动有关。正是在这一特定历史时期的特定运动的影响下，律管的功用才逐渐从校定音高扩展到校定度量衡。当被作为度量衡的标准，律管的材质也相应地改为青铜，这是出于最大程度减少温差影响的需要；相应地，当出现青铜制律管（现存实物有“王莽新政”时所用的青铜无射律管），其对精确性的追求已超出音律领域，进入政治领域。[1]

十二律理想的周期回归及其图像化

讨论以“岁”为旨归的宇宙生成论时，我们首先深入分析了早期中国以寻找时间周期性为主要旨归，以及将“岁”作为时间周期基本单位，

[1] 现在我们在上海博物馆看到的青铜无射律管，就是刘歆协助王莽进行“新政”时所用的律管之一；而我们在《汉书·律历志》中见到的完整形态，也是刘歆考订历代度量衡制度后所确定的音律－度量衡体系。

然后分析了其图像化的思维方式。这一过程同样可以适用于以“度”为旨归的音律生成论。上节我们解释了早期中国将音律与“度”相关联、并将其作为政治生活计量基本单位的方式和原因，这节我们讨论音律的周期性及其图像化的方式。

上节表明了五音和十二律相同的生律法实质，但这节要强调，二者在观念上有一个很大的分别：五声音阶不回归，十二律音阶在理论上设定了要回归到起点的理想目标。虽然我们知道在实践上，按照五度生律法，第十一个生成的音仲吕继续生成是回不到黄钟 81 的，真正要达到完美回归，需要全新的律学和算法，即使用十二平均律和开根计算，那要等到明代朱载堉的时期了。实践上的不可能，更说明了十二律周期回归的观念是设定的理想观念。换句话说，十二律所代表的含义超出了单纯技术性的层面，代表周期性；同时，它又因其生律法的自然来源和度量旨归而沟通着自然与政治世界。在周期性、沟通自然与人为等方面，十二律所扮演的角色与“岁”完全相同。这也是为什么在陈起提到圣人贤臣为天下立法时，首先是以十二律来与时间对应，而五音只是进一步安排中的要素而已（“始诸黄帝、颛顼、尧、舜之智，循鲧、禹、皋陶、羿、箠之巧，以作命天下之法，以立钟之副，副黄钟以为十二律，以印记天下为十二时，命曰十二字，生五音、十日、廿八日宿”）。

与“岁”周期的图像化思维一致，早期中国也确实有将理想的十二律周期投射为图像的传统。陈起在说“副黄钟以为十二律，以印记天下为十二时，命曰十二字”时，还原到历史语境，可能是一幅类似图 1–6 的方形图。上文曾强调，周期性本来就是一种有空间性质的数，它先天具备可以投射为图像的潜能。图 1–6 的绘制方式就是把十二律名按音高顺序顺时针排列，黄钟对应子位，与十二干支一一对应。

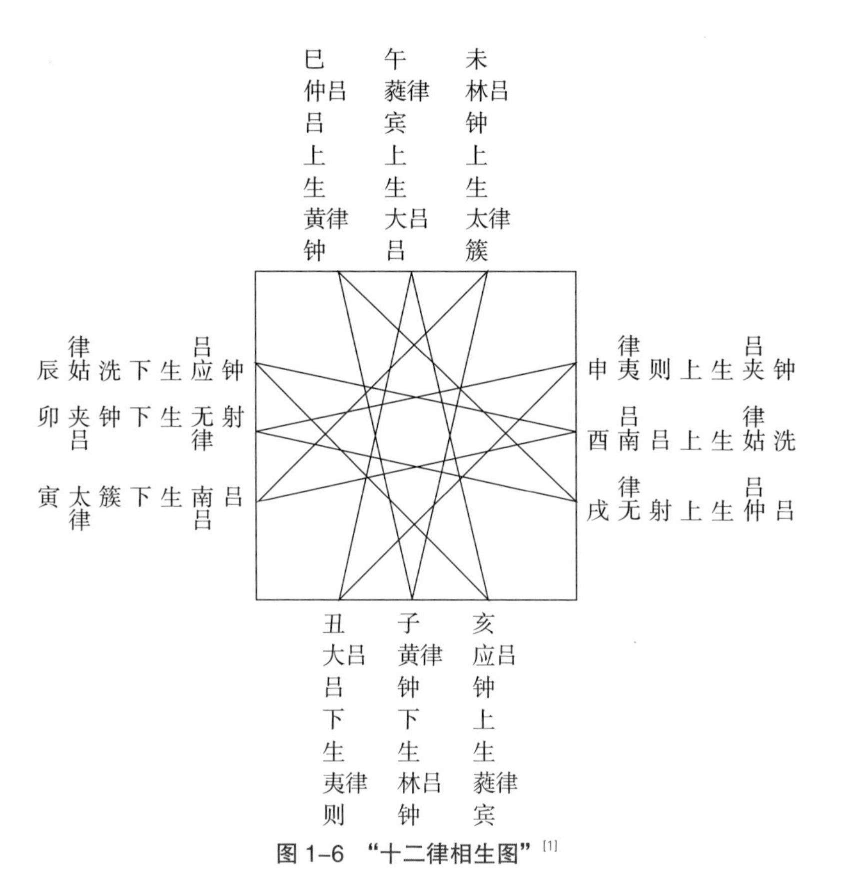

图 1–6 “十二律相生图”[1]

这幅图原为刘国忠为解释《五行大义》卷四第 74 行的一则与“旋相为宫”有关的背记材料所绘。[2] 近年来大量数术文献的出土，证明了这种十二律的图像化在秦汉时期已出现，如放马滩秦简的研究者程少轩就确认了《钟律式占》中“以钟律数占卜”（见第 333 简）的文字叙述与这幅图的标注一致，并且这个对应的基本结构是进一步解释其他各种要素配入方式的基础。[3]

[1] 刘国忠，五行大义研究［M］. 沈阳：辽宁教育出版社，1999：97.

[2] 所依据的材料是“又曰：礼运云，旋相为宫。又曰：旋相为宫法，从黄钟起，以相生为次，历八，左旋数之，上生三分益一，下生三分损一，五下七上，乃终复焉”。

[3] 可见放马滩《钟律式占》假想式盘图。（程少轩 . 放马滩简式占古佚书研究［M］. 上海：中西书局，2018.）

这种十二律周期性在图像上的表达规律，也就是后来中国古代纳音中常说的“隔八相生”：音律（如黄钟）从其对应的干支位（子位）顺时针数八个干支（到未位），得到的就是其生成次序中的下一音律（即林钟）；如此进行下去，可以回到黄钟起点。十二律在实践上无法完美回归的问题，在图像化的过程中消失了。十二律周期回归的观念，则在图像中被固定了下来。

在这一基础架构下，可以继续标注其他周期性要素，如十二月，这也正是简文“以印记天下为十二时”的含义。值得一提的是，在秦汉时期“十二时”多半指十二月，而不大会是十二时制。这是因为秦汉时期使用的历法是《四分历》（即每年$365\frac{1}{4}$日），将其余数（即$5\frac{1}{4}$日）分配到每月和各节气时，小余分母只能是 16 或 32，而不可能是 12，因此只有将一天分为 16 和 32，才能确保各节气点都落在一日中的确定时称上。这正是我们在秦汉文献及出土“日书”中多见十六时制和三十二时制的原因。

分析到这里，我们已经将《陈起》中涉及的大部分数学对象都归于历法生成论和音律生成论之下，并认为早期中国宇宙生成论和音律生成论之特质，在于各自以一个基本单位为终点（前者为时间单位“岁”，后者为度量单位“度”），并通过探讨这两种生成论的周期性——太阳年回归周期与十二律理想周期，看到了各自图像化的知识基础，也看到了它们各自图像化过程，这种图像化过程不是对事物的再现，而是对事物规律的抽象化、模型化、观念化，是谓图理。

但这里仍然有遗漏，例如陈起所谈到的身体部位之数，并未被归入这两种生成论；又如在图像化的过程中，我们还没有对不具周期性的要素进行安排，如五音、二十八宿。除此之外，历法生成论的多重（方）圆图与音律生成论的方图，能够合并吗？这些问题我们将在下一节，通过讨论早期中国民间普遍使用的占卜工具式图来回答。

民间式图在要素关联和观念形成方面的作用

此前我们讨论的都是精英阶层的观念及其知识基础，以及图像化在此过程中的作用。这一节将从一个新的角度，从早期中国民间数术实践（即日常投日占卜）长期使用的用具（式盘）及其图像（式图）来讨论它们在观念固定化中的作用。就上文所谈的两种生成论而言，它们或许正是通过包含天盘和地盘的式盘，才最终被紧密地连接在了一起，最终形成了中国独特的"律历一体"观念。式图是对精英知识的简化，但同时它能纳入更多要素，这反过来对观念的形成起了不可缺少的固化作用。

早期中国数术实践中最关键的工具被叫作式（或栻），这种工具所呈现的图像被称为式盘和式图。实际上，这类图像的名称并未完全确定，它们还被称为勾绳图、TLV 纹、日廷图、罗图等。[1] 我是在非常宽泛的含义上使用"式图"这个词，它既包括出土式盘实物所呈现的图像，也包括出土数术类文献中配合文字解释的示意图，还包括学者们根据文字复原或重构的图像。由于这种工具及其图像是在民间使

[1] 拥有干支要素的式图又被称为"日廷图"，"廷"训为"值"，表示所值的干支日，所以日廷图表示的就是某干支日时的宇宙图像。具体见孔家坡汉墓简牍、北京大学藏西汉竹书，因为后者在式图中出现"日廷"二字，因此有些学者认为日廷应当为各种式图的通名（如李零、董涛）。但也有学者认为"日廷"只是出现干支日的式图，不宜用作此类宇宙图式的专名，而提出使用"罗图"（如程少轩）。

用和流行的，所以过去很难从典籍中了解，但近几十年持续发现的出土数术文献填补了这一空白。

从现有的材料来看，式图种类繁多，但其基本结构是清楚的：一圆形天盘，加上一方形地盘。周家台秦简中的一幅出土式图，包含要素较为简单（只有天干、地支、四方、二十八宿），可以作为早期中国六壬式图的一个典型代表。在时间上，它也与《陈起》的年代相近。

观察图 1–7 内层的地盘结构，可见其核心要素是方位。十字（即“二绳”）标识东西南北，四个 L 形（即“四钩”）标识其他 8 个方向（东偏北、东偏南、南偏东、南偏西等），共 12 个方向，可用十二地支标识。上节所讲的十二律周期图像，很容易与地盘结合，这样十二律、十二支、十二月就与十二方位一一对应了。但十二月的安排不一定放在地盘，它作为时间标识，也可以均分安排在天盘的圆盘上。与此相反，星宿要素的排布，在周家台秦简中是安排在天盘上的，但在其他一些式盘中也可以按照 7 个为一组的方式，四象（青龙、白虎、朱雀、玄武）对应四方，排列在地盘上。四时的安排，也是两可。

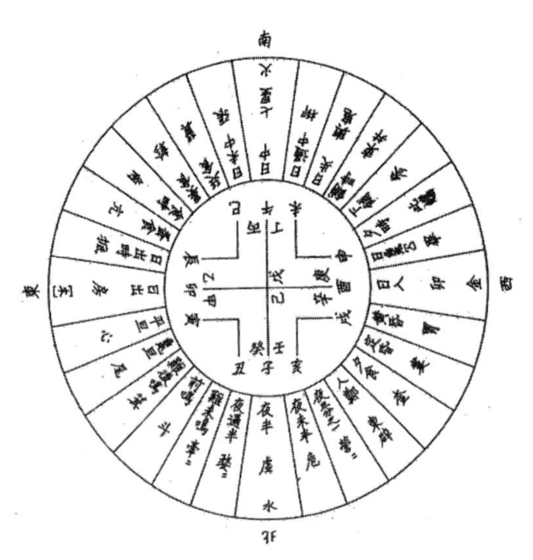

图 1–7　周家台秦简“二十八宿占”式图

天盘的具体功能就是在“星辰之往来”的背景下标识“岁”的周期。六壬式盘选用北斗作为其定位天体，以北斗斗柄的指示方位来标识岁历周期。这样每月斗柄在天盘上运行 15°，就对应于地盘上的 1 个月，旋转 360° 就是 12 个月，即 1 年。太乙式盘情形与此类似，只是其选用的定位天体是帝星，即当时的北极星。[1] 将天盘与上文讲过的基于盖天论的数理模型的多重（方）圆图进行对比，可见天盘明显进行了简化，但它仍然是对岁历周期性的模拟和抽象。民间不用多重圆模型，因为对太阳周年运行规律的模拟比较复杂，需要更高级的数理知识，这些知识并非民间所知，民间也不需要精确的数理模型；相较而言，对北斗进行观测以及模拟其在图像上与四季的对应，容易得多。

天盘地盘相配合，式图就成了时空一体的宇宙图像。在这样的架构中，如何安排像“五音”这样没有周期性的要素呢？方法是借助式盘的方位和数的通约性质。地盘中“二绳”指的是四方加上中心，即为五方；五音与五方都是 5 个，可以一一对应。这也就是说，五音在图像上的安排，不是按照音律计算的数值来安排的（比较 1–2）——否则宫音应该对应于黄钟所对应的子位，商音应该对应于太簇所对应的方位，等等——而是用了简化的五方直接配五方的办法。从出土实物来看，一般宫作为五音起算音，固定占据中心位置，但早期四音和四方的搭配有不同方案，经历了一个从不同方案到定型的过程。[2]

[1] 需要注意由于岁差进动，当时的北极星不是今天的北极星（小熊座 α），而是帝星（小熊座 β）。当时勾陈一的运动轨迹是围绕北天极旋转 1 周为 1 年，因而太乙星也按八节在八宫运行，不入中宫。太乙在式盘上的运行规律也是按照这个方式进行的。

[2] 如孔家坡汉墓简牍《岁》篇，是以角对应北，徵对应东方，羽对应南方，商对应东西方，《吕氏春秋·十二纪》则采用不同方式。对比的图表见程少轩《放马滩简式占古佚书研究》（中西书局 2018 年版）中的表 2–1–7 与表 2–1–8。

按照同样的思路，每方对应 2 个天干，也就和“十日”对应。这样，我们就完全解决了陈起所说的圣王先贤为天下立法时，以音律“印记天下之时”所提及的各个要素如何表达在图像上的问题。如此一来，理论上所有来自自然的音和律，都能够同时与时间和方位匹配了。可以想见，长此以往，人们也就形成了某音某律与某方某时关联的思维。

与此同时，我们也清楚了利用式盘进行要素搭配的基本方法。天盘的主要功能就是标明天区，并选用标志性星体模拟岁历周期。而世间各种要素的配入主要是利用地盘，地盘则可以利用两大原则吸纳多重要素，符合地支数（或数值相当于其 1/4）的事物，按十二律的方式安排；而符合天干数（或数值相当于其 1/2）的事物，按五音方式安排。

最后，陈起在讨论疾病治疗之数时所列举的患病人体部位（“今夫疾之发于百体之树殴，自足、胻、踝、膝、股、髀、尻、膂、脊、背、肩、膺、手、臂、肘、臑、耳、目、鼻、口、颈、项”）是否也能被纳入式图呢？我认为是可以的。因为这些部位从头到足正好是 22 处，正是地支数与天干数之和。数目相合，理论上就可以将其分组安排：一组为 10 处，与天干一一对应；另外 12 处可分为 4 小组，每组 3 处，与地支一一对应。除了数目相合，实际上还有一种观念相合，因为疾病治疗和死亡也被认为遵循一定的周期。据学者对出土“日书”中所见疾病占卜的研究，出土文献的疾病占卜系统也分为十二地支系统和五方系统，其中十二地支系统对疾病发展的理解常遵循“疾→少瘳→大瘳→死生选择”的格式。陈起几次提到人体疾病治疗之数，强调治病的时间，并且将疾病按照瘳与死分段（“苟知其疾发之日，早暮之时，其瘳与死毕有数，所以有数故可以医”），或许暗示他分享着周期性理解疾病的观念，懂得人体和医学知识，在治疗时使用这样标注十二地支的式盘为百姓占病。

借助式盘及式图，上节最后提到那些遗留在岁历图像和十二律周期图像外的要素（如《陈起》中的五音和身体部位）都得到了安排。不仅如此，我们已经理解了各种要素如何在式图中进行安排的一般方法。各种各样的要素都可以按照这样的思路逐渐加入式图，无非进行加减乘除，因而《陈起》最后说的就是加减乘除和分数与整数的换算，是学习所有“数”的法宝。

总结：早期中国借助数与图像建立事物关联

一直以来我们都对早期中国事物联系的方式感到困惑，特别是涉及天文历法这种在分科中属于“严格科学”的领域时，我们更加困惑于为何一些基本常数能够“随意”从其他领域拿来呢？例如，最为典型的是，汉代《三统历》的日法（即每月日数之余数的分母），直接拿来了黄钟律的数值81。[1]历法中的常数，何以能够直接用黄钟律？过去，我们将这种“随意”“任性”的举动解释为象征性思维或受数字神秘主义的影响，或者说这是前逻辑思维。现在，借助汉代以前大量发现的出土文献，我们得以

[1]《四分历》回归年取$365\frac{1}{4}$日；一个闰周为“十九年七闰”，相当于235个月，19年中的日数就是$\frac{27759}{4}$日；因而每月的日数就是$\frac{27759}{4}\div 235=29\frac{299}{940}$日。《三统历》将每日的这个分母确定为黄钟律81（即日法取81），因而日分必然是43，才能最逼近$\frac{27759}{4}$的数值。这就是汉代《三统历》中每月有$29\frac{43}{81}$日数值的来源。这里的常数选取81显然是从观念而来。更详细的解读参考孙小淳老师的为本书所撰的“导论”。

对早期中国历法数与音律数紧密联系的历史语境和思维过程进行重构。

我在本章中的观点是，早期中国将音律和历法并置与关联不是随意的，也不是观念上的抽象结合，而是两套有着各自生成规律的历法生成论和音律生成论的结合。它们的联合至少有三点保证：它们的联合演进方式、阶段和旨归的相似性，为其类比与联合提供了理论基础；将它们作为数学对象，并将生成规律投射为图像的思维，为它们的联合提供了模型基础；日常使用的时空图像（式图），成为它们联系固定化的底层构架。

这些观点是在对个案《陈起》的解读中逐渐提出的。《陈起》文本被我们放置到整个秦汉及其之前的数术背景中，通过与多种出土文献和传世文献进行比较，我们将文本提到的那些看起来杂乱的数学对象——时间、空间、天地结构、历法、音律、度量、疾病治疗、身体——大致分类到历法生成论和音律生成论之下；同时，有古希腊宇宙生成论和相同音律原则的发现作为对照，我们为早期中国的这两种生成论找到了其特质，即分别以“岁”和以“度”为旨归。它们都以自然为来源进行演进，最终到达的终点都是政治生活中可以测量和计算的单位（分别是时间单位和度量单位）。这成为它们可以联合、类比的理论基础。

此外，岁历和音律还有一个显著特征——周期性。周期数是一种可以投射为图像的数，将周期数投射为图像也是早期中国思维的一种习惯。在《陈起》中，我们看到岁历周期的图像化以太阳为表征，其可视化借助模拟盖天模型下太阳在二分二至点不同的日照长短进行，呈现出三重同心圆的图形，这是与《周髀算经》中的“七衡六间图”处在同一传统中的天文数理模型。与此同时，十二律作为理论上设定的周期数——实践上达到要迟至明代，其生成规律也可以投射为图像：将十二律按音高在方形盘上顺时针排布，音律生成有“隔八相生”的规律，并最终能够回到起点。这种将事物看作数学对象，寻找周期性、并将其投射为图像的思维方式，是早期中国将不同要素规整到一个模型中的典型思路。

最后，岁历周期图像和音律周期图像是可以合一的，它们合一的示例就是日常投日占卜时所使用的时空图像（天盘和地盘）。虽然在陈起个案中，他提供的是一种混合了复杂专业知识和民间实践操作的理想模型[1]，但其基本观念与民间日者所使用的图像表达的观念是一致的。民间日者没有用太阳，而用了其他天体来演示“岁”的周期，如常见的六壬式天盘是通过模拟北斗在一年中的运转，以斗柄指向表示四时；而六壬式地盘就是常用的十二律与十二地支相配图。因此我们可以说，民间式图与上层精英们基于数理知识的抽象图像，有着近似的图理。

除此之外，我们还有两点可以扩展到其他要素和传统的启示。首先，推而广之，所有表征了阶段变化又具周期的事物，理论上都可以最终配入式图这个架构。例如在《陈起》中，如果在医学理论上将疾病到康复或死亡的过程理解为“数学对象”，有一定的阶段，遵循一定的周期，那么疾病治疗就可以被放入这个图像。一旦通过身体部位放入这个图像，它就同时与空间、时间、音律等要素紧密关联起来。这个思路可以对研究早期中国医学上的“天人合一”观念有所启发。其次，虽然从上层精英们的知识角度来看，式图是一种简化，但从对观念形成的功用来看，它拓展了上层精英之图理无法容纳的要素。式图以其方位构架，五方就为没有周期性的五音提供了图像化方法，推而广之，属于其他传统的五行[2]、五色、五味、五脏等，也可以一一配入。式图还可以表示十二方，再加上斜边则可以表示十六方。这样所有十二的倍数、十六的倍数的事

[1] 理论上，《陈起》所给出的对“岁”之周期的三重方圆图模拟，也可以与十二律生律周期的矩形图像结合为一个复杂的式图。

[2] 当然，五行因为有五行相克和五行相生两种传统，相应地有按照非周期和周期配入的方法。五行的问题较为复杂，并且现在也较为肯定，是属于独立的传统。《陈起》中并未提及五行，最新材料清华大学藏书简战国竹简《五纪》中也未出现五行。

物，皆可以纳入。这样就大大扩大了整个关联系统。

在本文的个案中，我们看到时间、空间、天地结构、历法、音律、度量、疾病治疗、身体这些本来无关的事物逐渐被分类、分层，被找到周期性，被还原为图像（基本图形为圆和方），被在图像上按生成规律和方位排布。它们之间复杂而有序的关系在这个过程中慢慢建立，而当它们获得特定安排后，又因为这种时空图像是早期民间投日占卜长期所用的工具图而不断在实践中作用于人们的思维，所以这一地区的人们形成了特定事物有特定关联的认知习惯。由于这些事物被安排在图像中时都被作为数学对象，因此事物之间的联系就可以通过“数”这一媒介来沟通和换算，同时“数”也具有了多义性。我认为，这就是早期中国思维中事物建立关联的“秘密”。

第二章　《太初历》历元问题新探

肖　尧

“太初改历”作为西汉最重要的历法改革，在中国古代天文学发展中有着重要意义，甚至可以说，天文学“汉范式”的创立就是自“太初改历”而起。汉初并存的诸多天文理论，经由改历归为一统，并且以“历本之验在于天”奠定后世天文学的发展之基。因此，对于“太初改历”这一过程，我们应给予更多的关注。本章对“太初改历”中的两个具体问题进行讨论，力图还原更为清晰、具体的改历过程，并借此加强关于中国传统天文学范式如何确立的研究。

历元作为中国古代历法的起算点，是影响历法准确性的关键参数，因此确定准确（合天）的历元至关重要。汉武帝太初元年（前 104 年）颁行新历《太初历》，其历元定于太初元年岁前十一月甲子朔日夜半。《太初历》以既是合朔时刻又是冬至时刻（太初元年岁前）的十一月甲子夜半作为历法起算点，无疑相当完美，通常认为，这个完美历元由战国时期《颛顼历》推算而得。本章通过考察“太初改历”的过程，表明《太初历》的历元并非全凭（西）汉初历法推算而定。在对《太初历》历元

* 本文受资助基金项目：国家自然科学基金青年科学基金项目（项目编号：12203026）。

确定问题的考察中，“太初改历”中的两桩疑案——“(历)不能为算”和“藉半日法”之谜也将有新的解答。

《太初历》的历元确定问题

“太初改历”发生在汉武帝时期，其最终结果是颁行邓平、落下闳等人创制的新历《太初历》。《太初历》“以律起历”，以 81 为日法，定太初元年岁前十一月甲子朔日夜半为历元，这些都与《三统历》[1]相同，一般认为《三统历》是刘歆（？—23）根据《太初历》改编而成，两历的内容并无区别。但这种看法并不准确，薄树人已经指出《太初历》和《三统历》在几个方面的明显区别，《三统历》实际上有别于《太初历》。[2]既然《三统历》不等同于《太初历》，那么在许多问题上我们就需要重新对《太初历》进行研究。事实上，《太初历》作为西汉行用时间最长、影响最大的历法，其研究仍相对薄弱，而在关于《太初历》的研究中，历元确定问题尤为关键，它可以被看作串联整个《太初历》制定过程的线索，本章接下来就对其进行探析。

（一）“太初改历”的过程

《太初历》经由“太初改历”而定出，其制定过程相对复杂，为了

[1]《三统历》为中国第一部有完整术文传世的历法。

[2] 薄树人．试论《三统历》和《太初历》的不同点 [J]. 自然科学史研究，1983，2（2）：133-138.

更好地研究《太初历》的历元确定问题，我们先来梳理“太初改历”的始末。关于“太初改历”的起因可见《汉书·律历志》的记载：

至武帝元封七年，汉兴百二岁矣，大中大夫公孙卿、壶遂、太史令司马迁等言“历纪坏废，宜改正朔”。是时御史大夫兒宽明经术，上乃诏宽曰：“与博士共议，今宜何以为正朔？服色何上？”宽与博士赐等议，皆曰：“帝王必改正朔，易服色，所以明受命于天也。创业变改，制不相复，推传序文，则今夏时也。臣等闻学褊陋，不能明。陛下躬圣发愤，昭配天地，臣愚以为三统之制，后圣复前圣者，二代在前也。今二代之统绝而不序矣，唯陛下发圣德，宣考天地四时之极，则顺阴阳以定大明之制，为万世则。”于是乃诏御史曰：“乃者有司言历未定，广延宣问，以考星度，未能雠也。盖闻古者黄帝合而不死，名察发敛，定清浊，起五部，建气物分数。然则上矣。书缺乐弛，朕甚难之。依违以惟，未能修明。其以七年为元年。”遂诏卿、遂、迁与侍郎尊、大典星射姓等议造《汉历》。[1]

由此可见，“太初改历”明面上的直接原因是司马迁等人上书“历纪坏废，宜改正朔”，此时汉初所用历法误差明显，时常与实际天象不合，因此需要改历。其后汉武帝诏明于经术的御史大夫兒宽询问此事，兒宽和博士赐等人商议后也支持改历，在这样的情况下，汉武帝决定改元封七年为太初元年，并且令卿、遂、迁与侍郎尊、大典星射姓等人负责制定新历。但《汉书·律历志》紧接着写道：

乃定东西，立晷仪，下漏刻，以追二十八宿相距于四方，举终以定朔晦分至，躔离弦望。乃以前历上元泰初四千六百一十七岁，至于元封七年，复得阏逢摄提格之岁，中冬十一月甲子朔旦冬至，日月在建星，太岁在子，已得太初本星度新正。姓等奏不能为算，愿募治历者，更造密度，各自增减，

[1] 班固．汉书·律历志 [A]// 中华书局编辑部．历代天文律历等志汇编（五）．北京：中华书局，1976：1401。

以造汉《太初历》。[1]

这是说大典星射姓等人受命制定新历后马上进行观测，最终定下“中冬十一月甲子朔旦冬至”，并且“已得太初本星度新正”，但随后这批制历者突然上奏“（历）不能为算”，而且愿意招募治历者，重新制定新历。此时间节点可作为“太初改历”前后半段的分界点，至此“太初改历”的前半段结束。在“太初改历”的前半段中，大典星射姓等人上奏“（历）不能为算”这件事情令人十分疑惑，其奇怪之处有二：一是历法的历元和星星的位置都已确定，历法却还会“不能为算”；二是“不能为算”的困难之大竟然让大典星射姓等人束手无策，以至于甘愿另请高明重新造历。这就是“太初改历”中的第一桩疑案——“（历）不能为算”之谜。

接下来《汉书·律历志》又记载了“太初改历”后半段的情形：

乃选治历邓平及长乐司马可、酒泉侯宜君、侍郎尊及与民间治历者，凡二十余人，方士唐都、巴郡落下闳与焉。都分天部，而闳运算转历。其法以律起历，曰：“律容一龠，积八十一寸，则一日之分也。与长相终。律长九寸，百七十一分而终复。三复而得甲子。夫律阴阳九六，爻象所从出也。故黄钟纪元气之谓律。律，法也，莫不取法焉。”与邓平所治同。于是皆观新星度、日月行，更以算推，如闳、平法。法，一月之日二十九日八十一分日之四十三。先藉半日，名曰阳历；不藉，名曰阴历。所谓阳历者，先朔月生；阴历者，朔而后月乃生。平曰：“阳历朔皆先旦月生，以朝诸侯王群臣便。”乃诏迁用邓平所造《八十一分律历》，罢废尤疏远者十七家，复使校历律昏明。宦者淳于陵渠复覆《太初历》晦、朔、弦、望，皆最密，日月如合璧，五星如连珠。陵渠奏状，遂用邓平

[1] 班固．汉书·律历志［A］// 中华书局编辑部．历代天文律历汇编（五）．北京：中华书局，1976：1400-1401.

历，以平为太史丞。[1]

在大典星射姓等人上奏"(历)不能为算"之后,就进入了"太初改历"的后半段。汉武帝在得到"(历)不能为算"的上书后马上就招募了新的治历者，其中有官方治历者，如邓平、司马可，也有民间治历者，如唐都、落下闳，这些治历者将各自的历法与实际天象核验比对，以此选出最准确的历法，定为《太初历》，这次历法比验的结果是邓平与落下闳所造的《八十一分律历》最为准确，其后《八十一分律历》又通过复验，最终被定为《太初历》。

（二）《太初历》的历元是如何确定的

按《史记·太史公自序》《史记·孝武本纪》《汉书·武帝纪》所述:

五年而当太初元年，十一月甲子朔旦冬至，天历始改，建于明堂，诸神受纪。[2]

其后二岁，十一月甲子朔旦冬至，推历者以本统。天子亲至泰山，以十一月甲子朔旦冬至日祠上帝明堂，毋修封禅。[3]

太初元年冬十月，行幸泰山。十一月甲子朔旦，冬至，祀上帝于明堂。[4]

再结合《汉书·律历志》的记载[5]，可知在元封七年十一月之前，大中大夫公孙卿、壶遂、太史令司马迁等人就上书说过"历纪坏废，宜改正朔"的事情，而改元更历，需要为新历确定一个起点。本章认为，

[1] 班固.汉书·律历志[A]// 中华书局编辑部.历代天文律历等志汇编（五）.北京：中华书局，1976：1401–1402.

[2] 司马迁.史记[M].北京：中华书局，1965：3296.

[3] 司马迁.史记[M].北京：中华书局，1965：481.

[4] 班固.汉书[M].北京：中华书局，1965：199.

[5] 见上节所引《汉书·律历志》内容。

司马迁等人在提出改历意见之时就已经算出了一个“好日子”——太初元年岁前十一月甲子，它既是冬至又是朔日，而且日干支为甲子居首，可以说是新历起点的完美备选。因此，汉武帝才会在十一月甲子这天“祀上帝于明堂”，推改新历。在确定了新历起点在甲子日之后，司马迁等人更进一步地将《太初历》的历元定为太初元年岁前十一月甲子夜半（0刻），它比十一月甲子更精准也更完美。接下来我们分析这个完美历元是如何得出的。

新历《太初历》的历元作为历法的起算点，要求冬至时刻与合朔时刻相合，司马迁等人在确定新历历元时自然需要先定出冬至时刻和合朔时刻，并依据这两个时刻来确定历元。需要说明的是，根据之前的研究[1]，西汉“太初改历”时既不能以圭表测影定出冬至时刻，也不能用交食验天定出合朔时刻，因此司马迁等人定冬至时刻和合朔时刻只能依靠历法推算。

推定冬至时刻和合朔时刻时，司马迁等人和大典星射姓等人显然无法使用新历，对于当时他们所用的历法目前未有定论，通常认为，“太初改历”之前，西汉用《颛顼历》，但其中细节仍需要讨论。因此，在讨论推算冬至时刻和合朔时刻问题时，我们还需要结合考古出土的西汉历谱进行分析。

首先来看冬至时刻的推算。按《开元占经》所载的《颛顼历》（历元在正月甲寅朔旦立春）计算，可得元封七年冬至为癸亥日，气小余为 27，与甲子夜半相差$\frac{5}{32}$日（15$\frac{5}{8}$刻）。同时，根据考古出土的《元光元年历谱》[2]，其载有汉武帝元光元年（前 134 年）的 4 个节气：十一月二十八丙戌冬至，正月十五壬申立春，六月初三戊子夏至，七月二十甲

[1] 肖尧. 以测推天：汉代天文观测与历法改革 [D]. 北京：中国科学院大学，2019：5.
[2] 吴九龙. 银雀山汉简释文 [M]. 北京：文物出版社，1985.

戌立秋。[1]《太初历》之前，古六历都为《四分历》，且用平气注历，因此计算时按一回归年$365\frac{1}{4}$，相邻节气间隔$15\frac{7}{32}$日计算，则正月十五壬申立春距六月初三戊子夏至共计$136\frac{31}{32}$日，而正月十五壬申至六月初三戊子已有136日，所以壬申立春的气小余只能为0，这样夏至才会是戊子日，且其气小余必为31。如此一来，因为冬至距立春$45\frac{21}{32}$日，所以元光元年十一月二十八日丙戌冬至的气小余是11，而元封七年的冬至距元光元年冬至$30\times365\frac{1}{4}=10957\frac{1}{2}$日，则元封七年冬至为癸亥日，气小余为27，这和《颛顼历》所推的冬至时刻相同，但与《太初历》所定的冬至时刻甲子夜半（气小余为0）不符。

接下来看合朔时刻的推算。《太初历》之前，推算合朔时刻的方法尚没有定论[2]，但如果结合最新出土的胡家草场汉简[3]内容，那么汉武帝元光元年至太初元年的合朔时刻推算方法当以陈久金和陈美东的“借半日法”推步法[4],[5]最为合理。此处需要解释的是，“借半日法”推步法是指在推算合朔时刻时加半日，陈久金等人用“借半日法”这个名字来命名，但此合朔推步法与邓平所言的“藉半日法”并非一回事，笔者认为陈久金等人提出的合朔推步法更合适的名字应是“加半日”推步法。

---

[1] 张培瑜，陈美东，薄树人，等.中国古代历法[M].北京：中国科学技术出版社，2008：241.

[2] 郭津嵩.出土简牍与秦汉历法复原：学术史的检讨[J].浙江大学艺术与考古研究，2018：1–25.

[3] 蒋鲁敬，李志芳.荆州胡家草场西汉墓M12出土的简牍[J].出土文献研究，2019（0）：168–182，4–9.

[4] 陈久金，陈美东.临沂出土汉初古历初探[M]//《中国天文学史文集》编辑组.中国天文学史文集.北京：科学出版社，1978：66–81.

[5] 陈久金，陈美东.从元光历谱及马王堆帛书《五星占》的出土再探颛顼历问题[M]//《中国天文学史文集》编辑组.中国天文学史文集.北京：科学出版社，1978：95–117.

用“加半日”推步法推算合朔时刻，公元前 366 年正月甲寅夜半合朔，距太初元年岁前十一月共计 3239 个朔望月，按 1 朔望月$29\frac{499}{940}$日计算，共 $3239\times 29\frac{499}{940}=95650\frac{401}{940}$天，则太初元年岁前十一月朔日为甲子，小余为 401+470=871[1]，以百刻制换算，则太初元年岁前十一月甲子日 93 刻左右合朔。此合朔时刻与《太初历》历元所定的合朔时刻十一月甲子夜半也不合。

综合来看，以上推冬至和推合朔方法都不能推定出《太初历》的历元在十一月甲子夜半，为此，我们还考虑了其他可能。

在《新唐书·历志》中，有这样的记载：

《颛顼历》上元甲寅岁正月甲寅晨初合朔立春，七曜皆直艮维之首。[2]

按此说法，《颛顼历》的甲寅元的历元时刻不在夜半，而在晨初，按《新唐书·天文志》说：“据历法，晨初迨日出差二刻半，然则山上所差凡三刻余。”[3]晨初每天对应的时刻不一样，立春时晨初对应时刻大约24刻，则气小余约为 8，以此推算，太初元年岁前十一月甲子冬至的气小余为 3。这还是与《太初历》历元冬至的气小余为 0 不符，事实上只有当晨初为$\frac{5}{32}\times 100=15\frac{5}{8}$刻，也即《颛顼历》历元的立春气小余为 5 时，最后推算的太初元年岁前十一月甲子冬至的气小余才为 0，即甲子夜半冬至。当然，“以晨初为$15\frac{5}{8}$刻”这种假设很难找到支撑证据，但这种吻合使我们思考一个问题：司马迁等人当时推定冬至时刻时，是否有可能恰好推出了甲子夜半这个冬至时刻？这个问题仍需要深究，目前笔者倾

[1] 计算得到气小余 401，按陈久金和陈美东的“借半日法”推步法，此气小余应加上 470。

[2] 欧阳修，宋祁．新唐书·历志三上 [A]// 中华书局编辑部．历代天文律历等志汇编（七）．北京：中华书局，1976：2148.

[3] 欧阳修，宋祁．新唐书·天文志一 [A]// 中华书局编辑部．历代天文律历等志汇编（三）．北京：中华书局，1976：717.

向于司马迁等人没有推算出冬至时刻在甲子夜半。

若按《颛顼历》的甲寅元晨初约 24 刻合朔推算，《颛顼历》历元合朔时刻的朔小余为 $\frac{7.68}{32}\times 940=225\frac{3}{5}$，最后计算得到太初元年岁前十一月甲子朔日，朔小余为 $626\frac{3}{5}$，换算成百刻制大约 $66\frac{7}{10}$ 刻。而若以晨初为 $15\frac{5}{8}$ 刻，推算结果则为岁前十一月甲子朔日 58 刻合朔。目前来看，推算的合朔时刻与《太初历》历元的合朔时刻都相差较大，《太初历》历元的合朔时刻显然不应定在甲子夜半。对此笔者认为，大典星射姓等人应该是根据冬至时刻选择了甲子夜半作为历元，再调整合朔时刻，他们将推算的甲子朔日朔小余消去，使合朔时刻与冬至时刻重合在甲子夜半，这样新历就获得了一个完美无瑕的历元。此外，当时的历法后天是大家所共知的，改历官员们可能也考虑到消去朔小余可以使历法更准确，在这种情况下调整推算合朔时刻无疑是一举两得。

因此，笔者推断“太初改历”前半段的过程是：元封七年十一月之前，司马迁等人向汉武帝提议改历，并且为汉武帝提供了一个漂亮的新历起点——十一月甲子朔日冬至，于是汉武帝在十一月甲子这天“祀上帝于明堂”，之后汉武帝对其他明于经术的大臣进行了一番问询，最终下诏进行新历的制定工作。在改历时，大典星射姓等人推算出十一月甲子朔日恰为冬至，并且冬至时刻与夜半十分接近，而甲子夜半无疑是一个相当完美的历元，因此尽管推算的合朔时刻有超过半天的偏差，改历官员们还是决定以甲子夜半为历元，应对的方法则是将合朔时刻提前到甲子夜半。定出新历历元之后，改历官员们接着进行实测校验工作，可在接近完工的时候，突然上书说“不能为算”，这又是什么原因呢?

（三）《太初历》确定历元所产生的困境

对于“不能为算”这一问题，薄树人曾有论断，他认为难以解决的问题是太初元年的太岁纪年年名矛盾,《史记·历书》和《汉书·律历志》中都有太初元年为阏逢摄提格（即甲寅年）的记载[1],[2],但大典星射姓等人认定“日月在建星，太岁在子”，即太初元年应为丙子年，因此大典星射姓等人“不能为算”的主要原因是不能调和太初元年的太岁纪年年名矛盾。但此种解释有三点疑议：首先，太岁纪年年名的问题和推算不大相关，如果是太岁纪年年名矛盾不能解决，大典星射姓等人似乎不应说“不能为算”；其次，太岁纪年年名矛盾虽然显著，但解决这个矛盾的难度还不足以让大典星射姓等人甘认无能，并请皇帝另请高明，因为按薄树人所言，邓平、落下闳对年名矛盾也只是采用含糊敷衍的办法就应对了过去[3]；最后，太岁纪年年名矛盾既然没有实际解决，“太初改历”后半段中，侍郎尊、大典星射姓等人难道会毫无异议？这样看来，“不能为算”之谜的核心难题仍需要进一步探究。

我们知道，新历历元在未确定之前，西汉必然有一部正在行用的历法，司马迁等人可能是根据这部历法推定了新历历元。[4]另一方面，中国自周代开始就有颁朔、告朔的传统[5]，同时秦代至西汉前期，皇朝将颁朔作为一项行政措施来执行，目的是便于行政[6]。因此，太初元年岁

---

[1] 司马迁．史记·历书 [A]// 中华书局编辑部．历代天文律历等志汇编（一）．北京：中华书局，1976：1352.

[2] 班固．汉书·律历志 [A]// 中华书局编辑部．历代天文律历等志汇编（五）．北京：中华书局，1976：1401。

[3] 张培瑜，陈美东，薄树人，等．中国古代历法 [M]. 北京：中国科学技术出版社，2008：256.

[4] 司马迁等在确定新历历元时也可能采用其他历法进行推算，比如司马迁本人所创历法（通常认为记载于《史记》中的《历数甲子篇》是司马迁所创的历法），前文已就此问题进行了相关讨论。

[5] 汪小虎．中国古代历书的编造与发行 [J]. 新闻与传播研究，2020，27（7）：112.

[6] 陈侃理．秦汉的颁朔与改正朔 [M]// 徐欣．中古时代的礼仪、宗教与制度．上海：上海古籍出版社，2012. 448-469.

前十月西汉官方应进行过颁历活动[1]，按当时行用历法推算，历日排布情况列于表 2–1。这里需要说明的是，结合考古出土的《元光元年历谱》、胡家草场汉简及秦汉历法的状况[2],[3]，我们认定当时行用的历法为《四分历》，使用十九年七闰规则，并且在合朔时刻推算上采用陈美东和陈久金的“借半日法”推步法。

而在确定新历历元之后，合朔时刻被调整为甲子夜半，提前了 93 刻左右，但此时的历法仍用《四分历》而非《八十一分历》，同时置闰周期不变，因此朔望月长度还是 $29\frac{499}{940}$ 日。按照新历历元进行推算，历日排布情况也列于表 2–1。

表 2–1　新历历元确定前后的两种历日安排对照表

太初元年的朔望月	“太初改历”前使用的历日安排			使用新历历元的历日安排		
	大小月	朔日	合朔时刻（刻）	大小月	朔日	合朔时刻（刻）
岁前十月	小月	乙未	40	大月	甲午	47
岁前十一月	大月	甲子	93	小月	甲子	0
岁前十二月	小月	甲午	46	大月	癸巳	53
正月	大月	癸亥	99	小月	癸亥	6
二月	大月	癸巳	52	大月	壬辰	59
三月	小月	癸亥	5	小月	壬戌	12
四月	大月	壬辰	58	大月	辛卯	65
五月	小月	壬戌	11	小月	辛酉	19
六月	大月	辛卯	64	大月	庚寅	72
七月	小月	辛酉	17	小月	庚申	25
八月	大月	庚寅	70	大月	己丑	78
九月	小月	庚申	24	小月	己未	31

[1] 当时西汉仍以十月为岁首，因此按照传统，颁历活动应于岁首十月进行。

[2] 郭津嵩 . 出土简牍与秦汉历法复原：学术史的检讨 [J]. 浙江大学艺术与考古研究，2018.

[3] 李忠林 . 秦至汉初（前 246 至前 104）历法研究：以出土历简为中心 [J]. 中国史研究，2012（2）：17–69.

明显地,“太初改历”前使用的历日安排中,太初元年的岁前十一月、十二月以及正月分别为大月、小月、大月;而使用新历历元的历日安排中,太初元年的岁前十一月、十二月以及正月分别为小月、大月、小月。此外,上述两种历日安排中,太初元年二月至九月的各月朔日都相差1日。这样一来,司马迁等人在确定新历历元之后就面临一种困境:太初元年岁前十月刚刚颁布当年的历日安排,但按照新历历元,全年的历日安排都需要进行改动。如果选择改动,那就说明刚颁布的历日安排有误,这对治历官员而言是大过错,更严重地讲,这说明汉武帝之前未得天授正统;而如果不改动,历法后天将更加严重,同时改制新历也将不能完成。在这样两难的境地下,司马迁等人是如何抉择的呢?《汉书·律历志》中记载是:“姓等奏不能为算,愿募治历者,更造密度,各自增减,以造汉《太初历》。”[1] 这大概是让大典星射姓出头,言明自己能力不足,新历难以为算,并希望皇帝另请贤才来继续制定新历。

因此,本书认为新历在确定新历元时产生的困境才是“不能为算”的主要原因。

“藉半日法”问题新解

在大典星射姓等人提出“不能为算”之后,汉武帝为了继续改历又

[1] 班固.汉书·律历志[A]//中华书局编辑部.历代天文律历等志汇编(五).北京:中华书局,1976:1401。

下令招募贤才解决难题，于是才有十八家历法参与“太初改历”的第二轮改历，经过比历，最终邓平的历法被定为《太初历》。

《史记·孝武本纪》和《汉书·武帝纪》中有以下记载：

（太初元年）夏，汉改历，以正月为岁首，而色上黄，官名更印章以五字。因为太初元年。[1]

（太初元年）夏五月，正历，以正月为岁首。[2]

这表明在太初元年的五月，邓平的历法已被定为《太初历》。同时，《汉书·律历志》中专门介绍了邓平的“藉半日法”，但此法过去从未出现过，并且它的作用也难以知晓，因此这被当作“太初改历”中的另一桩疑案，一般称其为“藉半日法”之谜。此外，邓平所说的“阳历朔皆先旦月生，以朝诸侯王群臣便”这句话也有些令人疑惑。下面对这些问题分别进行讨论。

关于邓平的“藉半日法”，《汉书·律历志》记载：

先藉半日，名曰阳历；不藉，名曰阴历。所谓阳历者，先朔月生；阴历者，朔而后月乃生。平曰：“阳历朔皆先旦月生，以朝诸侯王群臣便。”[3]

前人在分析“藉半日法”时，“阳历”是后天的历法还是先天的历法是首先的争论点。[4] 按邓平所说，“阳历”要先藉半日，关键是看“藉”字做何解。但“藉”字本身理解为“加”或“减”都可，因此，只能再看其他对“阳历”的表述。

[1] 司马迁．史记 [M]. 北京：中华书局，1965：483.

[2] 班固．汉书 [M]. 北京：中华书局，1965：199.

[3] 班固．汉书·律历志 [A]// 中华书局编辑部．历代天文律历等志汇编（五）．北京：中华书局，1976：1401。

[4] 陈美东和陈久金在《从元光历谱及马王堆帛书〈五星占〉的出土再探颛顼历问题》中认为“阳历”是一种后天的历法，新月在朔日之前就能看见；而薄树人等在《中国古代历法》中认为“阳历”应是一种先天的历法。

"阳历"是"先朔月生"，一般来讲，"月生"指新月出现，则"先朔月生"是说在朔日之前新月出现，因为新月一般出现在初二、初三，因此这是明显的历法后天。同时，"阳历朔皆先旦月生"这句话比较奇怪，因为如果"月生"作新月出现解释，那么此句就是说在阳历的朔日新月出现先于太阳升起，它本身的含义没有问题，但其后紧接"以朝诸侯王群臣便"，是说方便诸侯王和群臣朝见皇帝。[1] 如此一来，整句话就翻译为：阳历的朔日这天新月出现会早于日出，这是为了方便诸侯王和群臣朝见皇帝。但我们知道，新月傍晚在西边出现，这对诸侯王和群臣朝见皇帝来说并没有什么便利。事实上，能为群臣朝见皇帝提供方便的情况是残月在太阳升起前出现在东方，这样凌晨的月光就能够方便群臣更早地出发。如果按这样理解，那么"阳历朔皆先旦月生"的含义就变为：阳历的朔日这天月亮（东方残月）在太阳升起前出现。也就是说，"月生"指月亮出现，而不是特指新月出现。在这种理解下，"阳历朔皆先旦月生"中的"阳历"是一种先天的历法，而"先朔月生"的"阳历"过去被认为是一种后天的历法[2]，薄树人即持此种观点[3]。但笔者认为，史料中前后句里的同一个特有名词不大可能含义不同，而"先朔月生"的"阳历"实际上也可能是先天的历法。

前面已经提过，"月生"指月亮出现，而不是特指新月出现。那么"先朔月生"中的月亮就可以是东方残月，那么"先朔月生"就是说残月在朔日前出现，再结合"藉半日法"的说法，即残月会在晦日出现，而实际上残月见于晦前一、二日，因此"先朔月生"的"阳历"也是一种先

[1] "朝诸侯王群臣"中的"朝"为使动用法，意为使诸侯王和群臣朝，此用法也可见于《汉书·武帝纪》中的"二年春正月，朝诸侯王于甘泉宫，赐宗室"。

[2] 认为"先朔月生"的"阳历"的是一种后天的历法，根据是"月生"指新月出现。

[3] 张培瑜，陈美东，薄树人，等. 中国古代历法 [M]. 北京：中国科学技术出版社，2008：253，257.

天的历法。这样,“先朔月生”的“阳历”和“阳历朔皆先旦月生”的“阳历”含义一致，都是先天的历法。

确定邓平的“阳历”是一种先天的历法,那么“藉半日法”的“藉”即“减”的含义，实践操作时就是将合朔时刻提前半天。所以，在邓平的“藉半日法”中，“阳历”需要将原本历法的合朔时刻减去半天，“阴历”即原本的历法不变。接下来的问题是：邓平特意用“藉半日法”分出“阳历”和“阴历”目的何在?

前面已经解释过“不能为算”问题的主要原因，即由于确定新历历元时调整了合朔时刻，致使太初元年的历日安排都发生变动，司马迁等人在改与不改之间陷入两难。此时再看邓平的“阳历”和“阴历”,“阴历”和太初元年岁前颁布的历日安排完全一致；而“阳历”将合朔时刻提前半天，会有一个新的历日安排，将它与“阴历”推算历日安排和新历推算历日安排列于表 2–2，可以看出，“阳历”推算的历日安排中，奇数月的朔日同新历所推相同，偶数月的朔日同“阴历”(原先历法)所推相同(除岁前十二月)。

表 2–2 “阴历”“阳历”和新历推算的三种历日安排对照表

太初元年的朔望月	“阴历”推算历日安排		“阳历”推算历日安排		新历推算历日安排	
	大小月	朔日	大小月	朔日	大小月	朔日
岁前十一月	大月	甲子	小月	甲子	小月	甲子
岁前十二月	小月	甲午	大月	癸巳	大月	癸巳
正月	大月	癸亥	大月	癸亥	小月	癸亥
二月	大月	癸巳	小月	癸巳	大月	壬辰
三月	小月	癸亥	大月	壬戌	小月	壬戌
四月	大月	壬辰	小月	壬辰	大月	辛卯
五月	小月	壬戌	大月	辛酉	小月	辛酉

（续表）

太初元年的朔望月	“阴历”推算历日安排		“阳历”推算历日安排		新历推算历日安排	
	大小月	朔日	大小月	朔日	大小月	朔日
六月	大月	辛卯	小月	辛卯	大月	庚寅
七月	小月	辛酉	大月	庚申	小月	庚申
八月	大月	庚寅	小月	庚寅	大月	己丑
九月	小月	庚申	大月	己未	小月	己未

综合上述分析，再结合《太初历》在太初元年五月正式颁行，笔者认为邓平的“藉半日法”并不针对所有月份的历日安排，而只是对太初元年五月的历日安排进行调整。在“阳历”和新历中，五月的朔日都在辛酉，而在“阴历”和新历中，五月都是小月。因此，在历日安排上，邓平可以依据“阳历”将五月的朔日从原先的壬戌改为辛酉，但邓平也知道，如果严格按照“阳历”的历法推算，“阳历”六月朔日在辛卯，与新历所推的庚寅相差一天。为了使此后的历日安排合新历推算，邓平还需让五月为小月，这点并不难完成，因为在原先历法的推算中，五月即为小月，邓平保持五月为小月不变恰可以说明原先的历日安排无误，邓平完全可以用此理由让不精历术的汉武帝接受此条。如此一来，邓平就通过“阳历”的说法使太初元年五月之后的历日安排同新历推算一致。但做到这一步还不够，因为尽管“阴历”和“阳历”都可视为正确，但改历后的历日安排还是只能依照一种历法排布，为此邓平用了一个理由来说明“阳历”更好，那就是使用“阳历”便于诸侯王和群臣在朔日朝见皇帝。

所以，邓平用“藉半日法”分出“阳历”和“阴历”，用“阴历”说明原先的历日安排没有问题，又用“阳历”说明以新历历元推算的历日安排也没有问题。在此基础上，邓平再用一个理由强调“阳历”更便利，保证今后的历日按照新历推算进行排布。

《汉书·律历志》在说“乃诏邓平所造《八十一分律历》”之前，先专门写“藉半日法”，表明“藉半日法”也十分关键。因此，《太初历》最终用邓平的《八十一分律历》，除了“以律起历，合乎法理”和“与天密合”之外，“藉半日法”成功解决“不能为算”难题也是一个关键原因。在这个前提下，我们就不难理解《汉书·律历志》为何专门记载“藉半日法”以及邓平对“阳历”的说明。

余　论

通过上文的分析，我们可以将历元确定和“藉半日法”问题代入“太初改历”的进程：在太初元年岁前十一月，汉武帝正式决定改制新历，命卿、遂、迁与侍郎尊、大典星射姓等人负责制定新历。这一批改历者在确定新历历元时构造了一个完美历元——十一月甲子夜半，它既不是由观测直接确定，也不是全凭历法推算而定，这个完美历元将推算合朔时刻提前了近一天。这个调整使这一批改历者们陷入了一场两难的困境：改不改刚刚颁布的全年历日安排？面对这场困境，最后由大典星射姓出头向汉武帝上书“不能为算”，并请汉武帝另请高明来继续改历。这之后，太初改历进入后半段，汉武帝重新召集了新一批改历者，其中甚至有民间的天文学家。在第二次制定新历的过程中，采用比历的方式确定《太初历》，最终邓平所造《八十一分律历》被定为《太初历》。其中有 3 个主要原因。前两条较为明显，分别是“以律起历，合乎法理”和“与天密合”，第三条原因则是“藉半日法”成功解决了第一批改历者的困境，借“阳历”和“阴历”使改与不改的困境不复存在，并且巧妙地让后续的历日排布与新历推算相同。

基于历元确定和“藉半日法”问题的分析，我们看到了更为具体且不同于过去认知的历史图景，但其中仍有一些问题需要留意。在关于历元确定问题的讨论中，“太初改历”前使用何种历法是有待进一步研究确认的内容。事实上，秦代和汉初行用历法问题一直是学界关心的问题，近些年不断出土的秦汉简牍大大丰富了研究资料，它们将帮助我们更好地了解这一时期的历法发展面貌。同时，对于太初元年的历日安排问题，目前还缺少更为明确的证据，这些证据将成为判别本书“藉半日法”推断是否正确的关键。此外，对“太初改历”其他方面的研究也值得关注，如郭津嵩认为“太初改历”的起始时间更早于太初元年，其中一条主要证据是通过文献版本考校所得。这种历史学研究的传统方法为科技史研究提供了新视野，同样地，在与其他学科的对话中，科技史研究者能够获得新的思路和问题。

第三章 落下闳与“太初改历”：民间天文学家如何参与国家改历活动？

黎　耕　梁欢欢

“太初改历”是汉代一件国家大事，不仅涉及天文历算的技术问题，还关乎国家命运、天子授命于天的政治问题。参与改历的人员经过精心挑选，不仅有官方天文学家，还有民间天文学家，巴蜀落下闳正是以民间天文学家的身份参与到改历活动中，并对改历做出了重要贡献。然而，历史文献中关于落下闳的记载非常少，这使得他成为天文学史中一个谜一样的人物。尽管如此，对于落下闳的研究与探讨却从未停止，吕子方就落下闳仅有的史料记载，重点探讨了他在天文历法上的贡献。[1] 查有梁对落下闳做出了比较全面的研究，肯定了他的科学贡献和个人成就，尤其强调落下闳历算的科学方法。[2] 庞光华、刘长东对落下闳的浑天说与浑仪的来源问题有过探讨。[3] 张治平、侯开良在《星耀长河——杰出天文学家落下闳》一书中对落下闳的天文学成就与影响进行了充分展示。[4] 直到目前，对于落下闳的研究多集中于科学的方面，主要从历史

[1] 吕子方．中国科学技术史论文集 [M]. 四川：四川人民出版社，1983.

[2] 查有梁．杰出天文学家落下闳 [M]. 四川：四川辞书出版社，2009.

[3] 庞光华．论落下闳与浑天说 [J]. 五邑大学学报（社会科学版），2014，16（1）：51–55.

[4] 张治平，侯开良．星耀长河：杰出天文学家落下闳 [M]. 成都：西南交通大学出版社，2019.

文献、考古等方面提炼出落下闳的科学成就，研究成果较为丰硕，但在社会文化层面的研究相对薄弱。由于文献中有关落下闳的直接记载很少，本章计划通过科学社会史的方法，通过对汉武帝、司马迁、谯隆、张衡、扬雄等人与落下闳的学术观点和社会关系的研究，解决以下问题：落下闳这样一位民间天文学家，是如何受荐走出深山，又在浑、盖两种宇宙观争论的背景下依靠考验天象脱颖而出的？为何在落下闳做出如此贡献之后，司马迁却在史书中对他惜字如金？本章结合“太初改历”前后的社会政治与思想环境，试图对这些问题给出一个较为合理的解释。

落下闳受荐参与国家改历活动

历法改革在中国古代一直处于非常重要的地位，它不仅仅关乎农业日程的安排，与政治活动、宗教祭祀和帝王政治也是息息相关的。西汉时期，经过汉初 70 年的休养生息，经济得到恢复与发展，社会上呈现一派繁荣兴盛的景象。有人提议汉取代秦后应颁行一部属于汉代的历法，根据“五德终始说”的理念，王者受命于天，不同帝王的权力来自不同的“天命”，不同的“天命”对应着五行学说中的“德”。秦以水德代替周的火德，施行《颛顼历》，汉应依据“五德”的运转，继承下一个“德运”。司马迁在《史记·封禅书》中记载：“始秦得水德，今汉受之，推终始传，则汉当土德。土德之应黄龙见。宜改正朔，易服色，色上黄。”[1]根据“五德终始说”推断，汉代应当为土德，宜黄色，需改变历法及相应制度。汉初之后的数十年间，统治者采取与民休息的方式，继续沿用秦代的历法。汉武帝即位后，王朝达到了鼎盛的局面，国力强盛，府库充盈，疆域广大，海内一统，儒学被尊为统治思想，儒家学说强调天子受命于天、天人合一。正如董仲舒在《春秋繁露》中所说："王者必受命而后王。王者必改正朔，易服色，制礼乐，一统于天下，所以明易姓，非继人，通以己受之于天也。王者受命而王，制此月以应变，故作科以奉天地，故谓之王正月也。"[2]当时的儒生赵绾、王臧等提出封禅、改正朔、易色的建议，正好符合汉武帝的经国思想，汉武帝准备施行，但被喜黄老之术的窦太后阻止。至元封七年，窦太后已去世，改历之议再次被提起。司马迁、壶遂等上奏汉武帝：历法已经出现很大误差，应该重新制定历法。汉武帝立即诏兒宽与博士赐共议改历的意见，他们一致认为："帝王必改正朔，易服色，所以明受命于天也。创业变改，制不相复。推传序文，则今夏时也。……臣愚以为三统之制，后圣复前圣者，二代在前也。今二代之统绝而不序矣，唯陛下发圣德，宜考天地四时之极，则顺阴阳以定大明之制，为万世则。”[3]改历之议既合天命又顺民心，可以施行。汉武帝于是下诏御史决定改历，司马迁、侍郎尊与大典星射姓等共同讨论制历，并开始了系统的天文观测。然而改历过程中遇到了解决不了的问题，射姓等人上奏皇帝，希望在全国招聘研究历法的人。

随后，汉武帝下诏在全国范围内征召一些研究历法的人参与改历，据《汉书·律历志》记载："乃选治历邓平及长乐司马可、酒泉候宜君、

[1] 司马迁．史记 [M]. 北京：中华书局，1959.

[2] 董仲舒．春秋繁露 [M]. 北京：中华书局，1975.

[3] 班固．汉书 [M]. 北京：中华书局，1962.

侍郎尊及与民间治历者，凡二十余人，方士唐都、巴郡落下闳与焉。”[1]有官方天文学家治历邓平、长乐司马可、酒泉侯宜君以及民间的方士唐都、落下闳等，一共20多人。《益部耆旧传》云："闳字长公，明晓天文，隐于落下，武帝征待诏太史，于地中转浑天，改《颛顼历》作《太初历》，拜侍中，不受也。”汉武帝征召的是待诏太史，待诏在汉代官制中不是正式官职，由皇帝临时指定待诏官署，等待诏命。[2]汉武帝时期，为了维护中央集权统治，吸纳人才为己所用，广开仕途，制定了一系列的选官制度，征召就是其中一种重要的方式，皇帝征聘被认为是汉代最尊荣的仕途，待诏人员中有很大一部分是皇帝征召来的。[3]他人荐举是选拔待诏者的另一种方式，一般由大臣以个人名义向皇帝推举人才，韦庆远、柏桦在《中国官制史》中强调被荐举的人才如不符实情或日后犯法，荐举者要负连带责任，受到惩处。[4]《汉书·扬雄传》："初，雄年四十余，自蜀来至游京师，大司马车骑将军王音奇其文雅，召以为门下史，荐雄待诏，岁余，奏《羽猎赋》，除为郎，给事黄门，与王莽、刘歆并。”[5]西汉扬雄正是在朝廷大臣大司马王音的荐举下，获得待诏身份。落下闳来自巴蜀，经同乡、侍中谯隆的荐举，顺利进入长安。谯隆也是阆中人，在《蜀中广记》中载："谯隆，阆中人，为上林令，谏阻武帝广苑囿，仕至侍中，子玄。”[6]因向汉武帝谏言得侍中一职，他向皇帝荐举落下闳，必定对落下闳的天文历算能力知根知底，并且十分赞同、欣赏他的学术观点。此外，汉代是一个弥

[1] 班固．汉书 [M]. 北京：中华书局，1962.

[2] 安作璋，熊铁基．秦汉官制史稿（下册）[M]. 济南：齐鲁书社，1985.

[3] 于连华．汉代待诏述论 [D]. 吉林：吉林大学，2015.

[4] 韦庆远，柏桦．中国官制史 [M]. 上海：东方出版社，2001.

[5] 班固．汉书 [M]. 北京：中华书局，1962.

[6] 曹学佺．蜀中广记 [M]. 上海：上海古籍出版社，1993.

漫着事功情怀的朝代，士人普遍有着强烈的社会责任感和政治倾向[1]，希望能够有所作为。朝廷政策鼓励世人参与国家政治建设，士大夫们想得到政治上的认可，知识分子渴望建功立业，落下闳正是在这样的社会大环境影响下加入国家改历活动中。

待诏人员进入长安后，皇帝会根据个人才能将其分到相应的待诏处所，通常有公车署、黄门、殿中、金马门、太史、太卜寺、丞相府、鸿都门……根据《史记·日者列传》"褚先生曰"："臣为郎时，与太卜待诏为郎者同署，言曰：孝武帝时，聚会占家问之，某日可取妇乎？五行家曰可，堪舆家曰不可，建除家曰不吉，丛辰家曰大凶，历家曰小凶，天人家曰小吉，太一家曰大吉。辩讼不决，以状闻。制曰：避诸死忌，以五行为主。人取于五行者也。"[2]一些擅长占卜的太卜待诏人员，是集中在太卜寺中做事。落下闳通晓历法，所在机构应为太史处。《中国历代职官词典》中说，秦汉太史令掌天时、星历，所属有明堂丞、灵台丞及治历、龟卜、候星、候晷等。[3]太史处主要为执掌天文历算官员工作的地方，落下闳作为待诏太史，是与官方天文学家及征召而来的民间天文学家共事。关于改历过程，《史记·历书》有载："至今上即位，招致方士唐都，分其天部；而巴落下闳运筭转历，然后日辰之度与夏正同。"[4]方士唐都负责划分星官，巴蜀落下闳主要进行观测运算。落下闳与邓平提出了"以律起历，八十一分法"的历算方法。《汉书·律历志》载"其法以律起历，曰：'律容一龠，积八十一寸，则一

[1] 王刚．隐逸之士与汉代政治文化[J]. 淮阴师范学院学报（哲学社会科学版），2005（6）：801–805.

[2] 司马迁．史记[M]. 北京：中华书局，1959.

[3] 沈起炜，徐光烈．中国历代职官词典[M]. 上海：上海辞书出版社，1992.

[4] 司马迁．史记[M]. 北京：中华书局，1959.

日之分也。与长相终。律长九寸，百七十一分而终复。三复而得甲子。夫律阴阳九六，爻象所从出也。故黄钟纪元气之谓律。律，法也，莫不取法焉。'与邓平所治同"[1]。经过验证，这种方法优于其他 17 家历法，汉武帝遂下诏采用邓平的方法，并授予邓平太史丞一职，授予落下闳侍中。太史丞一职为治历升迁。侍中是皇帝的近臣，为皇帝出谋划策，在汉武帝时期权力很大，可以参与朝政，自由出入禁中。[2] 邓平与落下闳被授予官职，在制历期间所使用的方法与策略一定是受到了皇帝的认可。作为最高统治者的汉武帝自然希望《太初历》是一部与秦代历法完全不一样的历法，以显示汉代的权威。但以司马迁为首的保守派坚持在《四分历》的基础上进行修改，落下闳则提出完全不同的浑天说思想，以律历结合的方式，将历法的数据与乐律联系起来，使数据显得神圣、奥妙，颁行历法的帝王就显得更具有"神性"[3]，满足了统治者想表达的"君权神授"的思想以及政权的合法性。《史记·律书》有载：

十月也，律中应钟。应钟者，阳气之应，不用事也。……十一月也，律中黄钟。黄钟者，阳气踵黄泉而出也。其于十二子为子。子者，滋也；滋者，言万物滋于下也。……十二月也，律中大吕。大吕者，其于十二子为丑。丑者，纽也。言阳气在上未降，万物厄纽未敢出也。……二月也，律中夹钟。夹钟者，言阴阳相夹厕也。其于十二子为卯。……三月也，律中姑洗。姑洗者，言万物洗生。……四月也，律中中吕。中吕者，言万物尽旅而西行也。其于十二子为巳。巳者，言阳气之已尽也。……九月也，律中无射。无射者，阴气盛用事，阳气无余也，故曰无射。其

[1] 班固．汉书 [M]. 北京：中华书局，1962.

[2] 孙键．西汉侍中述论 [J]. 哈尔滨学院学报，2006，27（3）：120-126.

[3] 中国天文学史整理研究小组．中国天文学史 [M]. 北京：科学出版社，1981.

于十二子为戌。戌者，言万物尽灭，故曰戌。[1]

汉代认为黄钟是十二律之首，音乐可以与天地阴阳万物相联系，古人常用来表达天文、律历的合一，天人感应。这与《史记·孝武本纪》中记载的汉武帝登泰山行封禅之礼表明自己“上承天意，受命于天”的思想不谋而合。

因此，落下闳作为一名民间天文学家能够参与到国家改历活动中，既受汉代官制的影响，也与当时统治者的政治思想密不可分。

改历过程中的宇宙观之争

汉代改历中一个重要的特征即宇宙观的争论。“太初改历”活动拉开了浑天说的帷幕，与当时主流的宇宙观盖天说发生了激烈的斗争，使得“盖天说”与“浑天说”之间的论争长期处于复杂的局面。扬雄《法言·重黎》载“或问‘浑天’。曰：“落下闳营之，鲜于妄人度之，耿中丞象之，几乎！几乎！莫之能违也”[2]。扬雄是西汉后期的天文学家，据他所说，浑仪是落下闳研制。陈寿《益部耆旧传》曰：“闳字长公，明晓天文，隐于落下，武帝征待诏太史，于地中转浑天，改《颛顼历》作《太初历》，拜侍中，不受也。”落下闳“于地中转浑天”，也表明落下闳持浑天思想。后汉末，蔡邕在朔方上书说：“言天体者有三家：一曰周

[1] 司马迁 . 史记 [M]. 北京：中华书局，1959.

[2] 扬雄 . 法言 [M]. 北京：中华书局，2012.

髀，二曰宣夜，三曰浑天。宣夜之学绝无师法。”汉代讨论天体运动主要有三大学派：“盖天说”“浑天说”和“宣夜说”。“盖天说”起源于战国末到前汉初，“浑天说”产生于汉武帝时期，“宣夜说”产生于后汉时期。[1]《汉书·律历志》：“遂诏卿、遂、迁与侍郎尊、大典星射姓等议造《汉历》。乃定东西，立晷仪，下漏刻，以追二十八宿相距于四方，举终以定朔晦分至，躔离弦望。”[2]根据以上原始文献可以推断：汉代“太初改历”中，以落下闳为首的小部分历法家持“浑天说”思想，其他绝大部分历法家遵从“盖天说”思想。然而这两种宇宙观在改历中存在着严重的分歧，从历法制定的方法来看，司马迁等人使用的是“定东西，立晷仪，下漏刻，以追二十八宿相距于四方”。这是《周髀算经》中描述的立表测度法，是与“盖天说”理论相结合的观测手段。[3]落下闳使用的仪器是浑仪，“于是皆观新星度、日月行，更以算推”。利用浑仪观测二十八宿的距度和去极度，进一步进行天文推算，推算的结果通过浑象演示说明。这种历算方式表明了“浑天说”的宇宙观“地在天中”天则“半在地上，半在地下”，对盖天说“天在上，地在下”的传统宇宙观来说是一次正面的较量，从一定意义上来说是对传统科学思想的冲击。落下闳作为“浑天说”的代表，之所以能够在这场“浑盖之争”的背景下取得成功，主要是对天象的实测。在“盖天说”的学术传统中，主要遵循的是《周髀算经》之法，从节气影长的计算方法来看，通过确定冬至和夏至的影长为一丈三尺五寸和一尺六寸，再根据损益“九寸九分、六分分之一”来计算影长数值，是一种典型的等差数列构造方法，数值结

[1] 中国科学院自然科学史研究所．钱宝琮科学史论文选集 [M]．北京：科学出版社，1983.

[2] 班固．汉书 [M]．北京：中华书局，1962.

[3] 李志超，华同旭．司马迁与太初历 [A]//《中国天文学史文集》编辑组．中国天文学史文集．北京：科学出版社，1985.

果与实际天象相差甚远[1]，即所谓“考验天象，多所违失”。浑天家则进行精确的天象观测，《新唐书·历志》有载：“古历星度及汉落下闳等所测，其星距远近不同，然二十八宿之体不异。”[2]落下闳使用浑仪对天体进行测量，主要就是测定二十八宿的“距度”，得出历法使用的数据，从《三统历》的观测数据也可看出落下闳用浑仪进行测量的精度相当高。[3]“于地中转浑天”经过浑象的演示来验证是否符合天象。通过对汉唐之际二十四节气影长记录的分析，西汉到东汉之间对二十四节气的表影测量数值发生了很大的转变，后汉至唐几部历法中的影长数值均为实际观测的结果，可见浑天家十分重实测。基于盖天与浑天的验证结果，汉武帝最终选定了落下闳等人“于地中转浑天”的方法，颁行《太初历》。[4]

然而“太初改历”之后的“浑盖之争”仍未停止，汉昭帝时期太史令张寿王，应出身畴人世家，持“盖天说”，激烈反对《太初历》，他主张用属于《四分历》的《殷历》代替《太初历》，最终以失败而告终。在《汉书·律历志》中有明确记载：

后二十七年，元凤三年，太史令张寿王上书言：“历者天地之大纪，上帝所为。传黄帝《调律历》，汉元年以来用之。今阴阳不调，宜更历之过也。”诏下主历使者鲜于妄人诘问，寿王不服。妄人请与治历大司农中丞麻光等二十余人杂候日、月、晦、朔、弦、望、八节、二十四气，钧校诸历用状。奏可。诏与丞相、御史、大将军、右将军史各一人杂候上林清台，课诸历疏密，凡十一家。以元凤三年十一月朔旦冬至，尽五年十二月，各有第。寿王课疏远。案汉元年不用黄帝

[1] 黎耕，孙小淳．圭表测影与帝国文化 [J]. 中国科技史杂志，2011，32：131–141.

[2] 欧阳修．新唐书 [M]. 北京：中华书局，1975.

[3] 薄树人．薄树人文集 [M]. 合肥：中国科学技术大学出版社，2003.

[4] 黎耕，孙小淳．汉唐之际的表影测量与浑盖转变 [J]. 中国科技史杂志，2009，30(1)：120–131.

《调历》，寿王非汉历，逆天道，非所宜言，大不敬。有诏勿劾。复候，尽六年。《太初历》第一。即墨徐万且、长安徐禹治《太初历》亦第一。寿王及待诏李信治黄帝《调历》，课皆疏阔，又言黄帝至元凤三年六千余岁。丞相属宝、长安单安国、安陵杯育治《终始》，言黄帝以来三千六百二十九岁，不与寿王合。寿王又移《帝王录》，舜、禹年岁不合人年。寿王言化益为天子代禹，骊山女亦为天子，在殷、周间，皆不合经术。寿王历乃太史官《殷历》也。寿王猥曰安得五家历，又妄言《太初历》亏四分日之三，去小余七百五分，以故阴阳不调，谓之乱世。劾寿王吏八百石，古之大夫，服儒衣，诵不详之辞，作袄言欲乱制度，不道。奏可。寿王候课，比三年下，终不服。再劾死，更赦勿劾，遂不更言，诽谤益甚，竟以下吏。故历本之验在于天，自汉历初起，尽元凤六年，三十六岁，而是非坚定。[1]

西汉后期的扬雄与桓谭对浑、盖思想也产生了争论。扬雄本来持“盖天说”，后因桓谭就“浑天说”对扬雄发难，据《桓谭新论》所载“后与子云奏事，坐白虎殿廊庑下，以寒故，背日曝背，有顷，日光去背，不复曝焉。因以示子云曰：‘天即盖转而日西行，其光影当照此廊下而稍东耳，无乃是，反应浑天家法也’”[2]，扬雄无法回辩，放弃了“盖天说”转而接受“浑天说”，并提出了“难盖天八事”，从扬雄宇宙观的转变可见他对落下闳的贡献是认同的。《隋书·天文志》中记有：

汉末，扬子云难盖天八事，以通浑天。其一云：“日之东行，循黄道。昼中规，牵牛距北极北百一十度，东井距北极南七十度，并百八十度。周三径一，二十八宿周天当五百四十度，今三百六十度，何也？”其二曰：“春秋分之日正出在卯，入在酉，而昼漏五十刻。即天盖转，夜当倍昼。

[1] 班固．汉书 [M]. 北京：中华书局，1962.

[2] 桓谭．桓谭《新论》[M]. 北京：社会科学文献出版社，2014.

今夜亦五十刻，何也？”其三曰：“日入而星见，日出而不见，即斗下见日六月，不见日六月，北斗亦当见六月，不见六月。今夜常见，何也？”其四曰：“以盖图视天河，起斗而东入狼弧间，曲如轮。今视天河直如绳，何也？”其五曰：“周天二十八宿以盖图视天，星见者当少，不见者当多。今见与不见等，何出入无冬夏，而两宿十四星当见，不以日长短故见有多少，何也？”其六曰：“天至高也，地至卑也。日托天而旋，可谓至高矣。纵人目可夺，水与影不可夺也。今从高山上，以水望日，日出水下，影上行，何也？”其七曰：“视物，近则大，远则小。今日与北斗，近我而小，远我而大，何也？”其八曰：“视盖橑与车辐间，近杠毂即密，益远益疏。今北极为天杠毂，二十八宿为天橑辐。以星度度天，南方次地星间当数倍。今交密，何也？”[1]

以上文献以及东汉时期王充“据盖天之说，以驳浑仪”[2]等的例子，反映出“浑盖之争”在汉代是非常激烈的。

落下闳留给后世的印象

落下闳在天文学史上占有重要的地位，是汉代“太初改历”中的关键人物，参与了《太初历》的制定，首次提出“浑天说”思想，并研制浑仪、浑象。2004 年 9 月 16 日，经国际天文联合会小天体提名委员会批准，国际永久编号为 16757 的小行星被正式命名为“落下闳星”，

[1] 魏征，长孙无忌 . 隋书 [M]. 北京：中华书局，1975.

[2] 房玄龄 . 晋书 [M]. 北京：中华书局，1975.

以此纪念落下闳在天文学上的卓越贡献。然而，后世对落下闳的印象却仅限于《史记》《汉书》等少量的记载，为何历史文献对落下闳的记载如此之少呢?

汉武帝时期的史官是司马迁，也担任太史令一职。司马迁掌管天文星算与史书编写，是“太初改历”的发起者之一。他的著作《史记》是中国历史上第一部纪传体通史，按理说他的记载是当时人记当时事，是真实可靠的。但有关落下闳的记载仅有：“至今上即位，招致方士唐都，分其天部；而巴落下闳运算转历，然后日辰之度与夏正同。乃改元，更官号，封泰山。”[1] 有前人的研究表示司马迁作为“盖天说”的支持者不同意落下闳的“浑天说”，在写史的时候刻意隐藏落下闳的贡献，主要表现在他将自己的《历术甲子篇》载入《史记》中。[2] 也有学者不同意这一观点，认为《历术甲子篇》是太初元年施用的历法，记入《史记》无可非议，《史记》时间范围是自黄帝以来至太初而讫，《太初历》施用时间超出了《史记》的范围。[3] 就如王国维所说：“史公作记，创始于太初中，故原稿纪事，以元封太初为断。此事于诸表中踪迹最明，如汉兴以来诸侯年表、建元以来王子侯者年表，皆讫太初四年。此史公原本也。”[4] 经过仔细分析，司马迁出身畴人世家，《史记》中记载的《历术甲子篇》采用《四分历》方法，他是持“盖天说”思想的。《史记·太史公自序》有云：

是岁天子始建汉家之封，而太史公留滞周南，不得与从事，故发

[1] 司马迁．史记 [M]. 北京：中华书局，1959.

[2] 李志超，华同旭．司马迁与太初历 [A]//《中国天文学史文集》编辑组．中国天文学史文集．北京：科学出版社，1985.

[3] 陈久金．颛顼历和太初历制定年代考略 [A]// 中国科学院自然科学史研究所．科技史文集 第 3 辑 综合辑．上海：上海科学技术出版社，1980.

[4] 王国维．观堂集林 [M]. 北京：中华书局，1959.

愤且卒。而子迁适使反，见父于河、洛之间。太史公执迁手而泣曰："余先周室之太史也。自上世尝显功名于虞夏，典天官事。后世中衰，绝于予乎？汝复为太史，则续吾祖矣。今天子接千岁之统，封泰山，而余不得从行，是命也夫，命也夫！余死，汝必为太史；为太史，无忘吾所欲论著矣。且夫孝始于事亲，中于事君，终于立身。扬名于后世，以显父母，此孝之大者。夫天下称诵周公，言其能论歌文、武之德，宣周、邵之风，达太王、王季之思虑，爰及公刘，以尊后稷也。幽、厉之后，王道缺，礼乐衰，孔子修旧起废，论《诗》《书》，作《春秋》，则学者至今则之。自获麟以来四百有余岁，而诸侯相兼，史记放绝。今汉兴，海内一统，明主贤君忠臣死义之士，余为太史而弗论载，废天下之史文，余甚惧焉，汝其念哉！"迁俯首流涕曰："小子不敏，请悉论先人所次旧闻，弗敢阙。"[1]

太史公司马谈在天子举行封禅典礼的重要时刻，未能参与其中，内心愤懑，致病将死，希望司马迁能继承其业，延续修史传统。司马迁作为一名史官，"太初改历"是汉代的国家大事，落下闳作为一名民间天文学家在改历过程中发挥了重大作用，理应载入史书，而他却粗略带过，可见改历过程中一些学术观点不能被司马迁认同。

从《太初历》与《四分历》的朔望月与回归年长度基本数据来看（表3–1），《太初历》相较于《四分历》，其精度疏于现在值。《太初历》的基本数据是邓平与落下闳采用"八十一分法"为数字赋予了神秘意义，并与音律相结合，才得以解决"不能为算"问题。作为太史令的司马迁定不认同这种历算方法，《史记·太史公自序》载有司马谈的话："夫阴阳四时、八位、十二度、二十四节各有教令，顺之者昌，逆之者不死则亡。未必然也……故曰：四时之大顺，不可失也。"可见司马迁父子十分重

[1] 司马迁．史记 [M]. 北京：中华书局，1959.

视天时的自然规律[1]，然而汉武帝在没有验历的情况下，宣布采用邓平《八十一分律历》，并废除其他 17 家历法，足以见得这种方法深得帝王喜爱。这也反映出在封建专制社会里，皇权是至高无上的，司马迁即使掌管天文历法也无力反驳。

表 3–1 《四分历》与《太初历》的基本数据[2]

	定数	
	1 年	1 月
《四分历》	365.25000	29.53085
《太初历》	365.25016	29.53086
现在值	365.24220	29.53059

关于落下闳的史料问题，也可通过史书对人物记载的标准进行分析。同样持“浑天说”的扬雄和张衡为何被列入了人物列传？首先从政治角度来说，扬雄的官职经历了黄门侍郎向大夫的转变，张衡两次担任太史令。二者常采用写赋的方式对国家政治事件做出讽谏，如《汉书・扬雄传》：“其十二月羽猎，雄从。以为昔在二帝三王……虽颇割其三垂以赡齐民，然至羽猎、田车、戎马、器械、储偫、禁御所营，尚泰奢丽夸诩，非尧、舜、成汤、文王三驱之意也。又恐后世复修前好，不折中以泉台，故聊因《校猎赋》以风。”[3] 扬雄通过《校猎赋》来谏讽皇帝储备宫墙的修建过于奢华。“时天下承平日久，自王侯以下，莫不逾侈。衡乃拟班固《两都》作《二京赋》，因以讽谏。”[4] 张衡模仿班固写《二京赋》。在政治上有所作为，是入列人物列传的一个重要标准。

[1] 中国天文学史整理研究小组．中国天文学史 [M]. 北京：科学出版社，1981.

[2] 薮内清．汉代改历及其思想背景 [A]// 刘俊文．日本学者研究中国史论著选译 第十卷 科学技术．杜石然，魏小明，等．译．北京：中华书局，1992.

[3] 班固．汉书 [M]. 北京：中华书局，1962.

[4] 范晔．后汉书 [M]. 北京：中华书局，1975.

落下闳则是来自巴蜀的隐士，汉武帝颁行《太初历》后授予落下闳侍中一职，他却辞官不受，继续归隐落下，谈不上对政治的影响。其次，他们留下了传世著作，为后世研究他们的科学思想提供了载体。扬雄著有《法言》《太玄》，张衡著有《灵宪》《浑天仪注》。《后汉书·张衡列传》载“论曰：崔瑗之称平子曰‘数术穷天地，制作侔造化’。斯致可得而言欤！推其围范两仪，天地无所蕴其灵；运情机物，有生不能参其智。故知思引渊微，人之上术。《记》曰：‘德成而上，艺成而下。’量斯思也，岂夫艺而已哉？何德之损乎”[1]。史官对张衡的评论是不仅精通科学，品德也十分高尚，符合史书对人物的记载原则。后世对落下闳的记载，仅限于制作浑仪，造《太初历》。《旧唐书·李淳风传》有：“汉孝武时，洛下闳复造混天仪，事多疏阙。故贾逵、张衡各有营铸，陆绩、王番递加修补，或缀附经星，机应漏水，或孤张规郭，不依日行，推验七曜，并循赤道。”[2] 汉武帝时落下闳再造的浑仪存在一定缺陷，后有贾逵和张衡铸造浑仪。因此，落下闳的方法在后人看来并不是完美无缺的，他的贡献在当时是否具有重大的影响力也是有待商榷的。

[1] 范晔．后汉书 [M]. 北京：中华书局，1975.

[2] 刘昫．旧唐书 [M]. 北京：中华书局，1975.

第四章 《淮南子》中的“浑天说”思想要素

张怡哲

中国古代的宇宙论思想以“浑天说”“盖天说”以及“宣夜说”等理论为核心，其中关于“浑天说”与“盖天说”的争论历来为学界所关注。在研究“浑天说”及“盖天说”形成过程中，《淮南子》是一部非常重要的著作，它成书于公元前140年左右，是由淮南王刘安组织编写的一部总结先秦以及汉初思想文化的综合性著作。《淮南子》吸收与总结了先秦与汉初的很多思想成果，其宇宙论既有与“盖天说”相关的记录，又有与“浑天说”相近的思想，学界对此也有很多的争论。持“盖天说”的学者认为，《淮南子·天文训》中通过圭表测影计算天地的大小，且以“日影千里差一寸”为基本假设，其所反映的天地结构与《周髀算经》一致。[1] 陈广忠先生也持有类似的观点，他认为《淮南子》是用“盖天说”的理论来解释日月五星以及二十八宿的分布与运动的。[2] 与此相反，金

[1] 贺圣迪和石云里认为《淮南子》是《周髀算经》“盖天说”体系的直接先导。因为《淮南子·天文训》中用圭表测量天高的方法表明了两点：一是天地是两个相互平行的平面；二是天地间的距离以及太阳运动的范围都是有限的，皆可通过科学的方法加以测量和研究。这两点恰恰也是《周髀算经》的立足点。[姜生，汤伟侠.中国道教科学技术史（汉魏两晋卷）[M].北京：科学出版社，2002：666-667.]

[2] 陈广忠.《淮南子》科技思想[M].北京：中国文史出版社，2017：43-48.

祖孟、吕子方等学者则认为《淮南子》体现了“浑天说”,金祖孟认为“浑天说”是一种“天圆地平说”,《淮南子》所描述的地面是一个圆形的平面,其上还有“旸谷”和“虞渊”供太阳出入,这些特点都符合“浑天说”的特征。[1] 吕子方提出《淮南子》已建立了一套初步但比较完整、系统的“浑天说”理论。落下闳在此在基础上做了更深入的研究,以实物的形式将天的形状、日月运动等天象展现出来,从而牢固地奠定了“浑天说”理论的基础。[2] 席泽宗认为《淮南子》关于二十八宿宿度的记录提示了浑仪在战国时期或已出现。[3] 前人的研究已较为全面地呈现了《淮南子》与“浑天说”和“盖天说”之间的诸多关联,然而这些研究大多只关注与天文计算相关的宇宙结构论,忽视了《淮南子》宇宙生成论思想中所展现的天地结构。

东汉张衡在《浑天仪注》中对“浑天说”的天地结构做了经典的表达:“浑天如鸡子,天体圆如弹丸,地如鸡子中黄,孤居于内。天大而地小,天表里有水。天之包地,犹壳之裹黄。”[4] 历来人们对于张衡此说中大地究竟是球体还是平面存在争议,但可以肯定的是:天为球体,包裹着大地,天大而地小是“浑天说”的核心特征。“盖天说”有“平天说”、《周髀算经》“盖天说”和周髀家“盖天说”等流派[5],关于《淮南子》的讨论集中于其与《周髀算经》“盖天说”的关系。《周髀算经》成

[1] 金祖孟.中国古宇宙论[M].上海:华东师范大学出版社,1991:133-138.

[2] 吕子方.道家的朴素唯物主义观点与浑天说[A]// 中国科学院成都分院自然辩证法研究室.中国科学技术论文集(上).成都:四川人民出版社,1983:211-214.

[3] 席泽宗.《淮南子·天文训》述略[J].科学通报,1962(6):35-39.

[4] 瞿昙悉达.开元占经(上)[M].北京:九州出版社,2012:3.

[5] 陈美东.中国古代天文学思想[M].北京:中国科学技术出版社,2008:87.

书于前汉末年或后汉初年。[1]《周髀算经》认为"天象盖笠,地法覆槃",天像一顶笠帽，地像一只倒扣的盘子。"北极之下高人所居六万里，旁沲四陨而下。天之中央亦高四旁六万里。"[2]说明在此"盖天说"理论中，天地是两个分离的平面，天始终在上，地始终在下。由此可见，"浑天说"与"盖天说"主要分歧在于天是否包裹着大地，或者说"日月星辰的周日旋转是否出入地下，也即分歧在于解释天象作周日旋转的方式不同"[3]。本文就以"浑天说"与"盖天说"之间的根本分歧出发,兼顾宇宙生成论和宇宙结构论两个方面的考察，审视《淮南子》中"气"演化天地万物的生成论过程，以及在九州八极的具体天地结构中，是否已经展现出圆形天包裹大地，天在外地在内的浑天说的特征。

《淮南子》"气"本原的宇宙生成论

《淮南子》的宇宙生成论思想主要体现在《淮南子·天文训》和《淮南子·原道训》中，其中《淮南子·天文训》描述了宇宙、天地、万物的具体生成过程。

[1] 钱宝琮.盖天说源流考[A]//中国科学院自然科学史研究所.钱宝琮科学史论文选集.北京：科学出版社，1983：377-378.

[2] 周髀算经[A]//杜石然，郭书春，刘钝.李俨钱宝琮科学史全集（第四卷）.沈阳：辽宁教育出版社，1998：17.

[3] 陈久金.浑天说的发展历史新探[A]//中国天文学史整理研究小组.科技史文集第1辑 天文学史专辑.上海：上海科学技术出版社，1978：60.

天地未形，冯冯翼翼，洞洞灟灟，故曰太昭。道始于虚霩，虚霩生宇宙，宇宙生气。气有涯垠，清阳者薄靡而为天，重浊者凝滞而为地。清妙之合专易，重浊之凝竭难，故天先成而地后定。天地之袭精为阴阳，阴阳之专精为四时，四时之散精为万物。积阳之热气生火，火气之精者为日；积阴之寒气为水，水气之精者为月。日月之淫为精者为星辰，天受日月星辰，地受水潦尘埃。[1]

天地万物的生成过程为虚霩──►宇宙──►气──►天地──►阴阳分判──►四时──►万物，这个过程以天地的形成为关节点。就天地形成之前的状态而言，整个宇宙都处于无形的“太昭”状态，即天地未形，道之本体还未开显自身的状态。其特点是“冯冯翼翼，洞洞灟灟”，指其幽而能明，浊而能清的特征，这说明道并非虚无，而是一种无形无相的东西。[2] 这种无形的道开始在虚霩中开演自身，充满宇宙。从宇宙—气的产生，并非指产生了一种新的“气”，而是指原本无形无相的气在宇宙中逐渐变得有形有相，即气有清浊。这体现了一种气本原的哲学观，道由最初的无形之气逐渐形成有形之气。

天地的生成因气之清浊差异而成为可能。“气有涯垠，清阳者薄靡而为天，重浊者凝滞而为地。清妙之合专易，重浊之凝竭难，故天先成而地后定。”在此描述中，天地的形成纯粹是一个物理过程，气的清浊差异促使气向不同方向运动，清阳者先弥散开来而成天，随后重浊者凝滞而为地。由此生成过程我们也可演绎出天地的结构，即在天地形成之前是唯有气独存，气因清浊差异而运动速度不同，清阳之气扩散速度快，先层层弥散而形成天。重浊之气不容易散开，只能凝聚在一起形成地，“凝

[1] 何宁．淮南子集释 [M]．北京：中华书局，1998：165-167.

[2] 李鹏举．《淮南子·天文训》“太昭说”再探 [J]．自然科学史研究，1996（2）：97-106.

滞”一词概括所有，“故天先成而地后定”，此生成过程所形成的自然是天包裹着地，天在外地在内的浑天结构，非“盖天说”所主张的“天象盖笠”。有种反对意见认为，地形成后体积大，必然下陷，最终仍形成天在上地在下的盖天结构。[1] 这种质疑其实针对的是另一个问题，即天地形成之后，地为何不下坠。《淮南子》中并没有对此做出直接的说明，我们通过后文有关“九州八极”天地结构的论述似乎也能对此做出间接的回答，所谓八殥、八纮、八极是指不同密度的云气，从生成过程而言，从最外层的八极到最内层的八殥，气的密度越来越大，层层弥散包裹大地，云气能给予大地浮力使其不下坠。更为直接的解释是在张衡的《浑天仪注》中，《浑天仪注》明确地指出“天地各乘气而立，载水而浮”[2]。正是“气”与“水”的浮力使得天地不坠不陷。我们可以看到，从《淮南子》到《浑天仪注》，天在外地在内的浑天理论在不断完善。

《淮南子》与《灵宪》《恒先》的天地结构比较

《淮南子》以“气”为本原的宇宙生成论与张衡在《灵宪》中的生成论非常相似。

太素之前，幽清玄静，寂漠冥默，不可为象，厥中惟虚，厥外惟无。

[1] 笔者在中国科学技术史学会 2020 年学术年会（天文学史分会场）上宣读本文后，有学者提出此质疑。

[2] 瞿昙悉达．开元占经（上）[M]. 北京：九州出版社，2012：3.

如是者永久焉，斯谓溟涬，盖乃道之根也。道根既建，自无生有。太素始萌，萌而未兆，并气同色，浑沌不分。故《道志》之言云："有物浑成，先天地生。"其气体固未可得而形，其迟速固未可得而纪也。如是者又永久焉，斯谓庬鸿，盖乃道之干也。道干既育，有物成体。于是元气剖判，刚柔始分，清浊异位。天成于外，地定于内。天体于阳，故圆以动；地体于阴，故平以静。动以行施，静以合化，堙郁构精，时育庶类，斯谓太元，盖乃道之实也。[1]

《灵宪》将宇宙的生成过程划分为3个阶段。第一个阶段为"溟涬"，指道还未显现自身的阶段，此时道"幽清玄静，寂漠冥默，不可为象，厥中惟虚，厥外惟无"，恰似《淮南子·天文训》中"冯冯翼翼，洞洞灟灟"的"太昭"，此时天地、阴阳、万物都还未形成。第二个阶段为"庬鸿"，元气开始萌动，但还未开始分判。正如《道志》（即《道德经》）所说"有物浑成，先天地生"。在天地还未形成之前，宇宙中就已充满了元气，这与《淮南子·天文训》中虚霩生宇宙，宇宙生气的阶段一致。第三个阶段为"太原"，元气剖判，气因其清浊差异展开不同的运动，天成于外，地定于内。此阶段与《淮南子·天文训》"气有涯垠，清阳者薄靡而为天，重浊者凝滞而为地。清妙之合专易，重浊之凝竭难，故天先成而地后定"相同，二者都认为天地形成以气之清浊为动力机制，只是《灵宪》中更直接地指出"天成于外，地定于内"的天地结构。不仅如此，《灵宪》更直接指出了清阳之气的运动轨迹就是"圆以动"，而浊阴之气"平以静"，故《灵宪》所说大地"平以静"，其侧重点并非指大地是平的，而是与《淮南子》"重浊者凝滞而为地"一样，重在突出重浊之气相对于清阳之气而言运动速度极慢，最终凝

[1] 范晔．后汉书[M]．李贤等，注．北京：中华书局，1965：3215.

聚而成地。显然,《淮南子》与《灵宪》有密切的关系,只是相较于《灵宪》,《淮南子》的生成论思想更为原始。[1]

《淮南子》与《灵宪》的这一宇宙生成论又与战国时期的楚竹书《恒先》中"先天地"部分的论述相同。[2]《恒先》是道家的著作,"恒先"为"道"的别名。《恒先》中的宇宙生成论分为两部分。先是气从无为到有为的过程,见第 1 号简:"恒先无有,质、静、虚。质,大质;静,大静;虚,大虚。自厌不自忍,或作。有或,焉有气;有气,焉有有;有有,焉有始;有始,焉有往者。"[3] 这里,作为本源的恒先经历了由寂静到萌动的过程:恒先无有⟶有或⟶有气⟶有有。具体而言,恒先无有是指道体本身的特点,其大质、大静、大虚。相当于《淮南子·天文训》中的"太昭"与《灵宪》中的"溟涬"。有或是指它是有形的气形成之前的状态,相当于《淮南子》中的"虚霩"和《灵宪》中的"庬鸿",此时元气开始萌动,但还未开始分判,没有质量上的差异。直到有形之气产生之后,才有"有有",即有万物和时间的开端。随后《恒先》第 4 号简则叙述了气因清浊差异而生天地的过程。第 4 号简曰:"浊气生地,清气生天。气信神哉!芸芸相生,伸盈天地。"气因清浊差异而生天地的观念正是《淮南子》与《灵宪》宇宙生成论思想的核心。我们从宇宙生成论分析中也能看到,这种宇宙生成论思想在古代有重要的影响力,从《恒先》到《淮南子》再到《灵宪》,"气"生成天地的这一思想在不断丰富,故而从宇宙生成论上为"浑天说"的形成与不断完善奠定了理论基础。

[1] 丁四新.浑天说的宇宙生成论与结构论溯源:兼论楚竹书《太一生水》《恒先》与浑天说的理论起源 [J]. 人文杂志,2017(10):1–12.

[2] 竹简中"恒先"写为"亘先",根据李零的注释,"亘"同"恒",故"亘先"读"恒先",指作为终极的"先"。

[3] 李零.《亘先》注疏 [A]// 马承源.上海博物馆藏战国楚竹简(三).上海:上海古籍出版社,2003:288.

冬夏二至日与阴阳之气的运作

“气”的作用不仅体现在天地生成过程中，在解释二至日与“阴阳”之间的关系时，《淮南子》仍突出了“气”的重要性，这使其与《周髀算经》“盖天说”理论存在较大的差异，而与“浑天说”思想的关联更为紧密。

《周髀算经》是以太阳所在日道的差异来解释冬至与夏至阴阳变化的。“故春秋分之日夜分之时，日光所照适至极，阴阳之分等也。冬至、夏至者，日道发敛之所至，昼夜长短之所极。春秋分者，阴阳之修，昼夜之象。昼者阳，夜者阴。”[1] 春秋分日时，日在中衡，昼夜等长；冬至日，日在外衡，昼短夜长。显然《周髀算经》直接将昼等于阳，夜等于阴，一年四季阴阳变化也就等于昼夜长短变化。阴阳唯与太阳的运动有关，并无“气”的含义。

《淮南子》在讲述冬夏二至日与阴阳之气变化的关系时，指出在冬至日时，阴气向北到北极，向下到黄泉。

日冬至则斗北中绳，阴气极，阳气萌。故曰冬至为德。日夏至则斗南中绳，阳气极，阴气萌，故曰夏至为刑。阴气极则北至北极，下至黄泉，故不可以凿地穿井。万物闭藏，蛰虫首穴，故曰德在室。阳气极，则南至南极，上至朱天，故不可以夷丘上屋。万物蕃息，五谷兆长，故曰德

[1] 周髀算经 [A]// 杜石然，郭书春，刘钝．李俨钱宝琮科学史全集（第四卷）．沈阳：辽宁教育出版社，1998：28.

在野。[1]

黄泉被认为处于地下极深之处，也是极阴之地。冬至日是阳气开始萌发的时刻，而古代认为冬至日阳气萌发始于黄泉。如《白虎通·礼乐》云"《乐记》曰：'埙，坎音也。管，艮音也。鼓，震音也。弦，离音也。钟，兑音也。柷敔，乾音也。'埙在十一月，埙之为言熏也，阳气于黄泉之下熏蒸而萌；匏之为言施也，牙也。在十二月，万物始施而牙"[2]。《史记·律书》也说："十一月也，律中黄钟。黄钟者，阳气踵黄泉而出也"。[3] 显然，《淮南子》对冬夏二至与阴阳关系的解释不以太阳运动为标准，而是强调阴阳与"气"的关系，阴阳二气有其特定的生成机制，阳气萌发于黄泉，黄泉为极阴之地，那阳气得以萌发的动力何在？结合上文对《淮南子》生成论思想的阐释，天地的生成就是因为"气有涯垠，清阳者薄靡而为天，重浊者凝滞而为地"，《灵宪》也说"天成于外，地定于内。天体于阳，故圆以动；地体于阴，故平以静"，也就是说天地本身具有阴阳二气的特性，阳在外阴在内，这便使阳气从黄泉萌发的思想有了理论基础。显然，《淮南子》对阴阳的认识与其"气"本原的生成论思想一致，如此一来，以天地之间阴阳二气的交感作用来解释节气的变化也就很容易理解了。

[1] 何宁. 淮南子集释 [M]. 北京：中华书局，1998：208-209.

[2] 陈立. 白虎通疏证 [M]. 吴则虞，点校. 北京：中华书局，1994：121-122.

[3] 司马迁. 史记 [M]. 北京：中华书局，1999：1085.

“九州八极”中的浑天结构

《淮南子》对天地结构的具体描述主要集中在《淮南子·地形训》中，《淮南子·地形训》开篇即陈述大地所承载的范围。

地形之所载，六合之间，四极之内，照之以日月，经之以星辰，纪之以四时，要之以太岁。天地之间，九州八极，土有九山，山有九塞，泽有九薮，风有八等，水有六品。[1]

六合就是指四方上下，四方为东西南北，上下则指天地。这是以地平面为观测点所呈现的天地范围，这一范围可用“九州八极”来总体概括。明晰九州与八极具体所指尤为重要，天地大小及结构关系就隐含于其中。《淮南子·地形训》中的“九州”延续了邹衍“大九州”的说法，中央翼州即邹衍所说“赤县神州”。“以为儒者所谓中国者，于天下乃八十一分居其一分耳。中国名曰赤县神州。赤县神州内自有九州，禹之序九州是也，不得为州数。中国外如赤县神州者九，乃所谓九州也。于是有裨海环之，人民禽兽莫能相通者，如一区中者，乃为一州。如此者九，乃有大瀛海环其外，天地之际焉。”[2]《淮南子·地形训》与此相同，

[1] 何宁.淮南子集释[M].北京：中华书局，1998：311-312.

[2] 司马迁.史记[M].北京：中华书局，1999：1840.

认为大九州之外则为水域[1]，由近到远依次为八殥、八泽、八纮、八极，与中央之“九州”共同构成“九州八极”。

九州之大，纯方千里。九州之外，乃有八殥，亦方千里……凡八殥八泽之云，是雨九州。八殥之外，而有八纮，亦方千里……凡八纮之气，是出寒暑，以合八正，必以风雨。八纮之外，乃有八极……凡八极之云，是雨天下，八门之风，是节寒暑；八纮、八殥、八泽之云，以雨九州而和中土。[2]

《淮南子·地形训》给我们呈现了一个以九州为核心，向外依次为八殥、八纮、八极的环形结构。但是，此环形结构已不是一个平面结构，而是一个立体结构，以九州大地为中心逐渐向天际蔓延。因为从八殥、八纮、八极的云气凝结成雨降于九州大地可知，八殥、八纮、八极并非指大地，而是弥漫在九州大地之外，且层层包裹大地的云气，若非如此，八极之云又如何雨九州？地居中央，云气将其包裹，就此来看已经是半圆型的天地结构，若云气可以深入地下，自然就是圆形的天包裹大地的浑天结构了。

事实上，《淮南子》也直接描述了地下的状况，主要通过日月五星的运动来体现。《淮南子·天文训》云：“日入于虞渊之汜，曙于蒙谷之浦，行九州七舍，有五亿万七千三百九里。禹以为朝、昼、昏、夜。”[3]这是对太阳周日视运动所做的描述，日从旸谷出，最终入于虞渊，日出前、日落后，太阳都是在地平面以下，且可以在水中运行。《淮南子·地形训》

[1] MAJOR J S，QUEEN S A，ANDREW SETH MEYER，et al.The Huainanzi：a guide to the theory and practice of goverment in early Han China[M].Columbia：Columbia University Press，2010：393–394.

[2] 何宁.淮南子集释[M].北京：中华书局，1998：330–336.

[3] 何宁.淮南子集释[M].北京：中华书局，1998：236–237.

也有类似的表述“东方川谷之所注，日月之所出”[1]，说明在地平面以下有供日月出入的通道。对此，汉代扬雄在其“难盖天八事”中已做了强有力的论证，表明“浑天说”的理论与实际观测更相符。扬雄在第六难曰“天至高也，地至卑也，日托天而旋，可谓至高矣。纵人目可夺，水与影不可夺也。今从高山之上，以水望日，日出水下，影上行，何也？”[2]。当我们站在高处观察日出，太阳的位置是在水平面以下，显然“盖天说”的理论与此实际观察相悖。

这种描述也符合“气”演生天地的生成论思想，八极之云气包裹着大地，可以给予大地以浮力，类似于《浑天仪注》所说“天地各乘气而立，载水而浮”[3]的思想。自张衡之后，关于“日月如何出入水中”也是历代“浑天说”理论改进所面临一个重要问题，五代时期的邱光庭对这一问题做了较为理想的解答，他认为“日月星辰，并入于水”这个道理是说不通的，所以将其改造为“气之外有天，天周于气，气周于水，水周于地，无天相将，形如鸡卵”[4]。

由此来看，《淮南子》与《周髀算经》的差异就很明显了，《淮南子》以太阳的升落来解释昼夜变化——“日出于旸谷，入于虞渊”，而地球上同时出现昼夜恰为“浑天说”的特征[5]。《周髀算经》则认为太阳的照射半径与人目所及范围相等，都为 167000 里，日出是因太阳运动进入人目所及 167000 里的范围内，日落则因太阳移动到人目所及范围之外。

[1] 何宁．淮南子集释 [M]. 北京：中华书局，1998：353.

[2] 魏征，长孙无忌．隋书 [M]. 北京：中华书局，1973：506.

[3] 瞿昙悉达．开元占经（上）[M]. 北京：九州出版社，2012：3.

[4] 陈美东．中国古代天文学思想 [M]. 北京：中国科学技术出版社，2008：148.

[5] CULLEN C.A Chinese Eratosthenes of the Flat Earth：A Study of a Fragment of Cosmology In Huai Nan Tzu[J].Bulletin of the School of Oriental and African Studies，1976，39（1）：106-127.

就整个大地的昼夜情况而言，总有一半处于白昼一半处于黑夜："故日运行处极北，北方日中，南方夜半。日在极东，东方日中，西方夜半。日在极南，南方日中，北方夜半。"[1] 正如刘智所说，"盖天说"与"浑天说"的区别就在于"盖天象笠，极在其中，日月远近，以为晦明；浑仪以天裹地，地载于气，天以回转，而日月出入以为晦明"[2]。在《淮南子》中，地平面以下还有供日月出入的通道，日月可以绕到地平面之下。而在《周髀算经》中，太阳始终在地平面以上，即使太阳运行到最低点，仍要比地平面高 20000 里[3]，天地始终是分离的，太阳绝不会绕到地下。

结　　论

我们从宇宙结构论和宇宙生成论两个维度阐释了《淮南子》中的"浑天说"思想要素。在宇宙生成论上，《淮南子》以"气"的清浊性质差异来解释天地的生成过程，结果是形成了圆形的天包裹大地，地居其中、天大地小的浑天结构。通过解析《恒先》及《灵宪》中的相关内容，我们可以看到"浑天说"在宇宙生成论思想方面在不断拓展与完善。就宇

[1] 周髀算经 [A]// 杜石然，郭书春，刘钝．李俨钱宝琮科学史全集（第四卷）．沈阳：辽宁教育出版社，1998：42.

[2] 瞿昙悉达．开元占经（上）[M]. 北京：九州出版社，2012：12.

[3] CULLENC.A Chinese Eratosthense of the Flat Earth：A Study of a Fragment of Cosmology In Hua Tzu [J].Bulletin of the School of Oriental and African Studies，1976，39（1）：106-127.

宙结构论而言，《淮南子》关于天地之间“九州八极”的叙述展现了层层云气包裹大地的天地结构，结合对地平面以下日月出入水中的描述，表明《淮南子》的确已显示出圆形的天包裹大地的浑天结构。对比《淮南子》与《周髀算经》对昼夜长短的变化与阴阳二气关系的认识，发现二者持有截然不同的解释原则。《周髀算经》中昼夜与阴阳直接对应，太阳运动轨道的变化是其唯一依据。而在《淮南子》中，阴阳有“气”的特性，太阳运动并不是阴阳二气变化的根本原因。

就这两方面内容的关系而言，《淮南子》对天地大小、形态的宇宙结构论解释是以其“气”本原的生成论解释为基础的，结构论是生成论的具体展现，而生成论则为结构论提供了有效的理论基础和活力源泉，二者相互关联展现了《淮南子》中所具有的“浑天说”雏形，张衡的“浑天说”思想也包含了这两部分内容。从这里我们也可以窥见中国古代科学更丰富、更复杂的一面，即对自然的观察、预测与解释必然包含了古人关于自然如何生成的形而上的思考。这便提示我们在面对中国古代科学时应持有更宽广的视野，不仅应关注古代科学与当代科学相近的部分，也应阐释其思想背后特有的视角和理论关怀，如此才能将古代科学丰富的内涵揭示出来。

第五章 张衡《思玄赋》星象解读

郑锌煌

张衡是东汉杰出的天文学家，在《思玄赋》中，张衡专门用一段文字描写了近20个星官，席泽宗先生曾评价《思玄赋》是“一篇很好的科学幻想诗”[1]。星辰作为一种意象在汉赋中被普遍使用，然而像《思玄赋》这样比较系统地、较大篇幅地描绘星象的作品，是比较罕见的。《思玄赋》中的星象引起了学者的关注，但多数研究集中于对其意象特点和文章内涵的阐释，而较少从天文学的视角考察文中的星象。

汉代是中国古代星官体系形成的重要时期，主要有《史记·天官书》、石氏星官、甘石星官和巫咸氏星官。《史记·天官书》载有星官87座，绝大多数与石氏星官相同，《汉书·天文志》载：“凡天文在图籍昭昭可知者，经星常宿中外官凡百一十八名，积数七百八十三星。”[2]“三家星官”原本今已不存，《晋书·天文志》载：“后武帝时，太史令陈卓总甘、石、巫咸三家所著星图，大凡二百八十三官，一千四百六十四星，以为定纪。”[3]《灵宪》载：“中外之官，常明者百有二十四，可名者三百二十，

[1] 席泽宗.科技史十论[M].上海：复旦大学出版社，2003：137.

[2] 班固.汉书·二十四史点校本[M].颜师古，注.北京：中华书局，2011：1273.

[3] 房玄龄等.晋书·二十四史点校本[M].北京：中华书局，2012：289.

为星二千五百。”[1] 但是《灵宪》并没有详细描述这320个星官，我们今天已无法获知张衡星官体系的情况，而《思玄赋》中的星象可以让我们在一定程度上揭示张衡星官体系的面貌。

《思玄赋》中的星象是什么样的、其具体内涵是什么、它同汉代的礼仪制度及宇宙观念有何联系等问题，是本章探讨的主要内容。

《思玄赋》与《史记·天官书》、“三家星官”的比较

东汉时期流传的星官体系，主要有《史记·天官书》、石氏星官、甘石星官和巫咸氏星官。

司马迁的《史记·天官书》是现存最早系统描述全天星象的著作，其星官体系在汉代具有官方正统地位。《史记·天官书》载有星官87座，恒星500多颗，将星空划分为五宫。“三家星官”虽是经三国时期吴国太史令陈卓确定后才成为传统，但其星官在汉代当以流传于世。石氏星官传为战国时石申夫所创，《史记·天官书》的星官大多与石氏相同，石氏在东汉具有很大权威，东汉改用《四分历》的过程中，汉章帝曾于元和二年下诏书曰“石不可离”[2]，可见其影响。

甘氏星官传为战国时期甘德所创，“甘氏星经”之名最早见于东汉许慎《说文解字》，《史记》《汉书》也有征引甘氏之文，可知甘氏星官

[1] 范晔.后汉书·二十四史点校本[M].李贤，注.北京：中华书局，2012：3217.
[2] 范晔.后汉书·二十四史点校本[M].李贤，注.北京：中华书局，2012：3027.

在汉初已行于世。据《开元占经》等文献，石氏中、外官有92座，甘氏中、外官有118座。除甘、石之外，“三家星官”尚有巫咸星官，巫咸氏其人传为殷商时的大臣，潘鼐认为，现存的巫咸星官是陈卓汇集整理早已存在的或秦汉人增补的星官而成的伪作，其目的是填补黄道附近部分天区的空白。[1] 虽然巫咸星官有可能是捏造的，但其星官在东汉已经在流传，永元十五年，汉和帝下诏铸黄道铜仪，黄道自此正式成为中国古代天体观测的重要参考。在这种情况下，黄道附近的恒星必然引起古代天文学家的重视，某些原本不受重视的星官重新进入观测视野，如从官、键闭等，某些则是增设的星官，巫咸星官如天钥、十二国等，所以《开元占经》所载巫咸氏中、外官44座可能是东汉逐渐增设的。

《灵宪》言中、外星官有320座，恒星2500颗，《思玄赋》中的星官能在一定程度上反映张衡星官体系的情况。《隋书·天文志》云："张衡为太史令，铸浑天仪，总序经星，谓之《灵宪》。"[2] 张衡“铸浑天仪，总序经星”必然要参考各家星官，《灵宪》中的320官有很大一部分来自《史记·天官书》和“三家星官”。然而《灵宪》并没有详细描述这320个星官，其浑天仪也早已湮没在历史尘埃中，所幸《思玄赋》中还保留了一段对星象的描述，因此我们将《思玄赋》中的星象同《史记·天官书》、“三家星官”进行对比，探究《思玄赋》中的星官与这四家星官的关系。

《思玄赋》中的星名同史籍中的记载小有差异，同《史记·天官书》和《开元占经》中所载的“三家星官”作比对（表5-1），我们可以看出《思玄赋》中的星象与《史记·天官书》、“三家星官”的关系。《思玄赋》中言及星象的内容有：

[1] 潘鼐.中国恒星观测史[M].上海：学林出版社，1989：115-116.

[2] 魏征，长孙无忌.隋书·二十四史点校本[M].北京：中华书局，2011：502.

出紫宫之肃肃兮，集太微之阆阆。命王良掌策驷兮，踰高阁之锵锵。建罔车之幕幕兮，猎青林之芒芒。弯威弧之拔刺兮，射嶓冢之封狼。观壁垒于北落兮，伐河鼓之磅硠。乘天潢之泛泛兮，浮云汉之汤汤。倚招摇摄提以低回刿流兮，察二纪五纬之绸缪遹皇。偃蹇夭矫，娩以连卷兮，杂沓丛顇，飒以方骧。戫汨飂戾，沛以罔象兮，烂漫丽靡，藐以迭逿。凌惊雷之砊磕兮，弄狂电之淫裔。踰痝澒于宕冥兮，贯倒景而高厉。廓荡荡其无涯兮，乃今穷乎天外。据开阳而頫视兮，临旧乡之暗蔼。[1]

表 5–1 《思玄赋》中的星名比较

《思玄赋》	《史记·天官书》	石氏星经	甘氏星经	巫咸氏星经
紫宫	紫宫	紫微垣（宫）、紫宫	—	紫宫
太微	太微、衡	太微（宫）	—	太微
王良	王良（1 星）	王良（5 星）	—	王良
策	—	—	策星	策星
驷	天驷	驷马	—	—
高阁	阁道	阁道	—	阁道
罔车	毕、罕车	毕	—	毕
青林	—	—	青丘	—
威弧	弧	弧	—	—
封狼	狼	狼星	—	狼星
壁垒	垒	垒壁阵	—	—
北落	北落	北落、师门	—	—
河鼓	河鼓	河鼓	—	河鼓
天潢	天潢	天津	天潢	—
招摇	招摇	招摇	—	矛盾
摄提	摄提	摄提	—	摄提
开阳	—	危星	—	—

从表 5–1 中可以看出，《思玄赋》中星象的名称与《史记·天官书》和石氏星经大体相同。个别名称不同的星官，如“封狼”“威弧”“高阁”，

[1] 张衡．张衡诗文集校注 [M]．张震泽，校注．上海：上海古籍出版社，1986：231.

应该是张衡出于行文修辞的需要，对这个几个星名做了修改，又如“罔车”，这里指的是毕宿，《史记·天官书》称毕宿为“罕车”，“罔车”与“罕车”同义。另外，“青林”“天潢”指的是哪个星官尚有疑问，我们对这两个星官进行了考察。

青林，《文选》将“青林”释为“天苑”[1]。《思玄赋》原文是：“建罔车之幕幕兮，猎青林之芒芒。”考察文中的语法结构，“青林”与“罔车”相对，所以青林应该同样是一个星官，天苑在毕宿南，位置相距不太远。《开元占经》中甘氏虽有青丘七星，其名虽近，但其本义是某个南方蛮夷小国，位置也相对较远。汉赋时常描绘天子田猎，其狩猎场所大多在皇家园林，古代称为“苑”。扬雄《校猎赋》有“羽骑营营，昈分殊事……布乎青林之下”[2]，苑为古代帝王养禽兽植林木之所，也是帝王游猎的场所，李善（630—689）认为文中以青林指代天苑，他的解释应该是正确的。

天潢，《史记·天官书》中有天潢八星，据朱文鑫考证[3]，这里的天潢实际上指的是石氏星官、《晋书·天文志》的天津，《开元占经》中甘氏有天潢五星，位置在五车中、咸池东南。基于对史籍材料的分析，我们认为文中天潢指的不是石氏天津九星，而是甘氏天潢五星。

《史记》注引宋均曰：“天潢，天津也。”[4]郗萌言：“天潢者，天津也，一名天汉。”[5]但这并不足以说明《思玄赋》中的天潢就是天津，考其语法结构，这两句都是释文，盖在宋均、郗萌之时天潢这个名称对于东汉人而言已经相对陌生了。《后汉书·天文志》的星占记录中称天鹅座 δ 等恒星为“天津”，《开元占经》中石氏也称“天津”，这表明“天津”可能

[1] 萧统．文选 [M]. 上海：上海古籍出版社，1998：674.

[2] 班固．汉书·二十四史点校本 [M]. 颜师古，注．北京：中华书局，2011：3544.

[3] 朱文鑫．史记天官书恒星图考 [M]. 上海：商务印书馆，1934：51–52.

[4] 司马迁．史记·二十四史点校本 [M]. 北京：中华书局，2011：1310.

[5] 瞿昙悉达．开元占经 [M]. 北京：中央编译出版社，2006：461.

已取代天潢而成为当时较为通行的星名。此外，张衡《羽猎赋》中有“抗天津於伊洛，夐遥集乎南圃”[1]之句，此处既然有“天津”，则《思玄赋》中的天潢当另有所指。若从《思玄赋》文意及星官的星占内涵的角度来考察，天潢与天津的星占内涵相似，但古人似乎习惯于将天潢及其附近的星官与王者游观相联系。《史记·天官书》云:“德成衡，观成潢，伤成钺，祸成井，诛成质。”司马贞索隐:“观成潢，为帝车舍，言王者游观，亦先成形於潢也。”[2]盖王者出行必具车驾，五潢（亦即咸池、五车、天潢）为帝车舍，故王者有游观之事，必先成形于潢。《思玄赋》以星象写巡游之事，其内涵与王者游观相近，如此看来，天潢为甘氏天潢五星应更为妥当。

《思玄赋》中的星名同《史记·天官书》和石氏星官的记载差别不大，鉴于赋中没有给出星官的星数和位置，我们难以判断《思玄赋》中的星官究竟出自二者中的哪一流派，故暂以星名为依据，认为《思玄赋》中的星官体系大体上是《史记·天官书》和石氏星官的延续。

《思玄赋》的星象与巡狩制度

（一）《思玄赋》中描述星象的线路

《思玄赋》中的星象不是简单的罗列，而是张衡依据星象的内涵及其相互关系，将星象罗织在一起，以描绘他想象中的天界巡游。为了考

[1] 欧阳询．艺文类聚 [M]. 上海：上海古籍出版社，1985：1176.

[2] 司马迁．史记·二十四史点校本 [M]. 北京：中华书局，2011：1302-1303.

察《思玄赋》中对星象的描写，我们根据《开元占经》《史记 · 天官书》《晋书 · 天文志》等文献描述，参考《汉代石氏星官研究》[1] 和其他有关星表星图研究证认《思玄赋》的星官，然后绘制了《思玄赋》巡天路线图（图 5–1）。

图 5–1 《思玄赋》巡天路线图

《思玄赋》中星象的线路如下：首先从紫宫出发，这里是天神太一的居所，然后越过北斗到达天上的议事厅——太微，再乘着王良驾驭的车马由阁道渡过银河，阁道是沟通皇宫和离宫别苑的通道，经奎宿、娄宿、胃宿、昴宿，越过黄道抵达毕宿，再换乘猎车穿过天赤道来到天上

[1] 孙小淳 . 汉代石氏星官研究 [J]. 自然科学史研究，1994，13（2）：129–139.

的游猎之地——天苑，在此弯弓搭箭射天狼，再折返至北落师门，来到天上军队的营垒，在磅礴的伐鼓声中检阅军队，此后从河鼓出发抵天潢，在此渡过天河，最后至北斗开阳星，由此完成了一次跨越北天极、横亘东西、遍及南北的巡游活动。

（二）《思玄赋》星象的线路与巡狩

《思玄赋》中星象描绘所构成的场景，同中国古代巡狩活动有相似之处。巡狩是中国古代帝王政治生活中非常重要的一项礼仪活动，《尚书·尧典》载："岁二月，东巡狩，至于岱宗，柴。望秩于山川，肆觐东后，协时月正日，同律度量衡。修五礼、五玉、三帛、二生、一死贽。如五器，卒乃复。"[1] 在儒家经典记载中，上古时代的巡狩制度，其重点在于祭祀。周代的巡狩制度除了祭祀外，还增添了考察民风的内容，修正律历、礼乐制度等活动也进一步细化。如《礼记》载："岁二月，东巡守，至于岱宗……命大师陈诗，以观民风……命典礼考时、月，定日，同律、礼乐、制度、衣服，正之。"[2] 到了秦汉时期，巡狩活动更加频繁，而且有着繁复的礼仪、严整的仪仗车驾以及大量的随行人员。巡狩或言"巡幸"，只要皇帝离开国都范围、外出巡视，地点可近可远，皆可谓之巡狩。

东汉时期，巡狩是皇帝控制地方、施行教化、钳制豪族、巩固统治的政治工具。东汉豪族势力强大，东汉开国功臣大多为豪族出身，刘秀本即借豪族的支持而践尊位，难以用武力清除他们的政治影响。刘秀遂定国策"以柔道行之"治理天下，冀以儒家王道教化臣民、缓和权力矛盾。巡狩作为一项礼仪是儒家经学的重要内容，同时也是汉代的政治传统，因此东汉历代皇帝都十分重视巡狩。张衡一生亲历的巡狩至少有两次：汉和

[1] 顾颉刚，刘起釪．尚书校释译论 [M]. 北京：中华书局，2005：169.

[2] 郑玄．礼记正义 [M]. 孔颖达，正义．上海：上海古籍出版社，2008：491-492.

帝永元十五年南巡至南阳，据孙文清考证[1]，张衡时任南阳太守鲍德主簿；汉安帝延光三年二月，张衡从安帝东巡，作《东巡诰》《羽猎赋》《观舞赋》。

在《思玄赋》中，张衡选取特定的星象，将其罗织在一起，构成四个场景：会集群神、御驾出巡；畋猎天苑、校场观武；乘天潢、浮云汉；运斗极、察三光。这四个场景可与巡狩中的仪礼活动相对应。

紫宫为太一所居，象征皇帝的宫室；太微为五帝之廷，象征人间的朝廷；王良、策、天驷三者象征天子车驾；阁道为天子御道，汉代设有专供天子使用的"驰道"，连接都城各处及城外三辅地区的离宫别苑。这几个星官构成"会集群神、御驾出巡"之象，可与古代帝王巡狩之前离开寝宫、文武百官集于宫廷的仪程相对应。古代帝王巡狩之前，大多要先召集群臣诸儒考定礼仪、确定随行人员，"开太微敞禁庭，延儒林以咨询。征岱岳之故事，稽列圣之遗尘"[2]，然后择良辰吉日会集文武百官昭告天地，于是天子乘御驾、众臣随行，队伍开拔。

毕宿为猎车之象，也常被绘于车驾旗帜之上以象神灵，青林为天帝之园囿，二者与弧矢、狼星组成"畋猎天苑"之象；垒壁阵为羽林天军之营垒，北落为军门，河鼓既象征军鼓又是天子之将，此三者组成"校场观武"的场景。巡狩二字本即有狩猎之意，校猎与巡狩同为天子之礼，古代帝王巡狩时常会有校猎之举，汉元帝永光元年"上幸甘泉，郊泰畤，礼毕，因留射猎"[3]，汉安帝延光三年东巡，回驾过伊、洛之间遂田猎，汉顺帝永和四年冬十月，"校猎上林苑，历函谷关而还"[4]。

天潢象征天子御船，云汉为河流之象。天子巡狩地方少不得要渡河

[1] 孙文青．张衡年谱 [M]. 上海：商务印书馆，1956：91-92.
[2] 郝月．崔骃集校注 [D]. 大连：辽宁师范大学，2017：46.
[3] 班固．汉书・二十四史点校本 [M]. 颜师古，注．北京：中华书局，2011：3047.
[4] 范晔．后汉书・二十四史点校本 [M]. 李贤，注．北京：中华书局，2012：269.

越川，有时也会举行隆重的祭河仪式，秦始皇出巡沿途逢名山大川皆行祭祀，如始皇二十八年东巡“过彭城，斋戒祷祠，欲出周鼎泗水。使千人没水求之，弗得”[1]；汉武帝元封二年东巡“过祠泰山，还至瓠子，自临塞决河，留二日，沈祠而去”[2]；元封五年南巡“所过礼祠其名山大川”[3]。

招摇、摄提二官都有辅助北斗建时节的功能，开阳为北斗第六星，所谓“察二纪五纬之绸缪遹皇”，就是通过观测日、月、五星运行来考天文历法、观人事吉凶之意，这几个星官组成“运斗极、察三光”之象，可同巡狩中的天文活动相对应。中国古代巡狩实是各种礼仪活动的综合，要举行仪式就要确定时间，不仅巡狩出发的时日要精挑细选，如“於是选元日以命旅兮，召司历以甄时”[4]，甚至细化到仪礼中的某项仪程，如光武帝东巡封禅“二十二日辛卯晨，燎祭天于泰山下南方，群神皆从，用乐如南郊……以吉日刻玉牒书函藏金匮，玺印封之”[5]。择时要观察日躔、月建、日月之会、岁星及相应的太岁所在方位等，是一项非常专业的工作，一般由太史令负责。

《思玄赋》借星象描绘巡狩活动，动态地呈现了星象的天地对应关系。《易・系辞上》云：“在天成象，在地成形。”[6]在古人看来，天上的星象与地上的事物有着某种内在联系，而对于天地之对应关系，《史记・天官书》云：“天则有日月，地则有阴阳；天有五星，地有五行；天则有

[1] 司马迁．史记・二十四史点校本 [M]. 北京：中华书局，2011：248.
[2] 司马迁．史记・二十四史点校本 [M]. 北京：中华书局，2011：477.
[3] 班固．汉书・二十四史点校本 [M]. 颜师古，注．北京：中华书局，2011：196.
[4] 郝月．崔骃集校注 [D]. 大连：辽宁师范大学，2017：46.
[5] 范晔．后汉书・二十四史点校本 [M]. 李贤，注．北京：中华书局，2012：3170.
[6] 王弼．十三经注疏・周易正义 [M]. 孔颖达等，正义．上海：上海古籍出版社，1990：146.

列宿，地则有州域。”[1]《灵宪》言星象：“星也者，体生于地，精成于天……在野象物，在朝象官，在人象事，于是备矣。”[2] 中国古代的星空基本上是人间世界的摹本，“天象乃万物之象、人事之象”[3]。在《思玄赋》中，张衡并没有直接叙述星象的形状、位置，而是依据星象所对应的事物来描述其巡天情状。在《史记·天官书》和“三家星官”中，每个星官都有其对应的事物，《思玄赋》中的星象也并非毫无意义的光点，如紫宫象征皇帝的宫室、太微象征人间的朝廷。这种对应关系也不是静态的、孤立的，《思玄赋》中张衡依据星象的内涵来勾连不同的星官，从而动态地演绎了汉代礼仪活动，相比《史记·天官书》、“三家星官”对星象天地对应关系的静态描述，《思玄赋》中星象的对应关系是富于动态、彼此联系的。

（三）《思玄赋》的星象与汉代礼治理想

《思玄赋》对礼仪活动的表现，反映了汉代的礼治理想。在古人看来，天与人是同构的，即“以类合之，天人一也”[4]，古人常将天与人相比附，即所谓天人相副，“天地之符，阴阳之副，常设于身，身犹天也”[5]。为了社会秩序的安定，圣人参考天地为人制定了礼乐制度，“故象天地而制礼乐，所以通神明，立人伦，正情性”[6]。巡狩属于天子之礼，天子巡狩四方目的在于加强对地方的控制、巩固皇帝的权力。东汉政治乱局的根源在于外戚宦官擅权僭越，极大地破坏了东汉礼制，造成社会动荡。

---

[1] 司马迁．史记·二十四史点校本 [M]. 北京：中华书局，2011：477.

[2] 范晔．后汉书·二十四史点校本 [M]. 李贤，注．北京：中华书局，2012：3216.

[3] 陈美东．中国古代天文学思想 [M]. 北京：中国科学技术出版社，2008：419.

[4] 钟肇鹏．春秋繁露校释 [M]. 石家庄：河北人民出版社，2005：767.

[5] 钟肇鹏．春秋繁露校释 [M]. 石家庄：河北人民出版社，2005：805.

[6] 班固．汉书·二十四史点校本 [M]. 颜师古，注．北京：中华书局，2011：196.

张衡曾数次在奏疏中抨击这种违礼乱法的行为，但始终无法改变这种政治乱象，《思玄赋》便是创作于张衡因反对宦官干政而被外放河间的背景之下。因此，张衡将他对礼制的崇尚贯注于对巡狩的描绘中。

在《思玄赋》中，星象的空间序列显示了紫宫、北斗的重要地位及其与其他星官的相互关系，反映了以皇权为中心的政治思想。紫宫历来被视为帝王权利的象征，所以古人论述全天星象多从紫宫开始。北斗则是中宫另外一个十分重要的星官，“一居中央，谓之北斗。动变挺占，实司王命”[1]，通过观测北斗可以确定时间、季节，考察日月五星的运行，“斗为帝车，运于中央，临制四乡。分阴阳，建四时，均五行，移节度，定诸纪，皆系於斗”[2]，北斗有如天帝的车驾，天帝乘着它巡视四方。古人认为地有东西南北中，天也有相应的方位，而北极为天之中，故中宫象征中央，其余四宫象征四方，紫宫象征帝王权位，北斗则掌管帝王施政的权力，东南西北四宫象征四方国土，包含紫宫和北斗的中宫辖制四方星官，即所谓“运于中央，临制四乡”，反映了汉代中央与地方的权力关系和以皇权为中心的政治观念。

结　　论

本章就《思玄赋》中的星象进行了两个方面的考察。首先考察了《思

[1] 范晔.后汉书·二十四史点校本[M].李贤，注.北京：中华书局，2012：3217.

[2] 司马迁.史记·二十四史点校本[M].北京：中华书局，2011：1291.

玄赋》中的星官体系。通过星名对比，我们认为《思玄赋》中的星官主要来源于《史记·天官书》和石氏星经。其次分析了《思玄赋》星象的线路和空间序列。在对文中星官进行证认的基础上，我们还原了《思玄赋》的巡天路线，认为《思玄赋》的星象与汉代巡狩制度有密切的关系。《思玄赋》星象所构成的图景可与汉代巡狩中的礼仪活动相对应，表达了对礼制的崇尚，反映了汉代人的礼治理想。相比《史记·天官书》、“三家星官”对星象天地对应关系的静态描述，赋中星象的天地对应关系是动态的、相互关联的，这也是《思玄赋》星官体系的特别之处。

第六章　周而复始，循环再生：京房六十律探析

马　金

律，本之于“气”，外显于“数”。《国语·周语下》:“夫六，中之色也，故名之曰黄钟，所以宣养六气、九德也。”[1]“数”可“通神明之德”，也可“类万物之情”。音律通过“数”将天、地、人关联起来，故六律为万事之根本。《易经》有“参（三）天两地而倚数，观变于阴阳而立卦”之论，天地与数的关系，即天为三地为二。律吕之育生成化亦依天地之数而成。

音律值的计算主要借助数学上的“三分损益法”。设定黄钟初始音值，通过先减少 1/3 后增加 1/3 的方法依次算出一个八度音程内其他音的音值。据此法，第十二律继续上生生律，律值不能重新完美地回到黄钟律，二者之间律管长差约 0.1212 寸，相差 23.46 个音分值，且音程之间存在不等值问题，这是至少在京房[2]试图解决这一问题前律制

[1] 左丘明．国语 [M]. 韦昭，注．胡文波，校点．上海：上海古籍出版社，2015：18.

[2] 京房（前 77—前 37），西汉著名的易学家、律学家。本姓李，字君明，推律自改为京氏。师从梁人焦延寿，喜推灾异，自创京氏易学体例。汉元帝初元四年以孝廉为郎，官至魏郡太守。

长期存在的问题[1]。从表面上看，第十二律数值可以勉强回到黄钟律值，然律吕之数应天地之数，律吕生化出现不完美的“差值”足以让整个宇宙论体系崩塌。古人治学亦同今人，当理论面临危机之时，他们首先不是立刻否定理论，而是选择采取修补机制。为解决这一难题，京房根据六十四卦乃八卦之详细推衍的实际，通过多次计算、逐步逼近的方法将十二律继续推算到六十律，基本实现了律值的“旋相为宫”，这也是《易经》“周而复始，循环再生”思想在音乐领域潜性的运用。仿照《易经》，依其权威保证了音律生成机制暂时的“合理”，也挽救了宇宙论体系。但是，从严格意义上来讲，这种不断逼近的计算方法仍然无法彻底还原和解决律数的不等程问题，这一问题的存在对汉代以后的律学研究产生了重大的影响，直至明代的律学家朱载堉发明了十二平均律才彻底解决了律数的不等程问题。

自六十律面世起，它就受到了质疑，“这导致《汉书·律历志》中对于京房的律学根本没有提及”[2]。当前学界要么狠狠抓住京房援易入律、附会历法等问题痛批，要么支持援易入律却误入“卦气说”的泥潭。关于京房六十律不乏申辩，各有理据[3],[4],[5],[6]。本章沿着京房寻找万物本

---

[1] 京房要解决乐律上的“旋宫”问题和不等程问题，的确有发展纯粹音乐知识的目的，但是从其六十律完备后的实践看，更多地是为了京氏占卜。对于占卜，我们往往直接定义为迷信。事实上，古时的占卜和今人依靠理性做出预测没有太大区别。占卜只是把一部分客观事实或者已经认知的规律等经过一种占卜法则的粉饰，变成一种神秘的预测机制。创建音律占卜的重要前提是要彻底懂得音乐的乐律机制。本章旨在探讨京房是如何在十二律基础上发展出六十律的。

[2] 卢央．京房评传 [M]. 南京：南京大学出版社，1998：368.

[3] 陈应时．解读“京房六十律”的律数 [J]. 文化艺术研究，2012，5（1）：55-66.

[4] 陈应时．“京房六十律”再辩 [J]. 黄钟（武汉音乐学院学报），2009（3）：97-102.

[5] 陈应时．“京房六十律”三辩 [J]. 黄钟（武汉音乐学院学报），2010（2）：113-120.

[6] 黄黎星，孙晓辉．京房援《易》立律学说探微 [J]. 黄钟（武汉音乐学院学报），2008（4）：175-181.

质性关联和宇宙天地间根本法则的思路，推衍其六十律究竟如何得来，以求给出一个合理的解释。

律学源起的困境：三分损益与五声十二律

中国古代音律学采用律管的长度比例来计算音程，形成了五音十二律系统，它的实现主要得益于三分损益的数学方法。五声指的是宫、商、角、徵、羽五个音阶。十二律按照音高顺序排列为黄钟、大吕、太簇、夹钟、姑洗、中吕、蕤宾、林钟、夷则、南吕、无射、应钟。古代元典生律方法的记载有3个主要困境：第一，对三分损益先损还是先益存在分歧；第二，对蕤宾律到底是上生还是下生存在分歧，这个问题的解决从本质上取决于第一个问题的结论；第三，十二律最后不能完美地实现黄钟“旋相为宫”的转调。

（一）三分损益与五声

三分损益的律学方法首次明确记载于《管子·地员》：

凡听徵，如负豕，觉而骇；凡听羽，如马鸣在野，凡听宫，如牛鸣窌中；凡听商，如离群羊；凡听角，如雉登木以鸣，音疾以清。凡将起五音，先主一而三之，四开以合九九，以是生黄钟小素之首，以成宫。三分而益之以一，为原有作，为徵。不无有三分而去其乘，是足以生商。有三分而复于其所，以是生羽。有三分而去其乘，适足以生角。[1]

---

[1] 房玄龄．管子 [M]. 刘绩，补注．刘晓艺，校点．上海：汉语大词典出版社，2004.

“凡将起五音，先主一而三之，四开以合九九，以是生黄钟小素之首，以成宫”转译成现代数学即是 $3^4=9\times9=81$。“三分而益之以一”即在原弦长的基础上增加 1/3 的长度，因此徵应该是 $8\times（1+\frac{1}{3}）=108$。“不无有三分而去其乘”即在徵音的基础上减少 1/3 的长度，即 $108\times（1-\frac{1}{3}）=72$。以此类推，可以得到五声的音值[1]。

《史记·律书》中关于五声的计算程序和结果如下：

九九八十一以为宫。三分去一，五十四以为徵。三分益一，七十二以为商。三分去一，四十八以为羽。三分益一，六十四以为角。[2]

从古籍记载（表 6-1）的三分损益的生律次序来看，的确存在着两种不同的生律方法：一是先损后益，二是先益后损。这两种不同的生律方法对十二律的生律次序产生了重大影响。

表 6-1 《管子·地员》与《史记·律书》生律结果对照

文本	五声				
	宫	徵	商	羽	角
《管子·地员》	81	108	72	96	64
《史记·律书》	81	54	72	48	64

（二）三分损益与十二律

有关十二律的记载，根据现有的文献，最早出现在《国语·周语下》中：

律所以立均出度也。古之神瞽考中声而量之以制，度律均钟，百官

[1] 关于五声的物理学规律详请参考：JOSEPH NEEDHAM，LING WANG，ROBINSON K G. Science and civilisation in China，volume 4：Physics and physical technology.Part 1：Physics[M].Cambridge：Cambridge University Press，1962.

[2] 安平秋 . 史记 [M]. 上海：上海古籍出版社，2015：378.

轨仪，纪之以三，平之以六，成于十二，天之道也。[1]

除此之外，在《吕氏春秋·古乐》中也有有关十二律较早的记载：

黄帝令伶伦作为律。伶伦自大夏之西，乃之阮隃之阴，取竹於嶰溪之谷，以生空窍厚钧者，断两节间，其长三寸九分，而吹之，以为黄钟之宫，吹曰舍少。次制十二筒，以之阮隃之下，听凤皇之鸣，以别十二律。其雄鸣为六，雌鸣亦六，以比黄钟之宫，适合。黄钟之宫皆可以生之。故曰：黄钟之宫，律吕之本。[2]

现代考古出土的先秦编钟再现了乐器的编列制度，如乐器的旋宫和十二音的五度相生，这是乐律在乐器实践方面的例证，其中最具代表性的就是曾侯乙编钟[3]。它按照“基”“角”“曾”三音组进行编列，4 个三音组构成了宫、宫角、宫曾、徵、徵角、徵曾、商、商角、商曾和羽、羽角、羽曾 12 个基本音名。

根据出土文献，黄大同专门做过曾侯乙编钟十二音结构研究(表 6–2 和图 6–1)：

这十二音名的音结构……与记载于《国语·周语》的十二律律名内含的音结构完全一致，并能同时用于曾侯乙编钟和曾侯乙编磬以及钟磬的十二个不同宫均……

周代乐人……在以一件钟体上大小三度的两音为一个构音单位的十二音名分配原则以及一钟两音不同组合模式的设定下，把全部音名分别配置到曾侯乙编钟所有两音钟的大小三度正侧鼓音上，再通过三钟六音的大小三度钟的混合，或三钟六音的纯小三度钟的结合来构成一对三音组的一钟两音组合模式，最终在曾侯乙编钟的中下层甬钟和

[1] 左丘明．国语 [M]. 陈桐生，译著．北京：中华书局，2013.

[2] 陆玖．《吕氏春秋》译注（上）[M]. 北京：中华书局，2011：149.

[3] 曾侯乙编钟随葬于公元前 433 年，1978 年发掘出土。

上层绹纹钮钟上，形成六钟十二音结构，用以满足宫廷演奏旋宫转调乐曲的需要。[1]

表 6–2　曾侯乙编钟的一钟两音统计表

小三度							大三度						
层组	件数	一钟两音		件数	一钟两音		层组	件数	一钟两音		件数	一钟两音	
		正鼓	侧鼓		正鼓	侧鼓			正鼓	侧鼓		正鼓	侧鼓
上层二三	2	宫曾	徵角	2	商曾	羽角	上层一	1	羽曾	羽	1	羽角	羽曾
	2	宫角	徵	2	商角	羽		1	徵曾	徵	1	徵角	徵曾
	2	宫	徵曾	3	商	羽曾		1	宫曾	宫	1	商角	商曾
中下层	6	宫角	徵	6	羽	宫	中下层	1	徵颠	徵曾	—	—	—
	—	—	—	—	—	—		5	徵	徵角	4	羽	羽角
	5	宫	徵曾	11	商	羽曾		4	宫角	宫曾	3	商角	商曾

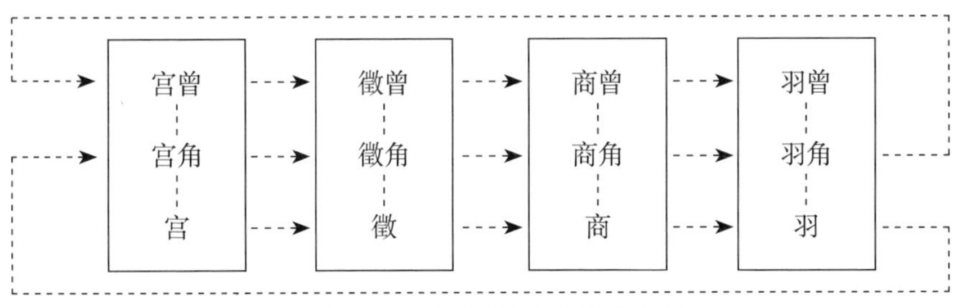

图 6–1　十二音名的音结构示意图

同时宋克宾撰文探索了曾侯乙编钟十二音五度相生的规律（图 6–2）：

[1] 黄大同. 基于一钟两音的曾侯乙编钟十二音结构形态（上）[J]. 中国音乐学，2017（4）：27–38.

（曾侯乙编钟）上层一组钮钟标音铭文展现的十二音位五度相生，比传世文献《吕氏春秋·音律》（战国晚期）记载的十二律五度相生早得多。钮钟用顺向、逆向五度排列的方式把十二音位统一在八钟之内，可见古人在音乐实践中对音律的运用是以听觉感知为主，方式灵活多变，不局限于“三分损益”的数理计算。[1]

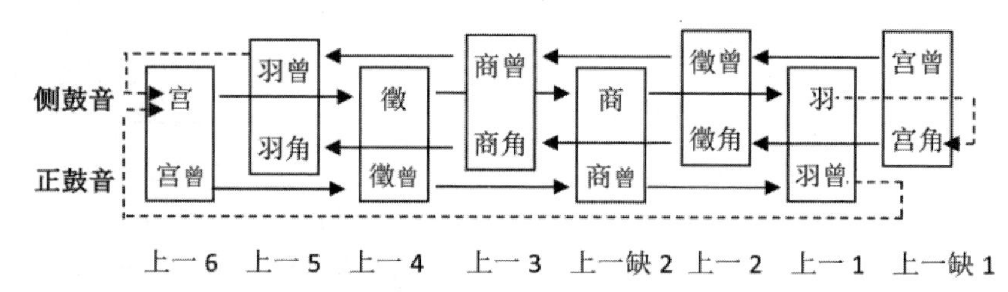

图 6-2　曾侯乙编钟上层一组钮钟从宫曾开始十二音位五度相生图

孔义龙曾撰文讨论了先秦的编钟旋宫，给出了先秦编钟的 4 种旋宫思维（图 6-3）：

……春秋战国时期编钟旋宫的……前提是满足五声音阶的旋律演奏……即先以正鼓音的重复音为主来满足五声音阶的旋律演奏；发展为有意选择一个不重复音位，以满足七声音阶的旋律演奏；再发展为有意选择两个不重复音位，或使不重复音位与重复音位相结合，以在五声范围内实现三至四次旋宫。

……这种设置结果完全是出于实践的目的，而与后来《史记·律书》及《淮南子·天文训》记载的十二律相生之法未必要有指导和被指导的关系。[2]

[1] 宋克宾．十二音位的五度相生：曾侯乙编钟上层一组钮钟的乐学内涵 [J]. 音乐研究，2017（2）：83-90

[2] 孔义龙．论先秦编钟的旋宫之路 [J]. 音乐研究，2019（2）：28-31.

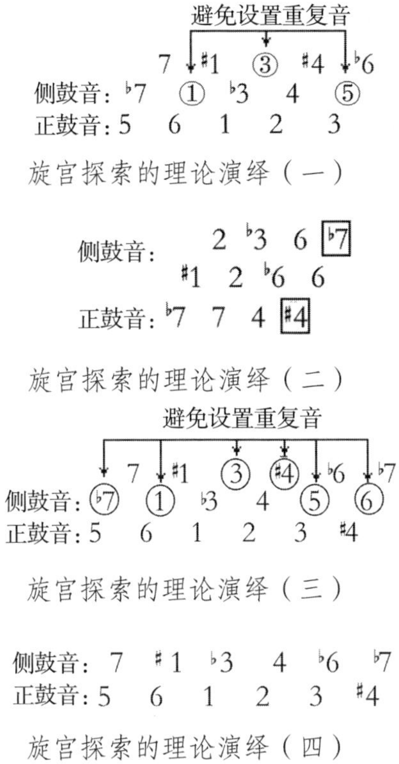

避免设置重复音

7 ♯1 ③ ♯4 ♭6

侧鼓音：♭7 ① ♭3 4 ⑤

正鼓音：5 6 1 2 3

旋宫探索的理论演绎（一）

侧鼓音： 2 ♭3 6 ♭7

♯1 2 ♭6 6

正鼓音：♭7 7 4 ♯4

旋宫探索的理论演绎（二）

避免设置重复音

7 ♯1 ③ ♯④ ♭6 ♭7

侧鼓音：♭⑦ ① ♭3 4 ⑤ ⑥

正鼓音：5 6 1 2 3 ♯4

旋宫探索的理论演绎（三）

侧鼓音： 7 ♯1 ♭3 4 ♭6 ♭7

正鼓音：5 6 1 2 3 ♯4

旋宫探索的理论演绎（四）

图 6–3 旋宫探索理论演绎模式

“先秦编钟……发明了‘一钟二音’的‘双音钟’冶铸和调律技术……曾侯乙编钟其双音钟构想……是在 2400 年前音乐使用不平均律的时代，要将极其繁复的钟律……体系中的多达 130 个音，准确无误地实现在 65 口大小不同的青铜乐钟上”[1]。只是“西汉初年，承暴秦焚书之弊，礼乐荒废，而乐制尤甚。虽有叔孙通、贾谊等人奏具礼仪，汉武帝时更尚儒学、进贤良，制定汉家制度，但《乐经》既亡，乐制又由制氏专门掌管，所以汉世诸儒多仅能盛言乐义，而已不知钟磬的音律、铸造、编列悬置等具体乐器制度”[2]。汉代实现了政治的大一统，但是在礼乐制度方

[1] 王子初．刘非墓编钟与先秦双音技术的失传 [J]. 中央音乐学院学报，2017（3）：18.

[2] 张闻捷．汉代乐钟编列制度初考 [J]. 文物，2018（3）：26.

面的一统是相对滞后的，由于先秦之前的金石之学在汉末几近断裂，所以此时律学体系的发展从金石之学转移到了律管上。

黄钟作为律管生律的起点，在《吕氏春秋·音律》《淮南子·天文训》《后汉书·律历志》中均有记载。关于《吕氏春秋·音律》的十二律生律次序，学界存在争论[1]，其原文记载如下：

黄钟生林钟，林钟生太簇，太簇生南吕，南吕生姑洗，姑洗生应钟，应钟生蕤宾，蕤宾生大吕，大吕生夷则，夷则生夹钟，夹钟生无射，无射生仲吕。三分所生，益之一分以上生；三分所生，去其一分以下生。黄钟、大吕、太簇、夹钟、姑洗、仲吕、蕤宾为上，林钟、夷则、南吕、无射、应钟为下。[2]

如上节所讲，三分损益在五声系统的生律中存在两种不同的生律方法：先损后益或先益后损。《吕氏春秋》中的"三分所生，益之一分以上生；三分所生，去其一分以下生"是一个混淆区。到蕤宾律时，遇到了继续上生还是下生的问题。若不能解决这一问题，生律次序就会面临极大不同（表6-3）。

表6-3 《吕氏春秋》两种生律对比表[3]

律值	律序											
	黄钟	林钟	太簇	南吕	姑洗	应钟	蕤宾	大吕	夷则	夹钟	无射	仲吕
上生	81.00	54.00	72.00	48.00	64.00	42.67	56.89	75.85	50.57	67.43	44.95	59.93
下生	81.00	54.00	72.00	48.00	64.00	42.67	56.89	37.93	50.57	33.71	44.95	29.97

通过观察数值会发现，如果按照蕤宾重上生律，律数是长短有序的；如果按照蕤宾下生生律，其中大吕、夹钟、仲吕的律值明显小于黄钟律

[1] 谷杰．从放马滩秦简《律书》再论《吕氏春秋》生律次序[J]. 音乐研究，2005（3）：29-34.

[2] 陈奇猷．《吕氏春秋》校释[M]. 上海：学林出版社，1984：324-325.

[3] 依次生律，数值精确到小数点后两位。

值的一半。借助出土文献放马滩秦简《律书》来比对，可以对两种生律方法有一个基本的判定。秦简记载原文如下：

宫一，徵三，栩五，商七，角九。（乙72）

甲九木，子九水，日出□□水，早食□□□，林中生大簇，大吕七十六，□山。（乙76）

乙九木，丑八金，早食七栩火，入暮中鸣六，大簇生南吕，大簇七十二，参阿。（乙77）

丙七火，寅七火，暮食六角火，夜半后鸣五，南吕生姑洗，夹钟六十八，参阿。（乙78）

丁六火，卯六水，东中五□土，日出日失八，姑洗生应钟，姑洗六十四，阳谷。（乙79）

姑洗十三万九千九百六十八下应，中吕十三万一千七十二下主黄。（乙183）[1]

以上记录中，黄钟出发律出现了两种律值：一种为81，另一种是177147。这可以通过"中吕十三万一千七十二下主黄"推算出来（表6-4）。

《淮南子·天文训》采用了黄钟八十一为出发律的生律方法：

黄钟为宫，宫者，音之君也。故黄钟位子，其数八十一，主十一月。下生林钟。林钟之数五十四，主六月，上生太簇。太簇之数七十二，主正月，下生南吕。南吕之数四十八，主八月，上生姑洗。姑洗之数六十四，主三月，下生应钟。应钟之数四十二，主十月，上生蕤宾。蕤宾之数五十七，主五月，上生大吕。大吕之数七十六，主十二月，下生夷则。夷则之数五十一，主七月，上生夹钟。夹钟之数六十八，主二月，下生无射。无射之数四十五，主九月，上生仲吕。仲吕之数六十，主四

[1] 何双全．天水放马滩秦简综述[J]．文物，1989（2）：23.

月，极不生。[1]

《后汉书·律历志》采用了黄钟十七万七千一百四十七为出发律的生律方法：

黄钟，律吕之首，而生十一律者也。其相生也，皆三分而损益之。是故十二律之得十七万七千一百四十七，是为黄钟之实。又以二乘而三约之，是为下生林钟之实。又以四乘而三约之，是为上生太簇之实。[2]

表 6–4　放马滩秦简、《吕氏春秋》、《淮南子》和《后汉书》十二律律数表

	文本记载律值			
	放马滩秦简	《吕氏春秋》	《淮南子》（约数取整）	《后汉书》
黄钟	177147	81.00	81	177147
大吕	165888	75.85	76	165888
太簇	157464	72.00	72	157464
夹钟	147456	67.43	68	147456
姑洗	139968	64.00	64	139968
仲吕	131072	59.93	60	131072
蕤宾	124416	56.89	57	124416
林钟	118098	54.00	54	118098
夷则	110592	50.57	51	110592
南吕	104976	48.00	48	104976
无射	98304	44.95	45	98304
应钟	93312	42.67	42	93312

通过对比观察表 6–4 所记载律值，可以得知，《吕氏春秋》生律的次序应是“先损后益，蕤宾重上生”，因为应钟律基本上回到了清黄钟的位置。

综上可知，虽然黄钟出发律存在八十一和十七万七千一百四十七两

[1] 刘安.《淮南子》全译（上）[M]. 贵阳：贵州人民出版社，1995：162–163.

[2] 许嘉璐. 后汉书：第一册 [M]. 上海：汉语大词典出版社，2004：208–209.

种不同的初始值，但是十二律生序都是按照先损后益的生律方法生律的。古人治律认为当两根律管的长度之比是 2 ∶ 1 的时候，正好可以完美地走完一个八度，即古人所讲的黄钟还原。只有实现了黄钟还原，才不至于在多次转调的过程中产生明显的跑调现象。仔细观察可知，最后第十二律的律值不是准确意义上等于而是约等于黄钟律值的一半，且相邻音程之间存在着不等值的问题，这一千古难题也一直吸引制律者不断提出解决方案。

京房如何构造六十律

音律作为天地宇宙运行规则的体现，应同度量衡的标准一样，丝毫不差，怎么可能会出现不均等和不能周而复始的还宫呢？差值看似很微小，却可以导致整个宇宙观的崩塌。如何拯救这一现象，才能让音律摆脱困境，与宇宙的发生运行机制圆融无碍呢？

古人认为律起于气，治学必与天地之气相感互通，模拟天道制律[1]自然而然，这是一种“诗性”[2]。“形而上者谓之道，形而下者谓之器”，律学理论属于形而上的道，律学之道模拟天地之道周而复始循环再生是

[1] 戴念祖．“律历志”的由来：解密中国古代乐律与历法相关性的缘由 [J]. 中国音乐学，2015（2）：5-11.

[2] 孙小淳，刘未沫．中国古代科学的“诗性”与“礼性”[J]. 科学文化评论，2017，14（1）：5-14.

“道”的一部分。《易·系辞上》:“参伍以变，错综其数:通其变，遂成天地之文;极其数，遂定天下之象。”故象由数定，立象以成变化。所以观察卦象的变化，是京房思想的直接来源。

一言以蔽之，乾坤两别卦或八经卦就足以把《易经》的精髓说透了，既然如此，为什么还要六十四卦?乾坤两别卦或八经卦是总根基，六十四卦是对总根基的动态发展的详细阐述，就是要阐述卦与卦之间以及爻与爻之间的不同和差距，卦与卦、爻与爻的差距就是万事万物的差距。京房的易学成就很高，也许就是明白了这个道理，才仿易治律，所以才会有那句“夫十二律之变至于六十，犹八卦之变至于六十四也”。

京房作为汉代官方易学大家，自创京氏易学体例。笔者认为其八宫卦的还宫思想是影响其律学思维的决定性因素。《易经》自产生就蒙上了一种数的神秘主义的面纱，音乐的本质也是数，所以音乐也具有神秘主义特征。律易融通在古人的世界观里自然而然，卦宫应该和音律的五声调式宫、商、角、徵、羽分别为宫之间存在了天然的契合关系。

表 6–5　六十四卦分宫卦象次序

	乾宫金	震宫木	坎宫水	艮宫土	坤宫土	巽宫木	离宫火	兑宫金
八纯卦（上世）	䷀	䷲	䷜	䷳	䷁	䷸	䷝	䷹
初爻变（一世）	䷫	䷏	䷻	䷕	䷗	䷈	䷷	䷮
二爻变（二世）	䷠	䷧	䷂	䷙	䷒	䷤	䷱	䷬
三爻变（三世）	䷋	䷟	䷾	䷨	䷊	䷩	䷿	䷞
四爻变（四世）	䷓	䷭	䷰	䷥	䷡	䷘	䷃	䷦
五爻变（五世）	䷖	䷯	䷶	䷉	䷪	䷔	䷺	䷎

（续表）

	乾宫金	震宫木	坎宫水	艮宫土	坤宫土	巽宫木	离宫火	兑宫金
游魂卦（游魂）	䷢	䷛	䷣	䷼	䷄	䷚	䷅	䷽
归魂卦（归魂）	䷍	䷐	䷆	䷴	䷇	䷑	䷌	䷵

注：每一宫归魂卦的下卦又返回了八纯卦的下卦原来的状态，下卦为体，归于下卦才是返宫。

表 6–5 完全诠释了易学思想中的穷上反下的“复”，即循环往复。在每一个当值的卦宫里，从纯卦开始，经过几次爻变，最后都可以返回纯卦的下卦，即一半可以还原。京房鉴于易学思维的反复其道，在解决三分损益存在的问题时，难免不把易理用于律法。笔者在此提出这个观点，以求在律法易理问题上激起更多的讨论和研究。

《礼记·礼运》载有“五声六律十二管旋相为宫”一说，其中十二管即十二律，宫音的移动就是旋宫，是指一个八度之内的十二律都可以轮流作宫音（决定调高），可以形成不同音高的五声音阶，也可以形成十二律六十调式。然而通过三分损益所得到的十二律的律数存在着最后一律不能还宫的事实，这种不等程的音律造成的缺失成为京房创制六十律的动机。总体上来讲，六十律注重追求音律的等程，比十二律更加精细地体现了音律之间的变动。

《后汉书·律历志》载有《律术》，对京房六十律说法如下：

六十律相生之法：以上生下，皆三生二；以下生上，皆三生四。阳下生阴，阴上生阳，终于中吕，而十二律毕矣。中吕上生执始，执始下生去灭，上下相生，终于南事，六十律毕矣。[1]

前述《后汉书·律历志》采用了黄钟十七万七千一百四十七为出发

[1] 许嘉璐 . 后汉书：第一册 [M]. 上海：汉语大词典出版社，2004：207.

律的生律方法，按照古籍记载，推算六十律有关律数数值如下（表 6–6）：

表 6–6　京房六十律律值

律部	个数	律序	律名	大律数	大律相邻律差	小律数	小律相邻律差	律管长度（寸）	律管长度差（相邻律最大音分值约取整）	本部最小律差
黄钟部	6	1	黄钟	177147.00	0	81.00	0	9.00	0（0）	第 1 律与第 54 律的大律差 369.52，小律差 0.17
		54	色育	176777.48	369.52	80.83	0.17	8.98	0.02（4）	
		13	执始	174762.67	2014.81	79.91	0.92	8.88	0.10（20）	
		25	丙盛	172410.43	2352.24	78.83	1.08	8.76	0.12（24）	
		37	分动	170089.84	2320.59	77.77	1.06	8.64	0.12（24）	
		49	质末	167800.50	2289.34	76.73	1.04	8.53	0.11（22）	
大吕部	4	8	大吕	165888.00	1912.50	75.85	0.88	8.43	0.10（20）	第 49 律和第 8 律的大律差 1912.5，小律差 0.88，应该舍去
		※61	X1	165541.96	346.04	75.69	0.14	8.41	0.02（4）	
		20	分否	163655.21	2232.79	74.83	1.02	8.31	0.10（20）	
		32	凌阴	161452.47	2202.74	73.82	1.01	8.20	0.11（22）	
		44	少出	159279.38	2173.09	72.83	0.99	8.09	0.11（22）	
太簇部	6	3	太簇	157464.00	1815.38	72.00	0.83	8.00	0.09（18）	第 3 律和第 56 律的大律差 328.46，小律差 0.15
		56	未知	157135.54	328.46	71.85	0.15	7.98	0.02（4）	
		15	时息	155344.60	1790.94	71.03	0.82	7.89	0.09（18）	
		27	屈齐	153253.71	2090.89	70.07	0.96	7.79	0.10（20）	
		39	隋期	151190.97	2062.74	69.13	0.94	7.68	0.11（22）	
		51	形晋	149156.00	2034.97	68.20	0.93	7.58	0.10（20）	
夹钟部	4	10	夹钟	147456.00	1700.00	67.42	0.78	7.49	0.09（18）	第 51 律和第 10 律的大律差 1700，小律差 0.78，应该舍去
		※63	X3	147148.41	307.59	67.28	0.14	7.48	0.01（2）	
		22	开时	145471.30	1984.70	66.52	0.90	7.39	0.10（20）	
		34	族嘉	143513.31	1957.99	65.62	0.90	7.29	0.10（20）	
		46	争南	141581.67	1931.64	64.74	0.88	7.19	0.10（20）	

（续表）

律部	个数	律序	律名	大律数	大律相邻律差	小律数	小律相邻律差	律管长度（寸）	律管长度差（相邻律最大音分值约取整）	本部最小律差
姑洗部	6	5	姑洗	139968.00	1613.67	64.00	0.74	7.11	0.08（16）	第5律和第58律的大律差291.97，小律差0.13
		58	南授	139676.03	291.97	63.87	0.13	7.10	0.01（2）	
		17	变虞	138084.08	1591.95	63.14	0.73	7.02	0.08（16）	
		29	路时	136225.52	1858.56	62.29	0.85	6.92	0.10（20）	
		41	形始	134391.98	1833.54	61.45	0.84	6.83	0.09（18）	
		53	依行	132583.11	1808.87	60.62	0.83	6.74	0.09（18）	
仲吕部	4	12	仲吕	131072.00	1511.11	59.93	0.69	6.66	0.08（16）	第53律和第12律的大律差1511.11，小律差0.69，应该舍去
		※65	X5	130798.59	273.41	59.81	0.12	6.65	0.01（2）	
		24	南中	129307.82	1764.18	59.13	0.80	6.57	0.09（18）	
		36	内负	127567.38	1740.44	58.33	0.80	6.48	0.09（18）	
		48	物应	125850.37	1717.01	57.54	0.79	6.39	0.09（18）	
蕤宾部	5	7	蕤宾	124416.00	1434.37	56.89	0.65	6.32	0.07（14）	第7律和第60律的大律差259.53，小律差0.12
		60	南事	124156.47	259.53	56.77	0.12	6.31	0.01（2）	
		19	盛变	122741.41	1415.06	56.12	0.65	6.24	0.07（14）	
		31	离宫	121089.35	1652.06	55.37	0.75	6.15	0.09（18）	
		43	制时	119459.53	1629.82	54.62	0.75	6.07	0.08（16）	
林钟部	6	2	林钟	118098.00	1361.53	54.00	0.62	6.00	0.07（14）	第2律和第55律的大律差246.35，小律差0.11
		55	谦待	117851.65	246.35	53.89	0.11	5.99	0.01（2）	
		14	去灭	116508.44	1343.21	53.27	0.62	5.92	0.07（14）	
		26	安度	114940.28	1568.16	52.56	0.71	5.84	0.08（16）	
		38	归嘉	113393.23	1547.05	51.85	0.71	5.76	0.08（16）	
		50	否与	111867.00	1526.23	51.15	0.70	5.68	0.08（16）	

（续表）

律部	个数	律序	律名	大律数	大律相邻律差	小律数	小律相邻律差	律管长度（寸）	律管长度差（相邻律最大音分值约取整）	本部最小律差
夷则部	4	9	夷则	110592.00	1275.00	50.57	0.58	5.62	0.06（12）	第9律和第21律的大律差1275，小律差0.58，应该舍去
		※62	X2	110361.31	230.69	50.46	0.11	5.61	0.01（2）	
		21	解形	109103.47	1488.53	49.89	0.68	5.54	0.07（14）	
		33	去南	107634.98	1468.49	49.22	0.67	5.47	0.07（14）	
		45	分积	106186.25	1448.73	48.55	0.67	5.39	0.08（16）	
南吕部	6	4	南吕	104976.00	1210.25	48.00	0.55	5.33	0.06（12）	第4律和第57律的大律差218.98，小律差0.10
		57	白吕	104757.02	218.98	47.90	0.10	5.32	0.01（2）	
		16	结躬	103563.06	1193.96	47.35	0.55	5.26	0.06（12）	
		28	归期	102169.14	1393.92	46.72	0.63	5.19	0.07（14）	
		40	未卯	100793.98	1375.16	46.09	0.63	5.12	0.07（14）	
		52	夷汗	99437.33	1356.65	45.47	0.62	5.05	0.07（14）	
无射部	4	11	无射	98304.00	1133.33	44.95	0.52	4.99	0.06（12）	第52律和第11律的大律差1133.33，小律差0.52，应该舍去
		※64	X4	98098.94	205.06	44.86	0.09	4.98	0.01（2）	
		23	闭掩	96980.86	1323.14	44.34	0.61	4.93	0.06（12）	
		35	邻齐	95675.54	1305.32	43.75	0.59	4.86	0.07（14）	
		47	期保	94387.78	1287.76	43.16	0.59	4.80	0.06（12）	
应钟部	5	6	应钟	93312.00	1075.78	42.67	0.49	4.74	0.06（12）	第6律和第59律的大律差194.64，小律差0.09
		59	分乌	93117.36	194.64	42.58	0.09	4.73	0.01（2）	
		18	迟内	92056.05	1061.31	42.09	0.49	4.68	0.05（10）	
		30	未育	90817.01	1239.04	41.53	0.56	4.61	0.07（14）	
		42	迟时	89594.65	1222.36	40.97	0.56	4.55	0.06（12）	
		※66	X6	87199.06	2395.59	39.87	1.10	4.43	0.12（24）	

注：京房六十律不包括上表中的 ※61~※66 律，此处算出数据用来解释取六十律的合理性。100 音分是平均律半音之值，200 音分是平均律全音之值，表中相邻两音之间音差的最大值采用 200 乘寸数差。

观察数据可知，黄钟律和色育律的数值基本上达到了均等，大律差值为 369.52，小律差为 0.17，律管长度差 0.02 寸，相邻两音的音分值最大差距为 4 音分[1]，较流行的约数值一般取 3.56 音分[2]，而就目前人的听觉来讲，一般可以区别的最小音分值是 6 音分，只有极少数人可以准确地区别小于 6 音分的音。纵观所有的律值，相邻两个音之间的差距最大值就是 24 音分[3]。黄钟律和色育律的差，京房称为“一日音差”，后人给予“京房音差”的称呼。假定从第 61 律继续生律到第 66 律，到第 66 律时，律管长度是 4.43 寸，已经小于黄钟律管（9 寸）的一半。观察这个表，第 1 律黄钟律和第 54 律色育律之间律管差为 0.02 寸，第 2 律和第 55 律之间律管差为 0.01 寸，第 3 律和第 56 律之间律管差为 0.02 寸，第 4 律和第 57 律之间律管差为 0.01 寸，第 5 律和第 58 律之间律管差为 0.01 寸，第 6 律和第 59 律之间律管差为 0.01 寸，第 7 律和第 60 律之间律管差为 0.01 寸，此时所有的律数中，有且只有色育律管长度是接近黄钟律律管长度的，第 54 ~ 60 律的律值是非常接近第 1 ~ 7 律的律值的，第 54 律后为什么再加 6 律直到 60 律？笔者认为，这不是单独的黄钟还原，而是黄钟到蕤宾 7 个音整体还原，这再次证明了前文所讲《吕氏春秋》两种生律法在蕤宾分道的事实，也证明了“黄钟、大吕、太簇、夹钟、姑洗、仲吕、蕤宾为上，林钟、夷则、南吕、

[1] 现代音乐才使用音分值表示音程的大小。京房时代使用律管长度差来表示相邻两律的差距。

[2] 卢央．京房评传 [M]. 南京：南京大学出版社，1998：363.

[3] 已知 E_{12}=1200（平均律向上方五度相生十二次：700×5=3500，调整到起始八度内的 1200 音分），求五度相生律向上方五度相生十二次所生之律的音分值。$P_{12}=E_{12}+2\times12=1200+2\times12=1224$，古代音差 $=P_{12}-E_{12}=24$。这一计算结果就是中国古代三分损益律十二律存在的“最大音差”，也是十二均旋宫不能“还相为宫”的原因所在。[谷杰．音律计算法比较及三种律制音阶音分值的简易计算法 [J]. 黄钟（武汉音乐学院学报），2009（3）：109.]

无射、应钟为下”。除此之外，还会惊讶地发现如果继续生 5 律所得结果，第 8 律和第 61 律的相邻差是 0.02 寸，第 9 律和第 62 律相邻差是 0.01 寸，第 10 律和第 63 律相邻差是 0.01 寸，第 11 律和第 64 律相邻差是 0.01 寸，第 12 律和第 65 律相邻差是 0.01 寸，算到第 65 律，也就完全实现了十二律分别为宫（表 6–7）。也就是说，既然这五对相邻律的律差大致一样，律差都没有超过黄钟律和色育律的律差的话，实际音律选择上就可以把这五对看作一回事，甚至可以忽略。但是必须通过数值计算到第 65 律，只有这样，京房所说“夫十二律之变至于六十，犹八卦之变至于六十四也”才不是空穴来风，更不是以前学人所认知的牵强附会。只有律的个数 65 大于卦的个数 64，才会使用卦来比附说事，又因为第 61 ~ 65 律可以看作一回事，性质上与第 60 律无实际差异，所以京房有可能选择截至六十律[1]。选择六十律是一个既可以继续生律又可以解决还相为宫的方法。六十律的存在使得每一个相邻的律值之间的差距进一步缩小[2]，这与十二律比较起来，更能够基本实现在律数不等程的前提下的循环闭合。六十律虽然依旧存在缺陷，但是京房更可能是考虑到了“以律建历”的补充机制，这样的选择机制才不至于使得律法因丝毫之差，导致整个宇宙观崩塌。

事实上，黄钟能否还原与生律方法有着直接的关系，后来这个千古难题被明代的朱载堉的“十二等程律”解决，其生律方法就是数学上将一个八度的音程平均分成十二份。京房推律数，应该也会发现数值按照

[1] 笔者认为，京房并未对六十律做出解析，原因可能有二。一是京房本身也知即便到了六十律，还是不能丝毫不差地还原，他暂时解不开这个难题，甚至永远无解。二是当他面对这个困难的时候，与他在政治上不睦的韦玄成奉元帝之令对他进行音律的“杂试考问”，所以他只是笼统地谈到了律历相感而生，使得他的解释圆融无碍，而未论及其用八卦建构六十律的考量。

[2] 随着律的增多，相邻律间的音差逐渐缩小。

三分损益到六十律也只是大体上可以达到闭合，这个问题是三分损益数学模型天生存在的问题，却是京房不可能怀疑的问题。那么京房是如何使用“以律建历”的原则使得六十律变得合情合理呢？

笔者认为，京房推律必然也会受到早期律学以十二律配十二月、以律起历和阴阳五行等思想的影响（图 6–4）。

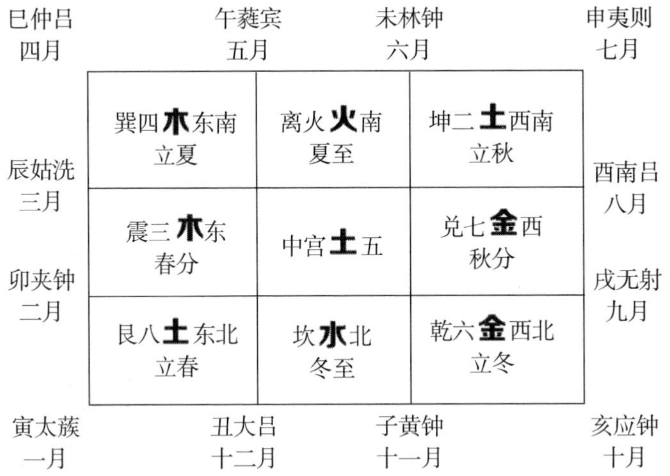

巳仲吕 四月　午蕤宾 五月　未林钟 六月　申夷则 七月

辰姑洗 三月　卯夹钟 二月

巽四**木**东南 立夏	离火**火**南 夏至	坤二**土**西南 立秋
震三**木**东 春分	中宫**土**五	兑七**金**西 秋分
艮八**土**东北 立春	坎**水**北 冬至	乾六**金**西北 立冬

酉南吕 八月　戌无射 九月

寅太蔟 一月　丑大吕 十二月　子黄钟 十一月　亥应钟 十月

图 6–4　十二律与八卦、节气、五行配合

京房并不是最早将十二律配十二月的人，在《后汉书·律历志》中，京房对六十律和十二月的关系认识如下：

宓羲作《易》，纪阳气之初，以为律法。建日冬至之声，以黄钟为宫，太簇为商，姑洗为角，林钟为徵，南吕为羽，应钟为变宫，蕤宾为变徵。此声气之元，五音之正也。故各统一日。其余以次运行，当日者各自为宫，而商徵以类从焉。《礼运篇》曰：“五声、六律，十二管还相为宫”，此之谓也。以六十律分期之日，黄钟自冬至始，及冬至而复，阴阳寒奥风雨之占生焉。于是检摄群音，考其高下，苟非革木之声，则无不有所合。《虞书》曰：“律和声。”此之谓也。[1]

根据以上记载，再按照前述蕤宾重上的生律方法，类比八卦重叠组

[1] 许嘉璐 . 后汉书：第一册 [M]. 上海：汉语大词典出版社，2004：208.

合成六十四卦的生成模型也可以推知为什么律值必须推到六十律（表6–7）。

表 6–7　十二律旋宫

七音	宫	徵	商	羽	角	变宫	变徵
十二律各自为宫	黄钟	林钟	太簇	南吕	姑洗	应钟	蕤宾
	林钟	太簇	南吕	姑洗	应钟	蕤宾	大吕
	太簇	南吕	姑洗	应钟	蕤宾	大吕	夷则
	南吕	姑洗	应钟	蕤宾	大吕	夷则	夹钟
	姑洗	应钟	蕤宾	大吕	夷则	夹钟	无射
	应钟	蕤宾	大吕	夷则	夹钟	无射	仲吕
	蕤宾	大吕	夷则	夹钟	无射	仲吕	黄钟
	大吕	夷则	夹钟	无射	仲吕	黄钟	林钟
	夷则	夹钟	无射	仲吕	黄钟	林钟	太簇
	夹钟	无射	仲吕	黄钟	林钟	太簇	南吕
	无射	仲吕	黄钟	林钟	太簇	南吕	姑洗
	仲吕	黄钟	林钟	太簇	南吕	姑洗	应钟

仔细观察表 6–7 会发现，从黄钟宫的第 1 律起，到再次出现黄钟律（表中黑体标注）中间隔了 48 个律值，但是此时再次出现黄钟律时，正当蕤宾为宫音，还没有完全走完十二律的全程。可想而知，继续生当值宫音时，如大吕、夷则、夹钟、无射、仲吕为宫音，音程都会出现黄钟律，也就是说，要想走完全程，必须多次出现黄钟律（也就是表 6–7 所显示的，当大吕、夷则、夹钟、无射、仲吕为当值宫音时，其下一律的律值已经频频地聚拥在黄钟律附近了）。完整地走完十二律的生律模式，必须将最小单位定为 48+12=60 律。正如《易经》重卦，原理一致，

六十四只是所有的卦画之中最小且本身完整的一次循环。

除此之外，古人制律秉持“律历合一”的指导原则，律数与历数协调、与天和谐统一才代表了音律的合理性。历数起于“气”数，而“气”也是制造律管、定制音律的基本方法，正如南朝宋范晔撰的《后汉书·律历志》所载：

夫五音生于阴阳，分为十二律，转生六十，皆所以纪斗气，效物类也。天效以景，地效以响，即律也。阴阳和则景至，律气应则灰除。……冬至阳气应，则乐均清，景长极，黄钟通，土炭轻而衡仰。夏至阴气应，则乐均浊，景短极，蕤宾通，土炭重而衡低。……候气之法，为室三重，户闭，涂衅必周，密布缇缦。室中以木为案，每律各一，内庳外高，从其方位，加律其上，以葭莩灰抑其内端，案历而候之。气至者灰动。其为气所动者其灰散，人及风所动者其灰聚。[1]

分析史料上的候气之法可以推知，京房是以物候时间确立了律时，以空间方位确定了律位。将葭莩灰依照一定的方位装进律管，律管长短有别地插在土中。当时间运行到某一个节气的时候，“气”会与律管产生共振，将葭莩灰吹出律管，同时这个律管就发出相对应的音律来。“候气实验是天人感应宇宙论体系下对宇宙间最基本的物质‘气’的探究，也是试图解决天文律历中的最根本问题，即如何确定节气”[2]，还将采用律管的长度比例来计算的音程关系转换成了天地阴阳之“气”的“变动不居，周流六虚”。

确定黄钟为首，是制定律管的前提。冬至那日的“气”吹出来的音律即是黄钟律。历法将全年分为 24 个节气，其中分为十二节、十二气，

[1] 许嘉璐 . 后汉书：第一册 [M]. 上海：汉语大词典出版社，2004：219-220.

[2] 孙小淳 . 候气：中国古代的迈克尔逊 - 莫雷实验？ [J]. 中国国家天文，2009（9）：20.

即雨水、春分、谷雨、小满、夏至、大暑、处暑、秋分、霜降、小雪、冬至、大寒。十二律对应十二气，见表 6-8。

表 6-8　十二月之十二气对应十二律

十二气	月份	十二律
冬至	十一月	黄钟
大寒	十二月	大吕
雨水	一月	太簇
春分	二月	夹钟
谷雨	三月	姑洗
小满	四月	仲吕
夏至	五月	蕤宾
大暑	六月	林钟
处暑	七月	夷则
秋分	八月	南吕
霜降	九月	无射
小雪	十月	应钟

通过表 6-8 可知，“气”从一冬至到另一冬至（一岁用六十进位天干地支表示），周而复始，循环再生。律感通天地之气，节气循环再生的事实也内在地要求音律的循环闭合，这是符合天理的自然体现。同时说明，十二律与六十进位天干地支也是相通无碍的。班固《汉书·律历志》中载“律容一龠，积八十一寸，则一日之分也。……夫律阴阳九六，爻象所从出也。故黄钟纪元气之谓律。律，法也，莫不取法焉”[1]。律吕分阴阳，律为阳，吕为阴。其中，黄钟、太簇、姑洗、蕤宾、夷则、无射

[1] 安平秋，张传玺．汉书：第一册 [M]. 上海：汉语大词典出版社，2004：412.

是6个阳律，大吕、夹钟、仲吕、林钟、南吕、应钟为6个阴律。如果按照阴阳之别分配天干地支的话，天干之中的甲、丙、戊、庚、壬为阳，乙、丁、己、辛、癸为阴。地支之中的子、寅、辰、午、申、戌为阳，丑、卯、巳、未、酉、亥为阴（表6–9）。

表6–9　十二律与天干地支及五行的对应

阳律	天干阳					地支阳	地支五行		地支阴	天干阴					阴律
	甲	丙	戊	庚	壬					乙	丁	己	辛	癸	
五行	木	火	土	金	水					木	火	土	金	水	五行
黄钟	甲子	丙子	戊子	庚子	壬子	子	水	土	丑	乙丑	丁丑	己丑	辛丑	癸丑	大吕
太簇	甲寅	丙寅	戊寅	庚寅	壬寅	寅	木	木	卯	乙卯	丁卯	己卯	辛卯	癸卯	夹钟
姑洗	甲辰	丙辰	戊辰	庚辰	壬辰	辰	土	火	巳	乙巳	丁巳	己巳	辛巳	癸巳	仲吕
蕤宾	甲午	丙午	戊午	庚午	壬午	午	火	土	未	乙未	丁未	己未	辛未	癸未	林钟
夷则	甲申	丙申	戊申	庚申	壬申	申	金	金	酉	乙酉	丁酉	己酉	辛酉	癸酉	南吕
无射	甲戌	丙戌	戊戌	庚戌	壬戌	戌	土	水	亥	乙亥	丁亥	己亥	辛亥	癸亥	应钟

结　　论

综上所述，京房为什么必然推算到六十律应该是可以在逻辑上证明了。虽然选择了三分损益的数学模型，且三分损益的确在数值上存在不能完全逻辑上的闭合，但是为了使“天地周而复始，循环再生”的原则应用于律学的实践，使得律数与天地合一，京房使用了补充机制，把律、历、易相感相通当作一种行动指南。京房根据六十四卦分宫卦象次序图的归魂卦的下卦又返回了八纯卦的下卦原来的状态这一思想，类比六十四卦的生成模式，将十二律通过各自为宫得到了六十律。根据律气相通原则，气始于冬至再返回冬至而得一岁（六十进位天干地支表示一岁，律吕分阴分阳配合天干地支分阴分阳）再次证明了六十律的来历是有源可依的，也就是说京房六十律是可以被理解的。就京房要解决的平均律问题而言，相比十二律，六十律也是合情合理的。差距很小且接近闭合的数据，将整个宇宙论基础面临崩塌的危险进一步降低。

第七章 日躔十二次计算的历史演变

王广超

中国古代历算是天文学的重要部分，有一套相对独立的研究传统。在其演进过程中，测算的精致化和外来因素的影响是两条重要线索。外来影响往往成为历算精致化的契机或动因。隋唐时期印度天文学的引进，宋元时期伊斯兰天文学的引入，为中国传统历算带来新的活力，使其在精致化进程中更进一步。明清时期西方天文学的传入，更使得传统历算发生了革命性的转变。过去有关中国传统历算的研究，主要集中在历算理论的演变或一些重要数表的精致化方面[1]，对外来因素的影响关注并不充分。本章试图以传统历算中日躔次（宫）的计算为中心，探讨中国传统历算的演进历程。日躔次（宫）时刻是历书中一个重要项目，宋元之后成为岁次历书中确定吉凶祸福的重要依据。然而，学界关于十二次的研究大多不完整，或是集中于十二次起源的探讨，或是着力于隋唐时期

* 本文受资助基金项目：国家自然科学基金面上项目（项目编号：11973043）、中央高校基本科研业务费专项。

[1] 陈美东先生和张培瑜先生曾对中国古代历法中的中心差理论、日躔表、月离表的演进进行过深入而详细的讨论，主要聚焦于算法、算理的演进和误差改进等方面。（陈美东．古历新探 [M]. 沈阳：辽宁教育出版社，1995.；张培瑜，陈美东，薄树人，等．中国古代历法 [M]. 北京：中国科学技术出版社，2008.）

十二宫与十二次关系的分析。实际上，十二次概念最早可追溯至春秋或更早时期，汉代历书中给出了日躔十二次与二十四节气的对应关系。隋唐时期，印度天文学传入中国，对传统日躔十二次产生深刻影响。北宋时期行用的《观天历》中出现了日躔黄道十二宫计算方法，后世历算家对此算法进行了优化。由于未考虑岁差因素，传统历法中十二次宿度与实际不符。明末清初，西方天文学传入中国，日躔黄道十二宫的计算发生了根本性转变。表面变化是，日躔入宫时刻与二十四节气时刻由明代历书中的相差数日转变为精确对应。深层次的变化则体现在宇宙论、计算与观测的关系方面，之前的历算体系缺乏宇宙论方面的考虑，而在新法体系中，宇宙论、计算与观测是自洽统一的。但是，清代历算家和保守士人对日躔十二宫的转变持反对态度，认为改西法十二宫是违背传统的做法。从一定意义上来说，日躔十二次（宫）的精致化以及在外来因素影响下的转变从一个侧面反映了中国传统历算的演进过程。

早期十二次的形成

关于“十二次”，《中国古代天文学词典》有如下定义：

中国古代一种划分周天的方法。它是将天赤道带均匀地分成 12 等份，使冬至点正处于一分的正中间，这一分就成为星纪。从星纪依次向东为玄枵、娵訾、降娄、大梁、实沈、鹑首、鹑火、鹑尾、寿星、大火、析木，统称为十二次。一般认为，十二次起源于对木星的观察。古人很早就知道木星约十二年一周天，所以据此于春秋或更早的时期创立了十二次，以用木星所在次来纪年。[1]

上面的叙述存在很多问题。首先，作为一种划分周天方法的十二次的形成并非一蹴而就，而是经历了一个过程。其次，当今学术界对十二次的起源还有分歧，有两种主流的观点。

一种观点认为，十二次源于古人对木星的观察，潘鼐先生持此观点。潘先生认为，周代天文家已认识到木星约十二年一周天，据此创立了十二次。这种说法的主要依据是早期文献中所提及的十二次一般同岁星（木星）的位置相关。[2] 比如《国语》中有“武王伐殷，岁在鹑火”的说法，其中的“鹑火”就是十二次之一。[3] 但是，十二次究竟从何而来，命名体系是如何建立的，这些问题在第一种观点的解释框架内很难澄清。

另一种观点认为，十二次源于对星象的划分，钱宝琮先生持此观点。钱先生认为，春秋以前的天文家观察星象以叙四时，对于赤道附近的星座尤其关注，形成了苍龙、朱雀、白虎、玄武的划分，进而又将上述四宫之星各分为三，共十二份，名为十二次。当时的天文家已经测得木星绕日约十二年一周天，遂将十二次与木星的运动规律联系起来。比如，于某年之正月见木星晨出东方在星纪之次，第二年当以二月晨出东方在玄枵之次，第三年三月晨出东方在娵訾之次，以此类推，十二年后当复原位，于是将木星命名为岁星。[4] 这种观点的主要证据是十二次的一些

[1] 徐振韬．中国古代天文学词典 [M]. 北京：中国科学技术出版社，2009：200.

[2] 潘鼐．中国恒星观测史 [M]. 上海：学林出版社，2009：43-44.

[3]《国语》中有“武王伐殷，岁在鹑火”的说法。（左丘明．国语 [M]. 韦昭，注．胡文波，校点．上海：上海古籍出版社，2015.）

[4] 李俨，钱宝琮．论二十八宿之来历 [A]// 杜石然，郭书春，刘钝．李俨钱宝琮科学史全集（第九卷）．沈阳：辽宁教育出版社，1998：348-372

命名依据四象而定，比如鹑首、鹑火、鹑尾是对朱雀的细分。但是，对于其他次的名称是因何而来，与另外三象的关系如何，这种观点的解释并不圆满。

两种观点各有其支持的证据，但这些证据均不完善，所以十二次到底因何起源，其早期是如何发展的，现在还难以下定论。

但是，依据现有的信息，可以确定十二次的划分及命名至汉代才最终成形。《汉书・律历志》及《周礼・春官・保章氏》郑玄注中有完整的十二次名称，分别是星纪、玄枵、娵訾、降娄、大梁、实沈、鹑首、鹑火、鹑尾、寿星、大火、析木。据钱宝琮先生考证，汉代的十二次与春秋时期的十二次的名称有所不同。[1] 另外，春秋时期的四宫所占赤道经度宽狭不一，十二次的宽狭也不均匀，但到汉代，十二次的赤道经度基本是平均的。表 7–1 是《汉书・律历志》中所载二十八宿距度，表 7–2 所载十二次所对二十八宿起止度数，其中最后一列是十二次距度，依据二十八宿距度和十二次所对的二十八宿起止度数推算而来。每次约计各占赤经 30 度，有些次为 31 度，共计 365 度。

表 7–1 《汉书・律历志》二十八宿距度

星宿	角	亢	氐	房	心	尾	箕	南斗	牵牛	须女	虚	危	营室	东壁
距度（度）	12	9	15	5	5	18	11	26	8	12	10	17	16	9
星宿	奎	娄	胃	昴	毕	觜	参	东井	舆鬼	柳	七星	张	翼	轸
距度（度）	16	12	14	11	16	2	9	33	4	15	7	18	18	7

[1] 杜石然，郭书春，刘钝李俨钱宝琮科学史全集 [M]. 沈阳：辽宁教育出版社，1998：348–372.

表 7-2 《汉书·律历志》和《晋书·天文志》十二次与二十八宿、二十四节气对应关系

十二次	二十八宿起止度数(度)	二十四节气	分野	距度(度)
星纪	斗 12、女 7	大雪、冬至	吴越之分野属扬州	30
玄枵	女 8、危 15	小寒、大寒	齐之分野属青州	30
娵訾	危 16、奎 4	立春、惊蛰	卫之分野属并州	31
降娄	奎 5、胃 6	雨水、春分	鲁之分野属徐州	30
大梁	胃 7、毕 11	谷雨、清明	赵之分野属冀州	30
实沈	毕 12、井 15	立夏、小满	魏之分野属益州	31
鹑首	井 16、柳 8	芒种、夏至	秦之分野属雍州	30
鹑火	柳 9、张 17	小暑、大暑	周之分野属三河	31
鹑尾	张 18、轸 11	立秋、处暑	楚之分野属荆州	30
寿星	轸 12、氐 4	白露、秋分	郑之分野属兖州	31
大火	氐 5、尾 9	寒露、霜降	宋之分野属豫州	30
析木	尾 10、斗 11	立冬、小雪	燕之分野属幽州	31

汉代十二次在两方面继承了春秋时期的方案。第一是星纪次依据冬至点确定。春秋时期的历术注重日南至的测定，因为当时冬至日躔在牵牛附近，故称牵牛星座所在之次为星纪，且将其作为日躔之起点。汉代及之后历算家在厘定十二次所对二十八宿起止度数时，仍以冬至点对应星纪宫，并以此为起点确定其他十一次所对宿度。这在客观上就确定了一个相对固定的赤道坐标系，后来岁差现象被发现，这一赤道坐标系实际上相对于二十八宿有一个循迁的效应。第二是十二次所对应的封地。春秋时期有十二位诸侯，十二个封地，当时的天文家遂以十二次相对应，希冀透过星象分辨州国之吉凶。比如星纪对应吴越之州国，玄枵对应齐之州国，娵訾对应卫之分野，详见表 7-2。《汉书 · 律历志》所载十二次分野信息与春秋时期的基本相同。

《汉书·律历志》将日躔十二次与二十四节气对应起来，有所谓“凡十二次，日至其初为节，至其中，斗建下为十二辰，视其建而知其次”[1]的说法。《晋书·天文志》中亦有“十二次度数”专题，与《汉书·律历志》中的十二次所对应的宿度相同。[2]

总之，十二次大约产生于春秋时期，成形于汉代。早期的天文家将十二次与木星的运动联系起来，配之以十二州国，试图占验州国的吉凶。早期十二次的度数并不均匀，且名称也不确定。至汉代，出现了相对固定的十二次名称，度数大体均匀，且将二十四节气与十二次对应起来。汉代天文家依据星纪次确定十二次，而星纪由冬至点决定，这就使得十二次成为相对固定的赤道坐标系。

日躔十二次在唐宋时期的转变

隋唐时期的历算家放弃了十二次与节气的关联，而突出其在分野和星占方面的意义。据《旧唐书·天文志》记载，一行根据李淳风（602—670）所撰《法象志》，重新测定了十二次分野所对宿度，并以唐之州县相配。相较之前的十二次分野表，唐代天文志的分野信息更加详细，比如玄枵次对应的地理如下："自济北逾济水，涉平阴，至于山茌，循

[1] 班固．汉书·律历志 [A]// 中华书局编辑部．历代天文律历等志汇编（五）．北京：中华书局，1976：1410.

[2] 班固．汉书·律历志 [A]// 中华书局编辑部．历代天文律历等志汇编（五）．北京：中华书局，1976：722.

岱岳众山之阴，东南及高密，又东尽莱夷之地，得汉北海、千乘、淄川、济南、齐郡及平原、渤海、九河故道之南，滨于碣石，古齐、纪、祝、淳于、莱、谭、寒及斟寻，有过、有鬲、蒲姑氏之国，其地得陬訾之下流，自济东达于河外，故其象著为天津，绝云汉之阳……"[1] 实际上，这得益于唐代历算家所做的天文大地测量，体现了统治者希望透过星象洞察属下诸州国的治乱从而控制帝国的意图。

表 7–3 《新唐书》所载十二次起止宿度[2]

十二次	起止度数（度）	分野
玄枵	女 5、危 12	自济北郡东逾济水，涉平阴，至于山茌，东南及高密，东尽东莱之地，又得汉之北海、千乘、淄川、济南、齐郡，及平原、渤海，尽九河故道之南，滨于碣石。自九河故道之北，属析木分也
娵訾	危 13、奎 1	自王屋、太行而东，尽汉河内之地，北负漳、邺，东及馆陶、聊城，东尽汉东郡之地，其须昌、济东之地，属降娄，非豕韦也
降娄	奎 2、胃 3	南届钜野，东达梁父，以负东海。又东至于吕梁，乃东南抵淮水，而东尽于徐夷之地。得汉东平、鲁国。奎为大泽，在娵訾之下流，滨于淮、泗，东北负山，为娄、胃之墟
大梁	胃 4、毕 9	自魏郡浊漳之北，得汉之赵国、广平、钜鹿、常山，东及清河、信都，北据中山、真定。又北尽汉代郡、雁门、云中、定襄之地，与北方群狄之国，皆大梁分也
实沈	毕 10、井 11	得汉河东郡，及上党、太原，尽西河之地。又西河戎狄之国，皆实沈分也
鹑首	井 12、柳 6	自汉之三辅及北地、上郡、安定，西自陇坻至河西，西南尽巴、蜀、汉中之地，及西南夷犍为、越嶲、益州郡，极南河之表，东至牂柯，皆鹑首分也
鹑火	柳 7、张 14	北自荥泽、荥阳，并京、索，暨山南，得新郑、密县，至于方阳。又自洛邑负河之南，西及函谷南纪，达武当汉水之阴，尽弘农郡。古成周、虢、郑、管、郐、东虢、密、滑、焦、唐、申、邓，皆鹑火分也

[1] 欧阳修 . 新唐书・天文志 [A]// 中华书局编辑部 . 历代天文律历等志汇编（三）. 北京：中华书局，1976：673.

[2] 欧阳修 . 新唐书・天文志 [A]// 中华书局编辑部 . 历代天文律历等志汇编（三）. 北京：中华书局，1976：722–727.

（续表）

十二次	起止度数（度）	分野
鹑尾	张 15、轸 9	自房陵、白帝而东，尽汉之南郡、江夏，东达庐江南部、滨彭蠡之西，得汉长沙、武陵、桂阳、零陵郡。又逾南纪，尽郁林、合浦之地，荆、楚、郧、鄀、罗、权、巴、夔与南方蛮貊，殷河南之南。其中一星主长沙国，逾岭徼而南，皆瓯东、青丘之分
寿星	轸 10、氐 1	自原武、管城，滨河、济之南，东至封邱、陈留，尽陈、蔡、汝南之地，逾淮源至于弋阳。西涉南阳郡，至于桐柏，又东北抵嵩之东阳。古陈、蔡、随、许，皆属寿星分也
大火	氐 2、心 6	得汉之陈留县，自雍丘、襄邑、小黄而东，循济阴，界于齐、鲁，右泗水，达于吕、梁，乃东南抵淮，西南接太昊之墟，尽济阴、山阳、楚国、丰、沛之地。自商、亳以负北河，阳气之所升也，为心分。自丰、沛以负南河，阳气之所布也，为房分
析木	心 7、斗 8	自渤海九河之北，尽河间、涿郡、广阳国，及上谷、渔阳、右北平、辽东、乐浪、玄菟，古之北燕、孤竹、无终，及东方九夷之国，皆析木之分也
星纪	斗 9、女 4	自庐江、九江，负淮水之南，尽临淮、广陵，至于东海，又逾南河，得汉丹阳、会稽、豫章郡，西滨彭蠡，南涉越州，尽苍梧、南海，古吴越及东南百越之国，皆星纪分也

由表 7–3 可知，《旧唐书·天文志》中十二次的起止宿度相对于《汉书·律历志》中的数据有比较大的偏差，这实际上是恒星岁差所致。关于恒星岁差的成因，本书第六章已有介绍。在中国，晋代虞喜（281—356）最早指出岁差现象。但其后很长一段时间内，岁差概念并没有被纳入历法计算中。南北朝时期祖冲之（429—500）最早将岁差概念引入历法推算，却遭到当时士大夫的极力反对，认为这是“诬天背经”的做法。至唐初，李淳风等历算家仍不接受岁差概念。一行在《大衍历》中提出“使天为天，岁为岁，乃立差以追其变，使五十年退一度”，岁差概念才被引入历算体系。

中国天文学以冬至点确定星纪次，在此基础上确定其他次的位置。由于上述岁差效应，分至点相对于二十八宿有一个缓慢移动，十二次所对二十八宿势必年年不同。由于这一运动速度比较缓慢，短时间内难以觉察其效果，但汉唐之间的时间跨度足以显现出较大的偏差。实际上，唐代历算家已经注意到岁差对十二次的影响，《新唐书·天文志》中就有关于十二次与岁差的论述：

古之辰次与节气相系，各据当时历数，与岁差迁徙不同。今更以七宿之中分四象中位，自上元之首，以度数纪之，而著其分野，其州县虽改隶不同，但据山河以分尔。[1]

也许正因此，唐代历算家所列十二次分野表中，并没有对应的节气。但是，唐代历算家并没有将岁差现象理论化，建立十二次起止宿度的计算公式。而只有一个“天自为天，岁自为岁”的笼统说法，即将恒星年和回归年区别来看，用岁差概念对二者进行换算。后世历算家也没有将岁差问题纳入十二次宿度变化之中，这就给此后日躔十二宫的准确计算造成了很大困难。这一问题在明末西方岁差理论传入之后才得以解决。

隋唐时期另一个重大的转变是由于印度天文学的传入。隋初，黄道十二宫概念经由汉译佛经传入中国。黄道十二宫是西方划分星空的坐标体系，由古巴比伦人于公元前 2100 年左右创建。古巴比伦人将黄道带等分为十二段，分别用十二种物象表示。公元前 800 年左右，十二宫传到古希腊，经古希腊天文学家改造，成为天文学的基本坐标系。十二宫体系大约于公元元年前后传到古印度，于隋唐时期随佛教经典传入中国。现在所知最早载有黄道十二宫名称的汉译佛经是印度来华僧人那连提黎耶舍所译的《大乘大方等日藏经》，译出时间为隋代初年（约 581 年）。[2] 十二宫的译名体系几经变迁，最终于唐末五代时期定型。杜光

[1] 欧阳修 . 新唐书 · 天文志 [A]// 中华书局编辑部 . 历代天文律历等志汇编（三）. 北京：中华书局，1976：722-727.

[2] 陈美东 . 古历新探 [M]. 沈阳：辽宁教育出版社，1995：396.

庭所撰的《玉函经》中，十二宫的译名为白羊、金牛、阴阳、巨蟹、狮子、双女、天秤、天蝎、人马、摩羯、宝瓶、双鱼。唐玄宗开元六年（718 年），瞿昙悉达编译《九执历》，使用了黄道十二宫的概念，规定春分所在的白羊宫为羖羖（黑色的公羊）首，秋分点所在的天秤宫为秤首。[1] 一行在《大衍历》注引中也有"天竺所云十二宫，即中国之十二次。郁车宫者，降娄之次也"的说法。[2] 据查，当时降娄次起于"奎二度"余，终于"胃一度"，中点为"娄一度"，确与郁车宫（白羊宫）基本对应。但是，一行对十二宫与十二次的讨论仅限于此，他所主持编撰的《大衍历》中没有十二宫与十二次详细对应的方案。可以肯定的是，一行所知绝非仅此而已。一方面，他从天文大地测量中获得了很多当时不为人知的资料；另一方面，他从当时印度天文学中获取了很多历算和宇宙论方面的信息。存在这样一种可能：一行曾试图将当时传入中国的印度天文学融入传统历算，将黄道十二宫与传统十二次融合，但在当时遇到相当大的困难，所以他的讨论仅此而已。但是，一行的努力在宋代历法中结出了果实，其表现就是宋代历法中出现了日躔十二宫的计算方法。

宋代天文历法中关于十二次的讨论有两个大的转变。首先是在历法中出现了日躔十二宫的算法，其次是《天文志》中不再载有十二次分野信息，这些信息仅在《律历志》中略有提及。笔者遍览《历代天文律历等志汇编》，发现最早给出太阳过黄道十二宫时刻算法的是北宋时期行用的《观天历》。《观天历》是由皇居卿于宋哲宗元祐六年（1091 年）撰成，绍圣元年（1094 年）颁行，宋徽宗崇宁元年（1102 年）停用，改用《占

[1] 瞿昙悉达．开元占经 [A]// 薄树人．中国科学技术典籍通汇（天文学卷·卷五）．郑州：河南教育出版社，1993.

[2] 欧阳修．新唐书·历志 [A]// 中华书局编辑部．历代天文律历等志汇编（七）．北京：中华书局，1976：2252.

天历》。[1] 其中所谓的黄道十二宫沿用了十二次的名称，由此推测，日躔入宫的计算可能与由印度传入的十二宫体系有关。不过，《观天历》中日躔黄道十二宫的计算与西方的有所不同：首先，将赤道带均匀地分十二等份，得到赤道十二宫；其次，过每个分点的赤经圈与黄道相交，遂将黄道分成十二份，则成黄道十二次或宫。《观天历》载有完整的推算太阳过宫日时刻算法，其步骤如下。

首先，求天正冬至加时黄道日度。其次，推求冬夏二至初日晨前夜半黄道日度。在此基础上，求出每日晨前夜半黄道日度。排列成表，用此表查出过宫日。最后，利用内插法推算过宫时刻。推求时刻算法的术文：

求太阳过宫日时刻：置黄道过宫宿度，以其日晨前夜半黄道宿度及分减之，余以统法乘之，如其太阳行分而一，为加时小余。如发敛求之，即得太阳过宫日时刻及分。[2]

术文中的统法为 12030，即一天所分成的份数。按其所述可得加时小余的公式：

$$\text{太阳过宫时刻}=\frac{(\text{黄道过宫宿度}-\text{其日晨前夜半黄道宿度及分})\times 12030}{\text{当日太阳行度及分}}$$

实际上，从当天的晨前夜半到下一天的晨前夜半黄道日度之间的度数就是太阳在这一天内实际走过的黄道度数，即所谓的太阳行度。在这一天内，把太阳运动看成均匀性的，即可据以上公式求出过宫时刻。如果求具体的辰、刻、分，需以辰法（2005）、刻法（1203）和秒母（36）约之，这就是术文中所说的“如发敛求之”。

表 7-4 列出了《观天历》中十二宫所对宿度及分野和辰次关系。分野信息相对《新唐书・天文志》中的非常简单，与《汉书・律历志》

[1] 王应伟．中国古历通解 [M]. 沈阳：辽宁教育出版社，1998：640.

[2] 脱脱．宋史・律历志 [A]// 中华书局编辑部．历代天文律历等志汇编（八）．北京：中华书局，1976：2753.

和《晋书·天文志》中的相同。十二次所对应的起止宿度与之前的不同，推测此表中的数据为实际观测所得。

表 7–4 《观天历》中十二宫所对宿度及分野 [1]

十二宫	宿度（度）	分地
娵訾次	危 15.25	卫之分
降娄次	奎 3.5	鲁之分
大梁次	胃 5.5	赵之分
实沈次	毕 10.5	晋之分
鹑首次	井 12	秦之分
鹑火次	柳 7.5	周之分
鹑尾次	张 17.25	楚之分
寿星次	轸 12	郑之分
大火次	氐 3.25	宋之分
析木次	尾 8	燕之分
星纪次	斗 9	吴之分
玄枵次	女 6.25	齐之分

此后的《纪元历》也载有"太阳入宫日时刻"算法，与《观天历》的完全相同，但未给出十二宫所在宿度，很可能其使用了与《观天历》相同的数据。

总之，唐宋时期是中国传统历算发展的重要转折期。在此期间，历算中的观测水平和计算技术得到了大幅提升。这一方面是由于唐宋时期的历算家在传统历算精致化方面的推进，另一方面得益于域外天文学特别是印度天文学的传入。但是，也正是在这一时期形成了历算与宇宙论之间的分流。其主要的表现是，一行之后历算家不再关注或讨论有关宇

[1] 宋濂．元史·历志 [A]// 中华书局编辑部．历代天文律历等志汇编（九）．北京：中华书局，1976：2754.

宙论方面的内容，而仅致力于测量水平与计算技术的提高。这就使得传统历算尽管测算精度在不断提高，但是解释力和算法自身的自洽性远远不足。日躔十二次（宫）的计算方面就是一个典型的例子。从上述计算程序可知，黄道十二宫要通过赤道十二次换算而成，从表面上看这一算法融合了中西两方面的元素，但缺少理论方面的考虑。与此相应的是关于岁差问题的理论化。尽管早在晋代虞喜就认识了岁差的存在，唐代一行将岁差概念引入历算体系，但却缺乏理论化的考虑，没有出现十二次所对宿度变化的变换公式，这就使得十二次所对二十八宿起止度数难以精确地推算，而只能通过不断地实测，修正之前的数据。

日躔十二次在元明时期的改进

一般认为，元代郭守敬等创制的《授时历》在测算方面是中国传统历法的集大成者。《授时历》有所谓“日躔黄道入次时刻”算法，与宋历中“入宫”的称谓略有不同，但在具体操作方面并无本质差别。推算步骤大体如下。

首先，推算天正冬至赤道日度，用线性内插法求得对应的黄道日度。其次，求出四正（春正、夏正、秋正、冬正）定气黄道日度；根据日行盈缩规律求出每日日差，在四正基础上加减盈缩日差，求出每日晨前夜半黄道日度。排列成表，据十二次起止宿度表中的数据求得太阳是在哪一天入次。最后，求出日躔黄道入次时刻。

术文与《观天历》的基本相同。

推日缠黄道入十二次时刻：置入次宿度，以入次日夜半日度减之，余以日周乘之，为实；以入次日夜半日度与明日夜半日度相减，余为法，实如法而一，得数，以发敛加时求之，即入次时刻。[1]

从表面上看，《授时历》算法的改进只体现在计算起始点方面：宋代历法基于二至计算每日晨前夜半黄道日度，而《授时历》则以四正为起始点。实际情况是，《授时历》中的太阳运动推算方法更为细密。历史上，北齐张子信首先发现了太阳运动的不均匀性。隋末刘焯及其以后的天文学家都认为日月五星的运行在一定时期内是等加速或等减速的。从隋代《大业历》开始，各历给出了日躔表，即太阳不均匀性运动的改正表，基于此就可根据二次差内插公式得出太阳运动的近似结果，即可求得给定时间太阳所在的位置。宋代历法中太阳运动的计算均采用二次内插法，上述《观天历》关于太阳运动的计算就采用了二次内插。而《授时历》所载太阳运动度数的算法为时间的三次内插。因此，《授时历》的计算结果更为精密。按其所述，《授时历》将日周分为4份，以四正为分点。太阳在冬至点时运行最快，后88.909225日为盈初限，前88.909925日为缩末限；夏至后93.712052日为缩初限，前93.712052日为盈末限。然后将每一象限分为6段，并给出平差、一差和二差，运用招差术即可推得每日盈缩，即日差，累计日差并日平行即可求得每日行定度。[2]

另外，《授时历》还给出了十二次起止宿度，作为推算日躔十二次

[1] 张廷玉．明史·历志 [A]// 中华书局编辑部．历代天文律历等志汇编（十）．北京：中华书局，1976：3393.

[2] 张培瑜，陈美东，薄树人，等．中国古代历法 [M]. 北京：中国科学技术出版社，2008.

的基础数据。其与《观天历》中的数据明显不同，推测其为实测所得。从其小数点后有效位数可知，这些数据测算精度明显高于宋代的《观天历》。

表 7–5 《授时历》十二次所对宿度及辰次 [1]

十二次	宿度（度）
娵訾	危 12.6491
降娄	奎 1.7363
大梁	胃 3.7456
实沈	毕 6.8805
鹑首	井 8.3494
鹑火	柳 3.8680
鹑尾	张 15.2606
寿星	轸 10.0797
大火	氐 1.1452
析木	尾 3.0115
星纪	斗 3.7685
玄枵	女 2.0638

明代《大统历》承袭自元代《授时历》，日躔黄道十二次日时刻及分计算法与《授时历》完全相同，次、宿关系也未改变。由于岁差，十二次和二十八宿的对应关系逐年改变，积累至明末则已有相当大的偏差。晚明士人邢云路指出《大统历》宫度交界的偏误，"云路又当论《大统》宫度交界，当以岁差考定，不当用《授时》三百年前之数。" [2] 另外，由于日躔次或宫的时间是根据太阳行度推算的，而节气采用平气注历，即

[1] 宋濂．元史・历志 [A]// 中华书局编辑部．历代天文律历等志汇编（九）．北京：中华书局，1976：3392.

[2] 张廷玉．明史・历志 [A]// 中华书局编辑部．历代天文律历等志汇编（十）．北京：中华书局，1976：3539.

在天正冬至基础上加气策推算而成，因而节气日时与日躔入次日时并不精确对应，而有数日之差。这一差异体现在元明两代每年颁行的“岁次大统历书”中。现有一些残存的元代岁次授时历书，根据《授时历》编算，其中节气时刻与日躔十二次时刻并无精确对应关系。[1] 如《大明嘉靖六年岁次丁亥大统历》中三月十三日庚寅午初初刻谷雨，三月中；二十八日己巳申正二刻，立夏，四月节。该月二十一日戊戌申初三刻日躔大梁。[2]

可以肯定，元代《授时历》中日躔十二次的测算比宋代《观天历》更加细密。但是，正是仅关注测与算两个方面，以郭守敬为首的中国传统历算家缺乏对天体运动现象物理原因的探索。在日躔十二次的计算中有两方面的体现。一是关于十二次的规定，中国传统十二次（宫）不是直接对黄道的划分，而是基于赤道十二宫推演而来的。二是中国古代历算家尽管已经认识到岁差现象，即太阳的恒星年和回归年的差异，但仅用于回归年和恒星年的换算，并没有明确提出恒星天整体偏移的理论，没有建立计算十二次（宫）所对二十八宿起止度数的公式，只能凭借实测修正多年之前的数据。直到明末，十二次（宫）宿交度出现了很大偏差。也许正是由于缺乏天体运动的物理方面的考虑，传统历算在经历了《授时历》的巅峰之后，开始呈现衰微之势。

[1] 张培瑜，卢央．黑城出土残历的年代和有关问题[J]. 南京大学学报（哲学社会科学版），1994（2）：170-174，164.

[2] 国家图书馆古籍影印室．国家图书馆藏明代大统历日丛编·第二册[M]. 北京：北京图书馆出版社，2007：129-137.

西洋新法中的日躔十二宫

明末，西方天文学传入中国，受其影响，中国天文学发生了一场革命性的转变。这场转变不仅体现在算法、算理方面，也体现在每年颁行的岁次历书当中。考察明清两代的岁次历书，发现最重要的改变集中在日躔十二宫的计算方面：清代历书中日躔十二宫时刻与相应的中气精确对应，明代岁次历书中两者却有数日之差。本节对明清岁次历书中日躔十二次计算的转变进行考察。从中可见，传教士通过移花接木之法，将西方黄道十二宫嫁接于中国传统十二次之上，引入西方天文学体系。表面的变化包括：采用西方十二宫坐标体系；改定气注历，岁次历书中日躔入次时间与中气时间精确对应。更深层次的变化是采用了西方的天体运行模型和宇宙论，相较传统历算，宇宙论和历算趋于自洽。这一转变招致中国士人的强烈反对，他们认为，新法采用十二宫不符合中国历法传统。本节首先介绍传统历算中日躔十二次的由来及演变，进而介绍此转变发生的过程，最后讨论清代士人对此的抨击。

明代《大统历》沿袭自《授时历》，只是去其岁实消长，重定各应数。然而，《大统历》自明初确立后，一直未得改进。钦天监官员基本上根据现成的立成表推算天象，不太关注历理的探究，致使明末历法严重失准。而当时正值传教士来华传教屡受挫折之际，后来以利玛窦（Matteo Ricci，1552—1610）为首的传教士确定了通过改历而获得朝廷认可从而达到传教目的的策略。崇祯二年（1629 年），礼部奏请开局修历，乃以徐光启督修历法，是年 11 月 6 日成立历局，开始翻译西法。自崇祯二年迄七年（1629—1634 年），先后进呈历书 5 次，共计 137 卷，即所谓的《崇祯历书》。

中西方天文学分属不同的体系。西方天文学以黄道坐标系为主，十二宫为其基本坐标。中国古代天文学则以赤道坐标系为主，二十八宿是基本坐标。[1] 但实际上，中国古代十二次（宫）作为一种隐在坐标系，计量太阳的位置，为星占和分野提供解释依据。在早期传教过程中，利玛窦曾试图了解中国传统历算，但由于不理解赤道坐标系，他觉得中国的历算是荒谬可笑的。[2] 为此，他开始着手引进西方的黄道坐标系。他曾与中国士人翻译一些西方天文学经典，其中着重介绍了黄道十二宫概念。《浑盖通宪图说》是比较早的介绍黄道十二宫的译著。该译者以介绍西方星盘原理和使用方法为主，所署著作者及著作方式为“李之藻演”，然而学界认为是由利玛窦口译、李之藻笔述而成。[3] 书中介绍了西方的黄道十二宫，宫名沿用了《回回历法》的名称：白羊宫、金牛宫、阴阳宫、巨蟹宫、狮子宫等。另外，《浑盖通宪图说》中提出了一套十二宫与二十四节气精确对应的方案[4]，详见表 7–6。这一方案在明末学界有一定的影响，王英明在《历体略》中使用了相同的方案。

[1] 李约瑟先生认为，古代中西方天文学分属不同的体系，许多方面存在差异，但主要是两方面：第一，中国天文学是赤道－北极体系，而西方天文学则是黄道体系；第二，中国天文学与政治关系紧密，而西方天文学则是僧侣或独立学者的学问。

[2] 自利玛窦一直到南怀仁，来华传教士天文学家一般认为中国的科学是劣等科学，中国的天文学是荒谬可笑的。

[3] 安大玉．明末平仪（Planispheric Astrolabe）在中国的传播：以《浑盖通宪图说》中的平仪为例 [J]. 自然科学史研究，2002（4）：299–319.

[4] 李之藻．浑盖通宪图说 [M]. 上海：商务印书馆，1936.

表 7–6 《浑盖通宪图说》中十二宫与二十四节气的对应关系

十二宫	节气	黄经（度）
白羊	春分	0
	清明	15
金牛	谷雨	30
	立夏	45
阴阳	小满	60
	芒种	75
巨蟹	夏至	90
	小暑	105
狮子	大暑	120
	立秋	135
双女	处暑	150
	白露	165
天秤	秋分	180
	寒露	195
天蝎	霜降	210
	立冬	225
人马	小雪	240
	大雪	255
摩羯	冬至	270
	小寒	285
宝瓶	大寒	300
	立春	315
双鱼	雨水	330
	惊蛰	345

如上所述，《崇祯历书》是由传教士和中国士人基于多种西方天文论著汇编而成，分5批进呈。第一批进呈的《测天约说》中有关于黄道十二宫与二十四节气的介绍，此书由德国传教士邓玉函（Johann Schreck，1576—1630）翻译。或许是出于融通中西的考虑，中十二宫的名称采用了传统十二次的名称，以冬至点为起点，将黄道均分为十二份，每一份为一宫。书中规定：太阳交宫时刻为中气，交宫中点为节气。因此，在新法体系中，入中气时刻与入宫时刻一致，而节气时与入宫中点对应。二十四气与十二宫对应关系如表7–7所示。需要指出的是，这一策略固然便于西方天文学概念的引入和建立，后来却成为中国士人诟病西学的焦点之一。

表7–7 《测天约说》中十二宫与二十四节气对应表

节气	十二宫	黄经（度）
冬至	星纪	270
小寒		285
大寒	玄枵	300
立春		315
雨水	娵訾	330
惊蛰		345
春分	降娄	0
清明		15
谷雨	大梁	30
立夏		45
小满	实沈	60
芒种		75
夏至	鹑首	90
小暑		105

（续表）

节气	十二宫	黄经（度）
大暑	鹑火	120
立秋		135
处暑	鹑尾	150
白露		165
秋分	寿星	180
寒露		195
霜降	大火	210
立冬		225
小雪	析木	240
大雪		255

首批进呈的历书中还包括《日躔历指》，此书详细地介绍了太阳运动模型和太阳运动的算法。由于规定入宫时刻与中气时刻严格对应，《日躔历指》只给出了节气时刻的计算方法，没有专门讨论日躔入宫的计算方法。清代岁次时宪历（书）是依据《崇祯历书》改变的系列历书推算而成，其中的太阳入中气时刻与日躔入次时刻相同，只是出于精简考虑，省略了入次刻后面的分数。以《大清道光二十二年岁次壬寅时宪书》为例，前面说“十日己未辰正初刻三分雨水正月中”，而后面的历注中说“(正月）十日己未辰正初刻后日躔娵訾之次，宜用甲丙庚壬时”。[1] 经考察，除了入次时刻之外，其他术文均与明代岁次大统历书完全相同。

《日躔历指》中节气时刻的计算大体分为三步：先求天正冬至时刻，次求本年节气日率，最后以节气日率逐一加天正冬至日干支及时刻，确定每一个节气的干支及时刻。天正冬至时刻和节气日率的推算都涉及两

[1]《大清道光二十二年岁次壬寅时宪书》，北京：钦天监，道光二十一年，早稻田大学图书馆藏。

个相互关联的概念：一是高冲，二是均数。高冲就是现代天文学所谓的远地点，术文中所谓的“最高冲度分”就是远地点与冬至时刻的距离。实际上，高冲点实际上就是加减差的起始点，可以看作古历所谓的盈初、缩末限。在中国传统古历中，盈初、缩末限是固定的，如《授时历》以冬至点为盈初、缩末限。而《日躔历指》中高冲位置则以 61 秒 / 年的速度匀速变化。所谓的均数，可理解为中心差，是天体的实际行度与平行度之差。确定均数的关键是求得日平行点与高冲位置的度数，即平日与天正冬至的距度减去高冲度数，然后以此为自变量查均数表求出均数。《崇祯历书》给出了与推算十二宫相关的太阳平行表、均数表以及变时表，据此通过加减就可推算出日躔入宫的时间。

实际上，上述所有的计算都基于一系列立成表，而这些表则封装了复杂三角函数运算。根据给出的立成表，只要进行简单的加减运算就可以求出日躔入宫的时刻。诸立成表中，均数表尤为关键，其数据是根据太阳运动模型和几何知识推算出来的。《日躔历指》中太阳运动模型为偏心圆，如图 7–1 所示。太阳以甲为偏心圆的模型中变速运动，离甲远的地方速度小，离甲近的地方速度大。

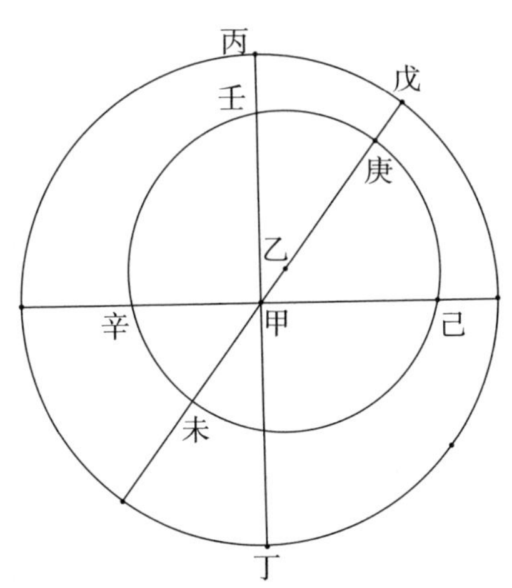

图 7–1 《日躔历指》中的日躔模型

日躔模型中包括 3 个参数：平速度，即太阳运动的平均速度；偏心距，即图 7–1 中的甲乙距离，一般以本天半径比值确定；远地点位置，一般通过远地点与春分点的角度度量，即图 7–1 中的庚己。这些参数通过观测数据计算所得，《日躔历指》给出了计算步骤，与丹麦天文学家第谷（Tycho Brahe，1546—1601）创制的方法基本相同。[1]

实际上，以上的模型不仅提供了计算方面的依据，还具有宇宙论方面意涵。图 7–1 中内圈为太阳运动的轨道，而外圈则为黄道。对此，《测天约说》有专门的论述：

天之运动，三曜皆有两种运动，宜以两物测之，犹布帛之用尺度也。七政、恒星皆一日一周，自东而西，则以赤道为其尺度。又各有迟速本行，自西而东，则以黄道为其尺度。凡动天皆宗于宗动天，故黄赤二道皆系焉。[2]

可见，新法中黄道并非日行之道，而是位于宗动天，为天体运动的参考。实际上，传教士来华之际，正值西方天文学革命之时，但当时的传教士对“日心说”鲜有提及，致力于介绍传统的“地心说”。在五花八门的地心模型中，关于黄道的安置基本一致，均位于宗动天。宗动天位于恒星天之上、永静天之下，匀速运动，为诸天球的运动提供参照。《五纬历指》是最后一批进程的历书，其中有关于宗动天实际所在位置及与诸天球运动关系的详细介绍：

正解曰：地体不动，宗动天为诸星最上大球，自有本极，自有本行，而向内诸天其各两极皆函于宗动天中，不得不与偕行。如人行船中，蚁

[1] DREYER J L E. Tycho Brahe：A Picture of Scientific Life and Work in the Sixteenth Century[M]. Edingburgh：Adam and Charles Black，1890：333.

[2] 徐光启，李经天 . 西洋新法历书 [A]// 薄树人 . 中国科学技术典籍通汇（天文学卷・卷八）. 郑州：河南教育出版社，1998：1032.

行磨上，自有本行，又不得不随船磨行也。[1]

综上所述，《崇祯历书》等系列历书以黄道为基本坐标系，十二宫和二十四节气是对黄道的划分。在新法体系的宇宙论中，黄道具有实际的物理意义，位于诸天球之上的宗动天上，是诸天球运动的基本参照。《崇祯历书》并没有直接讨论日躔黄道十二宫的计算方法，而只给出了二十四节气的计算方法。其算法基于太阳运动模型，模型的参数基于观测数据计算而得，模型本身则以更深层的宇宙论为基础。由此可见，其观测、算法、模型和宇宙论是高度自洽的。有意思的是，这一套高度自洽的计算体系是建立在黄道十二宫这一坐标体系之上的，而黄道十二宫却是通过中国传统十二次这一桥梁建立的。从一定意义上说，传教士和与其合作的士人是通过移花接木之法将西方黄道十二宫引入中国的。实际上，清代历算家对传教士的这一做法有深刻的认识，《明史》有云：

黄赤宫界　十二宫之名见于《尔雅》，大抵皆依星宿而定。故宫有一定之宿，宿有常居之宫，由来尚矣。唐以后始用岁差，然亦天自为天、岁自为岁，宫与星仍旧不易。西洋之法以中气过宫，而恒星既有岁进之差，于是宫无定宿，而宿可以递居各宫，此变古法之大端也。[2]

尽管史官未对此变故进行褒贬评价，从其叙述也可看出这一转变的重要性。实际上，西方历法这样一套高度自洽的计算体系在引入过程中即显现出巨大的威力，表现在日、月食等特殊天象的预测，以及对天体运动的解释力方面。但是，当这样一套体系从幕后走到台前，尤其是在清初正统化之后，却引起中国士人的强烈反弹。

[1] 徐光启，李经天．西洋新法历书 [A]// 薄树人．中国科学技术典籍通汇（天文学卷·卷八）．郑州：河南教育出版社，1998：1504.

[2] 张廷玉．明史·天文志 [A]// 中华书局编辑部．历代天文律历等志汇编（四）[Z]．北京：中华书局，1976：1259-1260.

清代历算家围绕十二宫的争论

明清鼎革之际，汤若望（Johann Adam Schall von Bell，1591—1666）将刊刻的《崇祯历书》改编为《西洋新法历书》进呈给新朝廷，获得认可。此后，传教士天文学家开始排挤监中旧臣，引起原钦天监官员以及保守士人的强烈反弹。后来在顺治帝（1638—1661）驾崩、康熙帝（1654—1722）登基这一政治局势胚变之际，以杨光先（1597—1669）为首的保守士人发起对传教士的攻击，引发震惊朝野的“历狱”事件。汤若望等西方传教士锒铛入狱。[1] 杨光先对传教士天文学家的指责在天文学和宗教两个方面，其在天文学方面比较有代表性的著作是《摘谬十论》，其中第五谬即指出清初时宪历存在的宫、宿的问题。

五谬　　移寅宫箕三度入丑宫之新：查寅宫宿度，自尾二度入寅宫起，始入丑宫。今冬至之太阳实躔寅宫之箕三度，而新法则移箕三入丑宫。是将天体移动十一度矣。一宫移动，十二宫无不移动也。[2]

关于宫、宿问题，杨光先坚持传统天文学的观点，认为十二宫是星

[1] 黄一农．汤若望与清初西历之正统化 [A]// 吴嘉丽，叶鸿洒．新编中国科技史 讲演文稿选辑（下）．台北：银禾文化事业有限公司，1990：465-490.

[2] 杨光先．不得已 [A]// 薄树人．中国科学技术典籍通汇（天文学卷·卷六）．郑州：河南教育出版社，1998：923.

象，应该基于二十八宿来划定。他所说的“自尾二度入寅宫起，始入丑宫”，实际上是《大统历》的分法，而按新法推算则在寅宫箕三度入丑宫。其实，由于岁差，所有恒星均有缓慢东移的运动，而若假定黄道十二宫固定不变，势必会出现杨光先所指摘的问题，这在杨氏看来当然是不可思议的。

“历狱”后，京城中还有几位精通天算的传教士，其中以南怀仁（Ferdinand Verbiest，1623—1688）的水平最高。南怀仁为比利时传教士，于顺治十七年（1660年）奉召从陕西入京，纂修历法。[1]自康熙四年（1665年）获赦后，南怀仁开始潜心研究杨光先所著的《摘谬十论》，经仔细分析后，著成《历法不得已辨》一书。针对杨光先对宫、宿的指摘，南怀仁说：

以新法论，十二宫之度数，不在列宿天，实在宗动天。与二十四之节气度数相同。所云宗动者，不依七政恒星，而能为七政恒星之准则。历家谓之天元道、天元极、天元分，终古无变异也。盖春秋二分，定在黄道于赤道相交之处；冬夏二至，定在黄道于赤道极南极北之纬度。丑宫，包含冬至、小寒两气。其余宫无不皆然。所以十二宫是永不移动者，乃万世推算之原也。诸天如水流东行，日月诸星因之。[2]

文中，南怀仁首先对宫和宿的关系进行了澄清，认为十二宫不在列宿天，而在宗动天，即列宿天之上，二十四节气也是对黄道的划分，故也在宗动天之上。这是西方传入的正统的宇宙论，与《西洋新法历书》中的表述同出一辙。南怀仁对宗动天进行了界定，即其不依七政恒星，而能为七政恒星之准则。黄道位于宗动天，故此，十二宫永不移动，“乃

[1]《熙朝崇正集》《熙朝定案》（外三种）[M]. 韩琦，吴旻，校注. 北京：中华书局，2006：288.

[2] 杨光先. 不得已 [M]. 陈占山，点校. 合肥：黄山书社，2001：156.

万世推算之原”。在南怀仁看来，这个宇宙论是宇宙的本体，宗动天和黄道十二宫确有其存在的物理机制。

杨光先的天算水平不算高明。从其论述可以看出，他是将客观存在的岁差现象以及主观界定的宫、宿的划分和节气等问题混杂在一起讨论，并没有理解中西历法的分歧所在。相比较之下，王锡阐（1628—1682）对西法十二宫的批判更具说服力。王锡阐是明末清初江南移民圈子中的一个活跃人物。明亡后他曾投水、绝食以求殉国，拒不仕清。在其天文著作《晓庵新法》中，以崇祯元年（1628年）为“历元”，以南京为“里差之元”。他对西法总体评价是：“谓西历善矣，然以为测候精详可也，以为深知法意未可也。安其误而不辨未可也。”关于西法宫、宿的划分，王锡阐认为这是不知法意的表现：

况十二次舍命名系依星象，如随节气循迁，虽子午不妨易地，而元枵、鸟咮亦无定位耶，不知法意也。[1]

王锡阐的意思是，十二次的命名是从星象而来的，既然如此，就应该依据星象而划分，如传统历法那样，而不应该固定在黄道上，随二十四节气循迁，否则会引起混乱。王锡阐认为西法强在“书器尤备，测候加精”，最初徐光启翻译西法的初衷是不错的，“欲求超胜，必须会通，会通之前，必须翻译，翻译有绪，然后令甄明大统，深知法意者，参详考定其意。原欲因西法而求进，非尽更成宪也。”只是不承想，“继其事者仅能终翻译之绪，未遑及会通之法，至矜其师说，龂龁异己，廷议纷纷。”[2]

[1] 王锡阐．晓庵新法 [A]// 薄树人．中国科学技术典籍通汇（天文学卷·卷六）．郑州：河南教育出版社，1998：434.

[2] 王锡阐．晓庵新法 [A]// 薄树人．中国科学技术典籍通汇（天文学卷·卷六）．郑州：河南教育出版社，1998：593-594.

梅文鼎（1633—1721）比王锡阐年幼 5 岁，开始历算研究正值杨光先挑起历争前后。由于是从中法入手研究历算，他在早年的研究工作中表现出一定的崇中抑西倾向。后来，在接触到《崇祯历书》后，他通过认真研究，转向以西法为主。[1] 梅氏曾应李光地（1642—1718）之邀而作《历学疑问》（1691—1692 年作，1699 年刊行），此书针对清初历争阐述了中西历学观，其要点在于既承认西法之长，认同朝廷用西法的合理性，又认为中国具有悠久的历算传统，不可忽视。梅文鼎这一折中中西的观点，具有平息清初以来历争的作用。[2] 在书中的“论恒星东移有据”一节中，梅文鼎对中西方岁差理论进行了讨论，提到“西法则以黄道终古不动而恒星东行”的问题，承认西法恒星东移理论“得之实测，非臆断也”。[3]

后来梅文鼎转向了“西学中源”说[4]，转变的契机正是由于康熙帝。康熙四十四年（1705 年）四月，康熙帝召见梅文鼎，梅氏晚年作《历学疑问补》，宣扬西学中源说。关于西法十二宫的规定，梅氏在《历学疑问补》中的说法与在《历学疑问》中的有所不同：

何则？天上有十二宫，宫各三十度，每岁太阳以一中气、一节气共行三十度，满二十四气，则十二宫行一周，故历家恒言太阳一岁周天也。然而实考其度，则一岁日躔所行必稍有不足，虽其所欠甚微，积至年深，

[1] 严敦杰．梅文鼎的数学和天文学工作 [J]. 自然科学史研究，1989，8（2）：99-107.

[2] 王扬宗．康熙、梅文鼎与“西学中源”说再商榷 [J]. 中华科技史学会会刊，2006（10）：59-63.

[3] 梅文鼎．历算全书 [A]// 永瑢，纪昀，纂修．景印文渊阁四库全书 [M]. 台北：台湾商务印书馆股份有限公司，1986：24.

[4] 王扬宗．康熙、梅文鼎和“西学中源”说 [J]. 传统文化与现代化，1995（3）：77-84.

遂差多度，是为岁差。历家所以有天周、岁周之名。……所以太阳过宫与中气必不同日，其法原无错误，其理亦甚易知。徐、李诸公深于历术，岂反不明斯事？乃复合为一，真不可解。[1]

可见，梅文鼎认为新法将日躔入宫时刻与二十四节气对应起来并不妥当。由于岁差，恒星天球会缓慢东移，致使恒星年与回归年不等。但是，按新法之规定，二十四节气和十二次都是基于黄道的划分，与星象无关，因此岁差不会影响二者的关系。可见，梅氏似乎根本没有理解新法十二宫与二十四节气的关系。

江永（1681—1762）对梅氏著作潜玩即久，颇有心得，自认为是梅氏弟子，故将自己的著作取名为《翼梅》，又名《数学》。不过，江永看出梅文鼎书中的一些问题，试图借《翼梅》予以补正。关于宫、宿关系，江永认为存在不变的黄道十二宫和变动的十二宫。不变的十二宫是对黄道的划分，而基于星宿划分的十二宫，由于岁差，岁岁推移。他认为，这两种十二宫殊途同归。[2] 为此，江永还绘制了一幅“太阳中气交宫图”（图 7-2），其外层是黄道十二宫，用十二地支代表，即所谓的“中气交宫者”，最内层是恒星十二次。另外，江永积极肯定西方天文学家的“创世之劳”，不认为西学源出于中国。

当时的学界，关于中西法正确与否的争论已远远超越了天文历算的范畴，而变成了与态度偏向相关的立场问题。也正因此，江永遭受了中国士人的强烈谴责。1740 年，江永携《翼梅》来到京城，经朋友介绍，得见梅文鼎之孙梅瑴成，希望其为《翼梅》作序。梅瑴成在

[1] 梅文鼎．历算全书 [A]// 永瑢，纪昀，纂修．景印文渊阁四库全书 [M]. 台北：台湾商务印书馆股份有限公司，1986：65-66.

[2] 江永．数学 [A]// 永瑢，纪昀，纂修．景印文渊阁四库全书．台北：台湾商务印书馆股份有限公司，1986：625.

图 7-2 江永的“太阳中气交宫图”

浏览《翼梅》之后，拒绝了江永的请求。十多年后，江永把这一经历写入《翼梅》“又序”之中，惹得梅瑴成大为光火。梅瑴成在《五星管见》中写了一段跋文，痛批江永，说其“泥于西说，固执而不能变……吹毛索瘢，尽心力以肆其诋毁，诚不知其何心”[1]。实际上，这不是梅瑴成一个人的观点，而变成大多数士人的共识。

戴震（1724—1777）乃江永的学生，曾极力推崇江永的学问，甚至将《翼梅》收入《四库全书》，给出了极高的评价，认为江永的历算水平不在梅文鼎之下。对此，钱大昕（1728—1804）曾致信戴震，认为“宣城能用西学，江氏则为西人所用而已”[2]。此后，阮元（1764—1849）在《畴人传》中对江永的评价是：“慎修专力西学，推崇甚至，故于西人作法本原发挥殆无遗蕴。然守一家言，以推崇之故，并护其短。

[1] 郭世荣．梅瑴成对江永：《翼梅》引起的中西天文学之争 [J]. 自然辩证法通讯，2005（5）：79-84，112.

[2] 参见清代的钱大昕所撰《与戴东原书》，见《潜研堂集 · 卷三十三》，清嘉庆十一年刻本，北京图书馆。

《恒气注术辨》，专申西说，以难梅氏。盖犹不足为定论也。”[1] 然而，清代士人对西法的抨击并未导致西法脱离正统化的轨迹，却导致民间传统历算研究的兴起以及西学中源说的盛行。[2]

结　论

本章梳理了日躔十二次（宫）的演变历程。十二次概念可追溯至春秋或更早的时期，汉代历书中给出了日躔十二次与二十四节气的对应关系。隋唐时期历算家放弃了十二次与二十四节气的关联，更加强调十二次在分野方面的意义。当时印度天文学传入中国，一行等历算家曾试图将西方的黄道十二宫纳入十二次体系，并未成功。北宋行用的《观天历》中出现了明确的日躔黄道十二宫算法，可能与印度天文学有关。元代《授时历》对日躔十二次（宫）的算法进一步精致化，使其测算的精度达到空前的高度。元明时期历法采用平气注历，且依据宿次划分宫次，故此岁次历书中日躔入次时间与节气时间不同。尽管中国历算家已注意到岁差现象，但仅将其用于回归年和恒星年的换算，并未提出明确的宫度交界的换算公式，使得宫所对应的宿度出现偏差。这集中体现在明代大统历的宫度交界数据上。总而言之，日躔十二次（宫）的历史演变大体反

[1] 参见阮元所撰《江永传》，见《畴人传·卷四十二》，清文选楼丛书本。

[2] 江晓原．十七、十八世纪中国天文学的三个新特点 [J]. 自然辩证法通讯，1988（3）：51-56，80，33.

映了中国古代历算的变化趋向，在此过程中，外来的影响以及精致化的过程是两条相互交织的线索。隋唐时期,传统历法表现出相当强的活力，能够迅速地吸纳外来因素,将西方黄道十二宫引入历算体系。宋元时期，传统历法的精致化程度达到了前所未有的高度。但随之而来的明代，传统历算的活力迅速衰退，在预测和解释天象方面出现了很大问题。

明末，徐光启督修历法，组织传教士翻译西方天文学书籍，提出“熔彼方之材质，入大统之型模”这一总体目标，大体意思是保持大统历法基本框架不变，而将西方天文历算中的因素融入其中。但从以上关于日躔十二宫次的讨论中可以看出，实际情况恰与徐光启所提目标背道而驰。大统历法的基本型模当然是二十八宿坐标体系，与之相应，十二宫坐标体系是西方天文学的基本框架。传教士等翻译的天文学著作并没有纳入二十八宿坐标体系，而是与之相反，传教士通过移花接木之法将西方黄道十二宫作为基本坐标系。实际发生的转变是“熔大统之材质，入西法之型模”。其实，当初徐光启在设定治历目标时，提出了三步走的构想：第一，会通之前，必须翻译；第二，翻译既有端绪，令甄明《大统》、深知法意者，参详考定；第三，事后历成，要求大备。而实际情况是没有进行至关重要的第二步。清初，随西法的正统化，传统士人发起对西法的猛烈抨击，作为基本坐标体系的十二宫当然是争议的焦点。士人们多认为，新法采用十二宫是不符合中国历法传统的。后来，这场争论远远超越了真理的范畴，而变成了与态度偏向相关的立场问题。

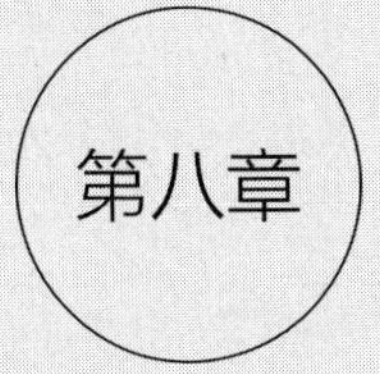

中国历法中的火星运动模型——从《三统历》到《皇极历》

杨　帆

历法是中国古代数理天文学的一个重要组成部分，五星天象是中国古代天文学中十分重视的天象，因此五星位置和运动的推算也就成为历法的重要内容。与古希腊天文学采用本轮、均轮的几何模型推算五星运动的做法不同，中国古代历法采用的是数值方法，其基本特征是把行星的视运动分为若干个阶段，对每个阶段给出其运动速度和时间。这相当于给出了描述行星视运动速度的分段折线函数。通过调整分段数目与各段时长及其中行星的运动速度，可以逼近行星的真实运动。

现存最早的完整历法是汉代的《三统历》。《三统历》中包括了推算五星运动的内容，并且为后世历法确立了典范。后世历法皆因循了《三统历》确立的描述推算行星运动的样式而不断改进。自汉代“太初改历”至隋代《皇极历》制定的 700 多年之间，天文仪器和观测技术逐渐改进，行星天象的观测记录大量累积，最终导致南北朝的张子信发现了太阳运动和五星运动的不均匀性。这些技术改进和理论发现被运用到五星运动的推算之中，使得历法构造的行星运动推算愈加精密。薄树人曾对《太初历》和《三统历》的关系进行了讨论，并对《三统历》

中的内外行星的数据和算法进行了整理和分析[1]；刘洪涛对汉代至南北朝间的 10 部历法进行了解读，其中包括了对五星运动的解读[2]。此前学者多关注对五星会合周期等天文常数的研究[3],[4]，以及隋唐之后（行星不均匀性被发现之后）的历法中行星运动的推步精度[5],[6]、算法构造的研究[7],[8]。对于隋唐之前各部历法中的五星运动，学者一般认为与《三统历》区别不大。前人的研究方法基本上还是以当代标准去衡量古代，较少考察五星运动推算与当时实际天文测量之间的关系。本章以火星为例，探讨从《三统历》到《皇极历》火星视运动状态表（简称“火星动态表”）的精密化过程，探讨观测如何影响理论和推算。

---

[1] 薄树人.《太初历》和《三统历》[C]// 薄树人. 薄树人文集. 合肥：中国科学技术大学出版社，2003：329−368.

[2] 刘洪涛. 古代历法计算法 [M]. 天津：南开大学出版社，2003.

[3] 高平子. 汉历五星周期论 [J]. 国立中央研究院院刊（台北）（第二辑），1955：193−224.

[4] 李东生. 论我国古代五星会合周期和恒星周期的测定 [J]. 自然科学史研究，1987，6（3）：224−237.

[5] 李勇.《授时历》五星推步的精度研究 [J]. 天文学报，2011，52（1）：43−53.

[6] 刘金沂. 麟德历行星运动计算法 [J]. 自然科学史研究，1985，4（2）：144−158.

[7] 陈美东. 中国古代五星运动不均匀性改正的早期方法 [J]. 自然科学史研究，1990，9（3）：208−218.

[8] 曲安京. 中国古代的行星运动理论 [J]. 自然科学史研究，2006，25（1）：1−17.

火星运动推算的精密化过程

（一）《三统历》的火星动态表

关于五星在天空中的运动，古人早有观察。马王堆出土的汉帛书《五星占》就给出了木星、土星和金星 70 年间的位置表。据研究，这是根据秦始皇元年的实测记录，采用《颛顼历》的行星会合周期排列出来的[1]；《淮南子·天文训》和《史记·天官书》中也有关于五星动态的内容，但基本上还是描述性的，并不构成含有运动参数的完整的动态表。《三统历》是现存最早的一部记载五星动态完整术文的历法，它是由西汉的刘歆为王莽政权所编制的。一般认为《三统历》是刘歆在《太初历》基础上做调整得到的，《三统历》和《太初历》是基于一套基本数据构造的[2]。《三统历》构造出的描述行星在一个会和周期内运动的动态表为后世历法树立了"样板"，后世历法在描述行星运动的时候基本上采用和《三统历》相类似的样式。《三统历》描述火星运动的术文如下：

火，晨始见，去日半次。顺，日行九十二分度五十三，二百七十六日，

[1] 席泽宗．中国天文学史的一个重要发现：马王堆汉墓帛书中的五星占[A]//《中国天文学史文集》编辑组．中国天文学史文集．北京：科学出版社，1978：14–33.

[2] 薄树人．《太初历》和《三统历》[C]// 薄树人．薄树人文集．合肥：中国科学技术大学出版社，2003：364.

始留，十日而旋。逆，日行六十二分度十七，六十二日。复留，十日而旋。复顺，日行九十二分度五十三，二百七十六日而伏。凡见六百三十四日，除逆，定行星三百一度。伏，日行不盈九十二分度七十三，伏百四十六日千五百六十八万九千七百分，行星百一十四度八百二十一万八千五分。一见，七百八十日千五百六十八万九千七分。凡行星四百一十五度八百二十一万八千五分。通其率，故曰日行万三千八百二十分度之七千三百五十五。[1]

这段文字实际上给出了火星在一个会合周期中的视运动情况。火星先是在凌晨日出前在东方天空出现，叫“晨始见”，火星在太阳西侧“半次”，也就是15度左右；然后火星距太阳越来越远，但在星空背景上是从西向东移动，所以叫“顺行”；过了一段时间，火星会在星空背景上停留一段时间，叫作“留”；接着反向移动，叫作“逆行”；再“留”；随后再次“顺行”，但此阶段火星已经是从东侧向太阳靠近，当小于“半次”时，就湮没在太阳的光辉中或与太阳一起西落到地平以下，所以叫作“伏”。到再次“晨出东方”，就完成了一个会合的运动。这个过程可以总结为火星动态表（表8–1）。

表8–1 《三统历》中的火星动态表

状态	视速度（度/日）	时长（日、分）	星行度（度、分）
晨始见，去日半次			
顺行	53/92	276	
始留	0	10	
逆	–17/62	62	
复留	0	10	
复顺	53/92	276	至此行301度
伏	不盈73/92	146、15689700	114、8218500
一会合总计		780、15689700	415、8218500

注：对于火星运动推算，1日、1度均计为29867373分，即火星的“见中日法”。

[1] 班固．汉书·律历志[A]// 中华书局编辑部．历代天文律历等志汇编（五）．北京：中华书局，1976：1425–1426.

利用现代天文学计算手段，可以知道火星在任何会合周期内的动态。利用表 8-1 中的数据，可以画出《三统历》构造的火星在一个会合周期中的视速度曲线（图 8-1 中的实线）。如果知道某次会合运动的起点时间（即“晨始见”的时间），就可以计算出这一会合周期中火星视速度曲线(图 8-1 中的虚线)。图 8-1 中的虚线是以公元前 115 年[1] 的“晨始见”为起点而反推得到的火星的实际运动视速度曲线。比较图中的虚线和实线，可以直观地看出《三统历》给出的火星动态表与实际符合的程度。

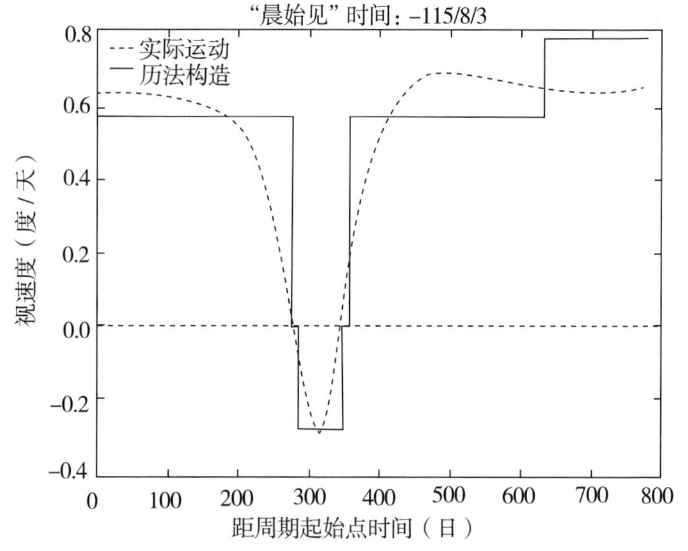

图 8-1 《三统历》构造火星视速度与实际速度

火星在一个会合周期内的视运动被分成了 6 段，起点时刻为“晨始见”时间，然后分别是顺行、留、逆行、留、顺、伏 6 个阶段，动态表还给出了每段的时长和火星在该段做匀速运动的速度，又给出了一个会合周期的总时间和火星运行的总度数。值得一提的是，在描述行星动态

[1]《三统历》火星动态表很可能是基于公元前 115 年的观测数据构造出来的，详细讨论见后文。其他几部历法的速度图也是基于同样的原则选择“晨始见”时间的。

的起点时，汉帛书《五星占》与《史记·天官书》中均是含糊地以“晨出东方”作为描述行星动态的起点，而《三统历》火星会合运动动态表的起点时刻明确为“晨始见，去日半次”，起点的时刻被定量化了。至于术文最后的“通其率”，是指火星一个会合周期内的平均速度，在《四分历》以后一般不再给出。图 8–1 表明，《三统历》火星会合运动动态表跟实际火星运动的吻合程度还是比较低的。

（二）《四分历》“合”的概念的提出

《三统历》被使用了 90 余年，它所预报的天象越来越不准确，改历的呼声越来越高，于是汉章帝“召治历编䜣、李梵等综校其状”[1]，最终在元和二年（85 年）颁行使用《四分历》。《四分历》火星动态表较《三统历》火星动态表又有了明显的变化，其描述火星动态的术文如下：

火，晨伏，七十一日二千六百九十四分，行五十五度二千二百五十四分半，在日后十六度有奇，而见东方。见顺，日行二十三分度之十四，[百]八十四日行[百]一十二度。微迟，日行十二分，九十二日行四十八度。留不行，十一日。旋逆，日行六十二分度之十七，六十二日退十七度。复留，十一日。复顺，九十二日，行四十八度，又百八十四日行百一十二度，在日前十六度有奇，而夕伏西方。除伏逆，一见六百三十六日，行[三]百三度。伏复，七十一日二千六百九十四分，行五十五度二千二百五十四分半，而与日合。凡一终，七百七十九日有千八百七十二分，行星四百一十四度与九百九十三分。通率日行千八百七十六分之九百九十七。[2]

[1] 席泽宗．中国天文学史的一个重要发现：马王堆汉墓帛书中的五星占 [A]//《中国天文学史文集》编辑组．中国天文学史文集．北京：科学出版社，1978：14–33.

[2] 司马彪．续汉书·律历志 [A]// 中华书局编辑部．历代天文律历等志汇编（五）．北京：中华书局，1975：1525.

利用和上面相同的方法得到表 8–2 和图 8–2。

表 8–2 《四分历》中的火星动态表

	日数（日、分）	速度（度 / 日）	星行度（度、分）
晨伏	76、2694		55、2254.5
（日后十六度有奇见东方）见顺	184、112	14/23	112
微迟	92	12/23	48
留	11	0	0
逆	62	–17/62	17
留	11	0	0
顺	92	[12/23][1]	48
又顺	184	[14/23]	112
夕伏西方（日前十六度有奇），而与日合	71、2694		55、2254.5

注：对于火星运动推算，1 日、1 度均计为 3516 分，即火星的“日度法”。

《四分历》中的火星动态表的变化首先表现在段数的划分上，从《三统历》的 6 段增加到 9 段：前一个顺行阶段被分为“顺”和“微迟”速度不同的两段，后一个顺行阶段被分为“顺”和“又顺”速度不同的两段，“伏”的阶段被均分为“晨伏”和“西伏”两段。《四分历》中的火星动态表描述的火星运动阶段为“合—伏—顺—留—逆—留—顺—伏—合”，与《三统历》中的火星运动阶段“始见—顺—留—逆—留—顺—伏”比较起来，《四分历》中的火星动态表对运动速度的描述更加精细，而且对称性更加突出。

[1] 术文中对后面两个顺行阶段的记述比较简略，速度被省略掉了，根据上下文推断应是和前文一致。这种省略在历法术文中很常见，所以术文省略的文字在表格中补出，后文中表格因循此例。

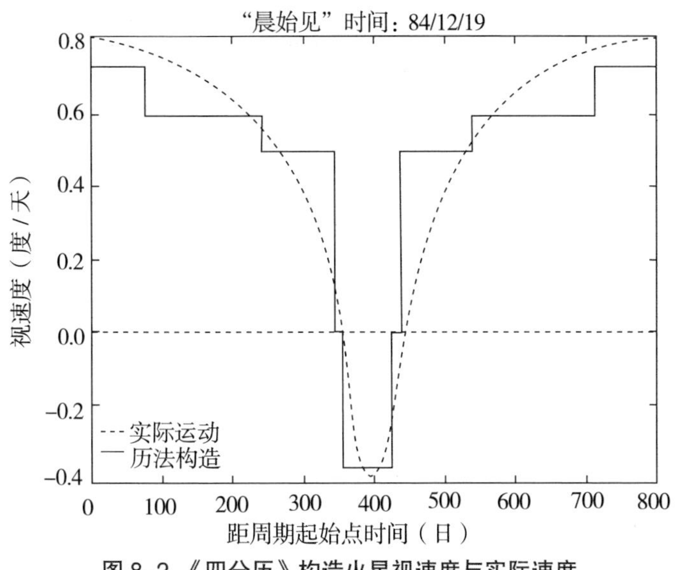

图 8–2 《四分历》构造火星视速度与实际速度

《四分历》中的火星动态表第二个明显的变化是出现了"与日合"的概念，并以其作为动态表的起点。其实"合"的概念在更早时期就出现了，如马王堆帛书《五星占》中记载有"（岁星）廿四岁一与大白（金星）合营室"[1]，《史记·天官书》中也有很多类似五星相互"合"的记载。但是这里的"合"是指距离相近，而且是可以被直接观察到的，如《史记·天官书》称："同舍为合。"（一舍约为 13 度）[2] 但《四分历》中的五星"与日合"是不能直接被观测到的天象，其中隐含了对五星运动闭合性的认识。以火星为例，当火星从太阳东面接近太阳到较近距离时，就进入"夕伏西方"阶段；当火星在太阳西方离开太阳较近距离时，火星在早晨还看不见，处在"晨伏"的阶段。显然，"与日合"是把"伏"分为"夕伏西方"与"晨伏"。由此可见，《四分历》对火星会合运动的

[1] 马王堆汉墓帛书整理小组．马王堆汉墓帛书《五星占》释文 [M]//《中国天文学史文集》编辑组．中国天文学史文集．北京：科学出版社，1978：1–13.

[2] 司马迁．史记·天官书 [A]// 中华书局编辑部．历代天文律历等志汇编(五)．北京：中华书局，1975：35.

认识更加清楚，其中“与日合”概念的出现表明当时不用直接观察就能够想象火星在某一时刻与太阳重合，而且以此作为会合运动的起算点。从《四分历》开始，其后历法中的五星动态表皆是以“与日合”作为起点，到了《皇极历》又有改变。

（三）《元嘉历》和《大明历》火星运动推算

《四分历》被行用了将近140年后，《乾象历》（223年）和稍后的《景初历》（237年）相继被颁行使用。虽然这些历法中给出的五星会合周期的值越来越精确[1]，但是其中的火星动态表较《四分历》火星动态表并没有取得进展，特别是动态表中的逆行阶段，仍一直采用《三统历》的数据。直到南北朝时期，火星动态表才有了新的变化：一是划分的段数进一步增加；二是动态表数据更加规整。较有代表性的历法是何承天（370—447）的《元嘉历》（颁行于445年）和祖冲之（429—500）的《大明历》（颁行于510年）。《元嘉历》中火星运动术文如下：

火：初与日合，伏，七十一日，日余二万四千八百一十二半，行五十四度，度余四万九千四百三十，晨见东方。（去日十六度半强。）顺，疾，日行七分之五，一百八日半行七十七度半。小迟，日行七分之四，一百二十六日行七十二度而大迟。日行七分之二，四十二日行十二度。留，不行，十二日而逆。日行十分之三，六十日退十八度。又留十二日。顺，迟，四十二日行十二度。小疾，一百二十六日，行七十二度。一百八日半行七十七度半，夕伏西方，日度余如初，与日合。一终七百七十九日，日余四万九千六百二十五，行星四百一十四，度余三万三千五百。除一

[1] 高平子．汉历五星周期论[J]．国立中央研究院院刊（台北）（第二辑），1955：193-224.

周，定四十九度，度余一万七千三百七十五。[1]

类似前面的做法，可以得到表 8–3 和图 8–3：

表 8–3 《元嘉历》中的火星动态表

	速度（度）	时间（日、分）	星行度（度）
初与日合，伏，晨见东方，去日十六度半强		71、24812.5	54、49430
顺，疾，	5/7	108.5	77.5
小迟	4/7	126	72
大迟	2/7	42	12
留，不行		12	
逆	3/10	60	18
又留		12	
顺，迟	[2/7]	42	12
小疾	[4/7]	126	72
[大疾]	[5/7]	108.5	77.5
夕伏西方，与日合		[71、24812.5]	[54、49430]

注：对于火星的推算，1 日、1 度计为 65360 分，即火星的“日度法”。

与其前诸部历法相比，《元嘉历》火星动态表划分的段数进一步增加，变为 11 段，前一阶段的顺行被分成速度递减的“疾”“小迟”“大迟”三个阶段，后一阶段的顺行被分成速度递增的“迟”“小疾”“大疾”三个阶段。而且所有顺行阶段的速度采用统一的分母，形式上比较统一。“逆”和“留”阶段的运动参数也与前代各部历法均不相同，这表明何

[1] 沈约 . 宋书 · 律历志 [A]// 中华书局编辑部 . 历代天文律历等志汇编（六）. 北京：中华书局，1975：1737.

承天是根据自己实际观测重新构造了动态表。

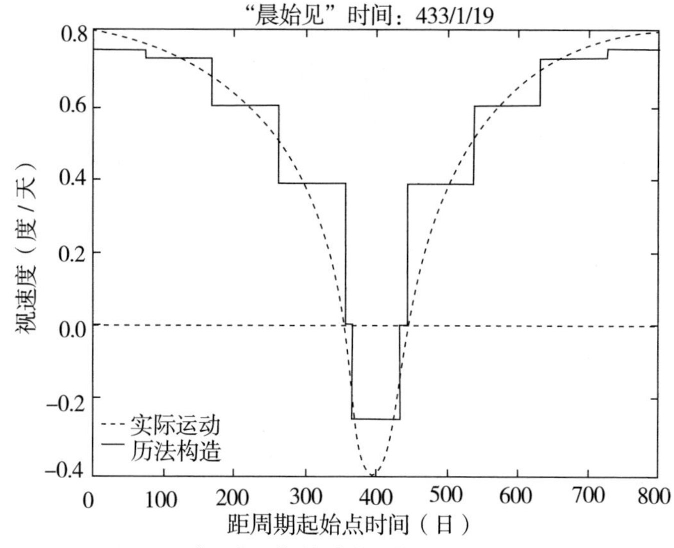

图 8–3 《元嘉历》构造火星视运动与实际速度

《大明历》也把火星在一个会合周期内的运动分成 11 段，但是动态表在具体细节上还是同《元嘉历》有差异。《大明历》火星动态表术文如下：

火：初与日合，伏，七十二日，日余六百八，行五十五度，度余二万八千八百六十五，晨见东方。从，疾，日行十七分，九十二日，行六十八度。小迟，日行十四分，九十二日，行五十六度。大迟，日行九分，九十二日，行三十六度。留十日。逆，日行六分，六十四日，退十六度十六分。又留十日。从，迟，日行九分，九十二日。小疾，日行十四分，九十二日。大疾，日行十七分，九十二日，夕伏西方，日度余如初。一终，七百八十日，日余千二百一十六，行四百一十四度，度余三万二百五十八。除一周，定行四十九度，度余万九千八百九。[1]

[1] 沈约．宋书·律历志 [A]// 中华书局编辑部．历代天文律历等志汇编（六）．北京：中华书局，1975：1756.

类似前面的做法，可得到表 8-4 和图 8-4：

表 8-4 《大明历》中的火星动态表

	速度（分）	时间（日、分）	星行度（度、分）
初与日合，伏，晨见东方		72、608	55、28865
从，疾	17/[23]	92	68
小迟	14/[23]	92	56
大迟	9/[23]	92	36
留		10	
逆	6/[23]	64	16、16/[23]
留		10	
从，迟	9/[23]	92	
小疾	14/[23]	92	
大疾	17/[23]	92	
夕伏西方	日度余如初		

注：《大明历》的行星推算，1 日、1 度计为 39490 分，即火星的“纪法”；而行星运动速度分母为 23，即“行分法”。

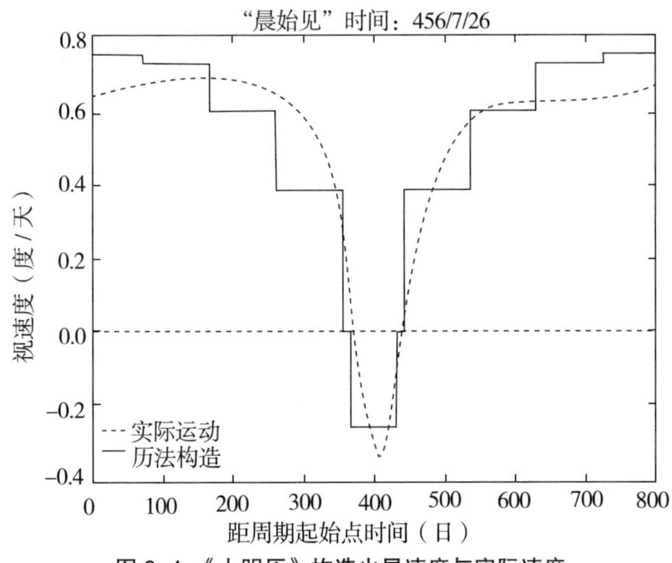

图 8-4 《大明历》构造火星速度与实际速度

与《元嘉历》相比,《大明历》中行星运动的推算更加追求动态表形式的规整化和计算的简易性。首先,《大明历》虽然也把火星一个会合周期的运动划分为 11 段,但它把前后两个顺行段都分成时间相同的 3 段,每段 92 天。其次,《大明历》统一了一些用于五星推算的常数,如“见中日法”“日度法”“纪法”等。这些常数虽然名称不同,但都是用以规定 1 日、1 度被分为若干分的常数。对于不同行星,《元嘉历》对这些常数的取值不一样。《大明历》则对所有行星取同一值,叫作“纪法”。在进行五星运动推算的时候,对不同行星就不再使用不同的“纪法”。不仅如此,前文提到《元嘉历》火星动态表仅是统一了顺行阶段速度的分母,而《大明历》比之更进一步,全部五星动态表中的速度皆统一分母为 23,即给出了五星统一的“行分法”。基于以上两点改进,《大明历》推算行星运动就大大简化。

历法构造与实际观测的关系:以《三统历》火星运动为例

(一)“晨始见”对动态表的影响

动态表描述了行星在一个会合周期内的视速度以及位移的变化。它的构造与实际观测究竟是什么关系?我们知道,由于火星离地球较近而轨道偏心率较大,其相对于地球的运动是非常复杂的。具体来说,火星在不同的会合周期中，其视运动的状态都不尽相同。

也就是说，对于不同的“晨始见”时刻，火星在此之后的运动状态也是不同的。那么《三统历》中的火星动态表到底是根据何时的观测数据构造出来的呢？为此，我们对公元前 140—前 70 年的火星实际运动通过计算机编程进行了回推[1]，其间火星共完成了 33 次会合运动。我们用“晨始见”时刻表示不同的会合运动状态，如表 8–5 所示。

表 8–5 公元前 140—前 70 年火星会合运动的“晨始见”时间

序号	“晨始见”时间	序号	“晨始见”时间	序号	“晨始见”时间
1	–138/11/6	12	–115/8/3	23	–91/1/4
2	–136/3/31	13	–113/9/7	24	–89/3/18
3	–134/5/29	14	–111/10/15	25	–87/5/21
4	–132/7/11	15	–109/11/29	26	–85/7/4
5	–130/8/17	16	–106/2/1	27	–83/8/11
6	–128/9/21	17	–104/4/15	28	–81/9/15
7	–126/10/31	18	–102/6/9	29	–79/10/24
8	–124/12/21	19	–100/7/19	30	–77/12/11
9	–121/3/2	20	–98/8/25	31	–74/2/18
10	–119/5/9	21	–96/9/29	32	–72/4/29
11	–117/6/25	22	–94/11/10	33	–70/6/19

把这 33 次会合运动的状态与《三统历》中的火星动态表比较就可以发现，《三统历》中的火星动态表与“晨始见”时间为公元前 136 年、前 115 年、前 116 年和前 100 年等年份的火星实际运动符合程度较高，而与其他年份的“晨始见”时间符合程度明显较低。其中以“晨始见”时间在前 115 年的火星实际运动与火星动态表符合程度最高。据此可以推测，构造《三统历》火星动态表所使用的观测数据很可能是前 115

[1] 计算机编程使用 Python 语言，调用 PyEphem 天文工具包，计算“晨始见”时间。

年的观测。此时为“太初改历”前夕，《太初历》用此时的观测数据是完全可能的。

图 8-5 为“晨始见”时间分别为公元前 115 年、前 79 年和前 134 年的火星实际运动视速度与《三统历》构造的火星动态表视速度的对比图。很明显地，公元前 115 年的火星视运动与动态表吻合最佳。

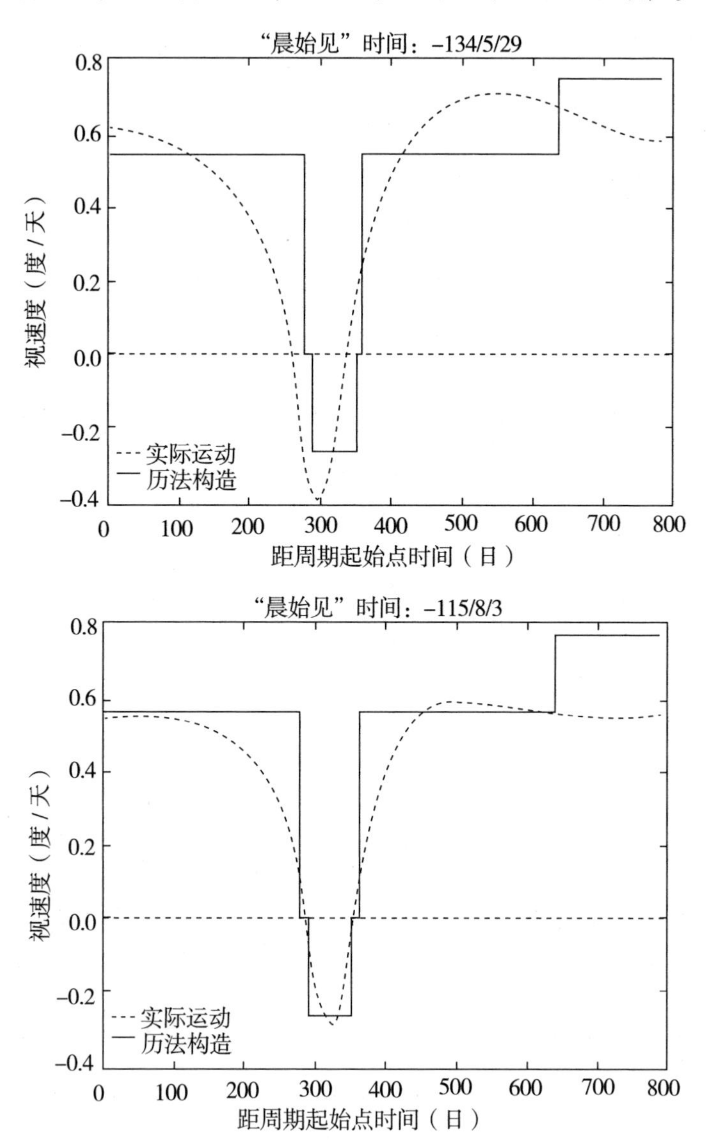

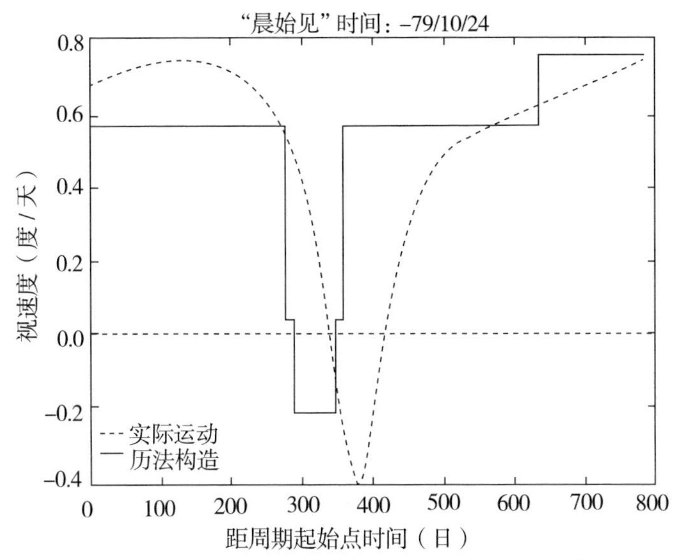

图 8-5 《三统历》中的火星动态表与火星实际视速度

（二）"留"所反映的观测精度

火星动态表中的"留"也涉及观测问题，能够反映出当时的观测技术和水平。"留"表示火星停留在那里，视速度为零，本应该是一个瞬间的状态，但《三统历》中的火星动态表中规定"留"的时间为 10 天。这样的构造说明当时对火星在"留"时间段中的移动是未觉察的，因此反映了观测的精度。不妨以前文讨论过的"晨始见"时间为公元前 115 年的火星动态表为例。根据《三统历》给出的动态表的各段时间长度，可以推出火星在这一会合周期中各段起始时间和终止时间，由此可以推出火星在各段实际运行的度数，与《三统历》中的火星动态表给出的数据进行比较。表 8-6 为"晨始见"时间为公元前 115 年，据《三统历》火星动态表并通过 SkyMap 天文软件 [1] 模拟出来的火星运动情况。

[1] SkyMap 天文软件可以推演自公元前 4000 年至公元 8000 年地球上任一地点、任一时间的星空以及星体信息，其精度误差在角秒量级。

表 8–6 “晨始见”时间为公元前 115 年的火星实际运动与《三统历》中的火星动态表数据的比较

状态	运行时间	《三统历》给定的行度(度)	实际行度(度)
晨始见	–115/8/3		
顺行	–115/8/3 — –114/5/6	159	147.64
始留	–114/5/7 — –114/5/16	0	0.24 [1]
逆	–114/5/17 — –114/7/17	–17	–12.51
复留	–114/7/18 — –114/7/27	0	1.12
复顺	–114/7/28 — –113/4/28	159	169.9
伏	–113/4/29 — –113/9/21	114.28	98

根据《三统历》中的火星动态表推算出火星第一个“留”的时间段为公元前 114 年 5 月 7 日至 5 月 16 日，第二个“留”的时间段为公元前 114 年 7 月 18 日至 7 月 27 日。第一个“留”实际发生在公元前 114 年 5 月 12 日，在第一个“留”段 10 天中，从 5 月 7 日到 5 月 12 日顺行了约 0.24 度，从 5 月 12 日至 5 月 16 日逆行了约 0.11 度；根据《三统历》给出的时间段，第二个“留”的实际发生时间为公元前 114 年 7 月 15 日，还早于“留”段起始日 3 天。在 7 月 15 日至 7 月 27 日这 13 天中火星顺行了约 1.12 度。既然《三统历》对火星这样的位置变化视而不见，认定为“留”，那就说明当时的观测精度在 1 度左右。根据前山保勝[2]、薮内清[3]和孙小淳[4]等人对汉代观测技术和星表数据的分析，汉代测量天体位置的观测误差就是 1 度左右，与本文的推测相符。

---

[1] “始留”和“复留”给出的皆是该段的最大位置变化。

[2] 前山保勝 . 论古代中国的天文学数据记录（CA. — 100—＋ 200）：数据分析 [J]. 国际科学史学志，1975，25：97.

[3] 薮内清 .《石氏星经》的观测年代 [A]// 李国豪，张孟闻，曹天钦 . 中国科技史探索 . 上海：上海古籍出版社，1986：141–149.

[4] 孙小淳 . 汉代石氏星官研究 [J]. 自然科学史研究，1994，13（2）：129–139.

新的观测被引入推算：行星运动不均匀性[1]在《皇极历》中的体现

从汉代到隋代，积累了大量的行星天象的观测记录，为历法构造新的行星运动算法提供了丰富的观测数据。6 世纪中叶，张子信发现行星运动的不均匀性，其后的张胄玄、刘孝孙、刘焯等人在其编制的历法中都考虑到行星运动的不均匀性，并构造了相应的算法。《皇极历》是刘焯于公元 600 年完成的历法，其火星动态表已经考虑到行星运动的不均匀性。主要有 3 个变化。首先,《皇极历》已经意识到火星动态表与"晨始见"的时刻有关，因此就需要确定"晨始见"的实际时刻。其次，火星顺行阶段的起始速度与"晨始见"时刻相关。最后，火星在动态表中每一阶段的运动速度是变化的。

（一）"晨始见"时刻的确定

《皇极历》把火星"晨始见"距离所在年冬至日的日数叫"常见日"。"常见日"的求法是在"平见日"的基础上加一个改正项。其算法可以表示为

[1] 行星运动不均匀性是指从地面上看，行星的视运动并不是匀速运动，而是变速运动。这是由于地球与行星的绕日轨道不是正圆而是椭圆。

$$常见日 = 平见日\ \Delta t$$[1]

其中，“平见日”是根据平均会合周期算得的始见时刻；“常见日”是火星真实的“晨始见”时刻，较“平见日”或提前或滞后，是火星运动不均匀性的反映；时间改正项Δt与“平见日”所在节气有关，又说明这项推算隐含了对太阳运动的不均匀性的认识。

现存《皇极历》“求常见日”的术文并不完整，存在脱漏、增衍以及错误等问题。我们采用陈美东对这段术文的解读[2]，校补后的术文如下：

见去日，十六度。

平见，在雨水前，以十九乘去大寒日；清明前，又十八乘去雨水日，增雨水所乘者；[清明至夏至加二十七日]夏至后，以十六乘去处暑日；(小满)[处暑]后，又(十五日)[二十八乘去白露日，减处暑所乘者]寒露前，以十八乘去白露日；小雪前，又十七乘去寒露所乘者；大雪后，二十九乘去大寒日，为减，小雪至大雪减二十五日。[3]

上述术文中“( )”中的文字为衍文，“[ ]”中的文字为改增的术文。陈美东曾根据该段术文给出《皇极历》中的火星“晨始见”时间改正(Δt)的曲线图[4]，但从大寒经雨水到清明这段时间的曲线显然与术文不符，为此我们重新画出《皇极历》火星“晨始见”时间改正曲线图(图 8-6)。图中横坐标为黄经值，也可以换算成相应的节气，纵坐标为改正值的大小。实线为基于《皇极历》的时间改正值曲线，虚线为理论计算的时间改正值曲线。

[1] 中国天文学史整理研究小组．中国天文学史 [M]. 北京：科学出版社，1981：158.

[2] 另一种见解详见：刘洪涛．古代历法计算法 [M]. 天津：南开大学出版社，2003.

[3] 陈美东．历代天文律历志较证 [M]. 北京：中华书局，2008：56-57.

[4] 陈美东．历代天文律历志较证 [M]. 北京：中华书局，2008：210.

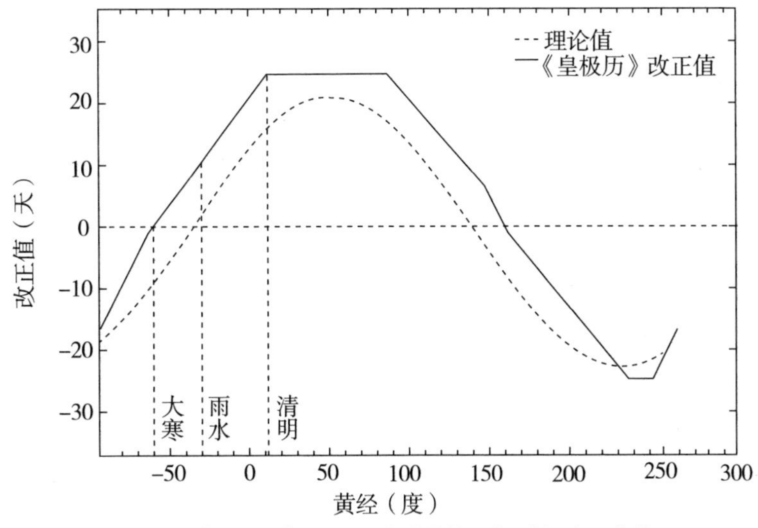

图 8-6 《皇极历》火星运动“晨始见”时间改正曲线

（二）初始速度的动态变化

《皇极历》描述的火星动态表，其初始速度随“晨始见”时刻距冬至日数而变化，这是行星运动不均匀性在推算中的第二个体现。其术文如下：

见，初在冬至，则二百三十六日行百五十八度，以后日度随其日数增损各一；尽三十日，一日半损一；又八十六日，二日损一；复三十八日，同；又十五日，三日损一；复十二日，同；又三十九日，三日增一；又二十四日，二日增一；又五十八日，一日增一；复三十三日，同；又三十日，二日损一，还终至冬至，二百三十六日行百五十八度。[1]

这段术文实际上以分数的形式给出了不同“晨始见”时刻的起始速度表。这段术文中，说如果“晨始见”在冬至日，则初速度为$\frac{158}{236}$。对于“晨始见”冬至日以后的动态表，起始速度按术文所述方式变化。对于“以后日度随其日数增损各一”“一日半损一”“同”等，目前存在不

[1] 魏征，长孙无忌．隋书·律历志 [A]// 中华书局编辑部．历代天文律历等志汇编（六）．北京：中华书局，1975：1664.

同的理解[1]。我们认为，“以后日度随其日数增损各一”是指起始速度的分子与分母的数值都随日数变化；“一日半损一”是指“一日半”减少一，其中的“半”不应理解为衍文；“同”是指起始速度保持前一阶段的末值不变。按照我们的理解，顺推下去，则至下一个冬至日时起始速度又回到$\frac{158}{236}$，说明是自洽的。据此做出表 8–7。

表 8–7 《皇极历》火星“晨始见”时初始速度变化表（1）

	距冬至日数（日）	日数（日）	增损度	末日速度（度 / 日）
冬至日	0	0	0	158/236
1	1 ~ 30	30	一日半损一	138/216
2	31 ~ 116	86	二日损一	95/173
3	117 ~ 154	38	同	95/173
4	155 ~ 169	15	三日损一	90/168
5	170 ~ 181	12	同	90/168
6	182 ~ 220	39	三日增一	103/181
7	221 ~ 244	24	二日增一	115/193
8	245 ~ 302	58	一日增一	173/251
9	303 ~ 335	33	同	173/251
10	335 ~ 365	30	二日损一	158/236

从一个冬至日到下一个冬至日的时间被分为 10 段，分别有不同的速度增损度，据此可推算出每一段末日的速度值。举例来说，如果“晨始见”时间在冬至日后第 100 天，则“晨始见”时火星的初始速度为

$$\text{初始速度}=\frac{138-\frac{1}{2}(100-30)}{236-\frac{1}{2}(100-30)}=\frac{103}{201}\text{（度 / 日）}$$

[1] 其他解读可详见相关文献：①刘洪涛．古代历法计算法 [M]. 天津：南开大学出版社，2003. ②张培瑜，陈美东，薄树人，等．中国古代历法 [M]. 北京：中国科学技术出版社，2008. ③唐泉．中国古代行星运动理论 [R]. 西安：科学史高等研究院，2011. 下文提到的关于初始速度进一步修正的术文的其他解读同样见于这 3 篇文章。

《皇极历》对于火星“晨始见”时初始速度的确定，在上述推算的基础上，还有进一步的修正，其术文如下：

其立春尽春分，夏至尽立（夏）[秋][1]，八日减一日；春分至立夏，减六日；立秋至秋分，减五度，各其初行日及度数。（白露）[秋分]至寒露，初日行半度，四十日行二十度。[2]

对于这段术文的解读，目前也存在争议。这段文字显然存在错误和脱漏。例如，文中提到“立秋至秋分”和“白露至寒露”时间段内有不同的修正规则，但是白露是在秋分之前，显然两段时间矛盾，所以“白露至寒露”似应改为“秋分至寒露”。再如，立夏到夏至这一段时间内没有改正。按照我们的理解，术文中“减 X 日”似为对速度分母的减项，而“减 X 度”为对速度分子的减项。这样，术文就可理解为表 8–8。

表 8–8 《皇极历》火星“晨始见”时初始速度变化表（2）

节气	距冬至日数	术文	意义
立春尽春分	46~91	八日减一日	分母满 8 天减 1
夏至尽立秋	183~229		
春分至立夏	91~136	减六日	分母减 6
立秋至秋分	229~274	减五度	分子减 5
秋分至寒露	日行半度		

继续上面的例子中的计算，根据表 8–7 得到的初始速度为 $\frac{103}{201}$ 度 / 日。按表 8–8 的方法再进一步修正：“晨始见”的时间距冬至日 100 天，落在了“春分至立夏”这个时间段，应为“减六日”，即分母减 6，于是得到初始速度 $\frac{103}{195}$ 度 / 日。

[1] 据张培瑜等所著《中国古代历法》校正。

[2] 魏征，长孙无忌．隋书·律历志 [A]// 中华书局编辑部．历代天文律历等志汇编（六）．北京：中华书局，1975：1664.

（三）《皇极历》火星动态表的构造

《皇极历》把火星在一个会合运动中的“晨始见”时刻和“初始速度”确定以后，还要给出每一个动态表中的具体运动速度变化情况。在顺行阶段，火星不再是匀速运动，而是做变速运动，这是行星运动不均匀性在推算中的重要表现。其术文如下：

……以其残日及度，计充前数，皆差行，日益迟二十分，各尽其日度乃迟，初日行分二万二千六百六十九，日益迟一百一十分，六十一日行二十五度、分万五千四百九。初减度五者，于此初日加分三千八百二十三、篾十七；以迟日为母，尽其迟日行三十度，分同，而留十三日。前减日分于二留，乃逆，日退分万二千五百二十六，六十三日退十六度、分四万二千八百三十四。又留十三日而行，初日万六千六十九，日益疾百一十分，六十一日行二十五度、分万五千四百九。……其残亦计充如前，皆差行，日益疾二十分，各尽其日度而伏。[1]

以上文字可以用表 8–9 表示出来。表中的 V_0 为“晨始见”的初始速度，可根据“晨始见”的时刻，利用表 8–7、表 8–8 推算得出。“迟”段速度的损益率（相当于加速度）为 –20 分 / 日。该段速度逐渐减小，当速度减到 22669 分（表 8–9 中的 V_{1min}）时，进入下一阶段“更迟”段。“迟”段的时间 T_1 由 V_0 决定。在“更迟”段速度损益率为 –110 分 / 日，火星在这一段的时长为 61 日，行 25 度 15409 分。注意在“更迟”段中，还可能涉及表 8–8 所说的修正，这就是术文中所谓“初减度五者，于此初日加分三千八百二十三、篾十七”的情况。意思是如果“晨始见”的时刻落在“立秋至秋分”间，也就是表 8–8 中的“减五度”的段，

[1] 魏征，长孙无忌．隋书·律历志 [A]// 中华书局编辑部．历代天文律历等志汇编（六）．北京：中华书局，1975：1664.

则在“更迟”段，初始速度的分子值要在上段末值 22669 的基础上再加 $3823\frac{17}{61}$。这样火星在“更迟”段运行 61 日后，走了 30 度左右，即术文所讲“尽其迟日行三十度，分同”。《皇极历》火星动态表“留”段 13 天，“逆”段速度没有变化。“疾”段和“更迟”段、“更疾”段与“迟”段的算法类似，只是对称地变成了加速运动。“更疾”段的时间 T_2 与这一段的起始速度 V_5 有关，而 V_5 的确定与 V_0 的确定类似。由于术文太长，这里不再赘述。

表 8–9 《皇极历》中的火星动态表

状态	初速度(分/日)	损益率(分)	速度(分/日)	行度(度、分)	时间(日)
见，[迟]	V_0	–20	$V_1 = V_0 - 20t_1$		T_1
[更迟]	V_{1min}=22669	–110	$V_2 = V_{1min} - 110t_1$	25、15409	61
留	0	0	0	0	13
逆	12526 0 12526			16	63
留	0	0	0	0	13
[疾]	V_3=16069	110	$V_4 = V_3 + 110t_5$	25、15409	61
[更疾]	V_5	20	$V_6 = V_5 + 20t_6$		T_2
伏					

注：1 度 =46644 分，在计算时，要先把分换算成相应的度。

从以上的分析可以看出，《皇极历》对火星动态表的构造较之前的历法更加复杂，这正是考虑了火星运动不均性和太阳运动不均性的结果。

结　论

综上所述，火星动态表是能够反映背后的观测的。从汉代《太初历》到隋代《皇极历》这700多年里，火星动态表经历了一个越来越复杂和精致化的过程，而这一过程是伴随着各种观测数据的累积而发展的。

从《太初历》到《大明历》，火星在一个会合周期内划分的段数越来越多，而且动态表的数据越来越规整化。“与日合”的概念在动态表中从无到有又消失的这一过程，正是古人不断调整构造出的动态表，以期达到与行星真实运动更加契合的目的。

动态表的构造与火星的实际观测相关。《三统历》构造的火星动态表是“固定”的，但火星实际运动在每个会合周期又是“变动”的。这就涉及《三统历》构造火星动态表时是依据什么时间进行观测的问题。我们的分析表明，《三统历》构造的火星动态表最可能是基于公元前115年的观测数据构造的。动态表的一些参数，还能反映出观测的精度。对《三统历》构造的火星动态表中的“留”段进行分析，发现当时的观测精度不会高于1.12度。

行星运动不均匀性被发现后，马上被引入历法推算，历法家不再通过增加划分的段数而是通过调整顺行段起始速度和在各段引入加速度的方式来逼近火星的实际运动。《皇极历》对火星动态表的构造远比前代历法复杂，“晨始见”时刻、初始速度、各段速度等都是随时间变化的，其中还有各种各样的附加修正。这些都表明,《皇极历》在推算火星运动时不仅已经考虑到行星运动不均匀性,还考虑到了太阳运动不均匀性。关于具体变化的细节,由于术文有脱漏，而且解读尚有分歧，有待今后进一步考察。

第九章 汉唐之际的“太白昼见”记录

吕传益　王广超　孙小淳

星占是中国古代天文的重要部分。中国古代星占主要是根据天象预测或解释国家政治事务，有学者称其为“军国占星术”[1]。出于这样的目的，中国古代特别重视天象观测，尤其重视对“奇异天象”的观测，留下了大量的记录。20 世纪 80 年代整理的《中国古代天象记录总集》收集历代文献中的天象记录 2 万多条[2]。这些天象记录是中国古代留下来的极其宝贵的遗产，具有重要的现代科学应用价值，利用它们可以进行超新星射电源、地球自转变化、太阳活动、年代学方面的研究，其中影响比较大的研究成果有席泽宗的《古新星新表》[3]、班大为的《从天象上推断商周建立之年》[4] 等。

然而，在利用中国古代天象记录时，有些问题是必须考虑的：这些天象记录是否可靠？它们是不是当时的实际观测记录？这些问题因黄一

[1] 江晓原．天学真原 [M]. 沈阳：辽宁教育出版社，2007：177.

[2] 北京天文台主编．中国古代天象记录总集 [M]. 南京：江苏科学技术出版社，1988.

[3] 席泽宗．古新星新表 [J]. 天文学报，1955，3（2）：183–196.

[4] 班大为．中国上古史实揭秘：天文考古学研究 [M]. 徐凤先，译．上海：上海古籍出版社，2008：3–73.

农关于中国古代“荧惑守心”记录的研究而备受关注。黄一农对中国古代正史记录的 23 次“荧惑守心”天象记录进行了回推，结果发现有 17 次不曾发生，而同时期实际上发生过的 40 次“荧惑守心”却又不见文字记载。由此他得出结论，中国古代的“荧惑守心”记录，大多是官方天文学家出于占星的政治目的而伪造的天象。[1] 后来，刘次沅对历次“荧惑守心”记录进行考证，发现所谓“伪造天象”很可能是时间记录有误，或是其他传抄错误，并不是出于政治目的而凭空伪造。[2] 无论如何，中国古代天象记录的可靠性以及相关问题确实值得进一步探讨。

与“荧惑守心”类似的异常天象还有“太白昼见”。所谓“太白昼见”，就是金星在白天能被看到。因为在白天能被看到，所以它才可能被看到经过中天（这是因为金星距离太阳最大视角度为 48 度左右），叫作“经天”。《史记·天官书》说“（太白）经天，天下革政”，“（太白）昼见而经天，是谓争明，强国弱，小国强，女主昌”[3]。《汉书·天文志》也说“太白，兵象也”“太白经天，天下革，民更王，是为乱纪，人民流亡”[4]。《宋书·天文志》“（宋武帝）永初二年六月甲申，太白昼见。占：‘为兵丧，为臣强。’三年五月，宫车晏驾。寻遣兵出救青、司。其后徐羡之等秉权，臣强之应也”[5]。还有“（宋后废帝）元徽五月戊申，太白昼见午上，光明异常。占曰：‘更姓。’后二年，齐受禅”[6]。可见，在古人心目中“太白昼见”天象往往预示着军事胜败、政权盛衰、王朝更替等凶险事件发生。

[1] 黄一农．星占、事应与伪造天象：以“荧惑守心”为例 [J]．自然科学史研究，1991，10（2）：120–132.

[2] 刘次沅．古代“荧惑守心”记录再探 [J]．自然科学史研究，2008，27（4）：507–520.

[3] 司马迁．史记 [M]．北京：中华书局，1963：1327.

[4] 班固．汉书 [M]．北京：中华书局，1962：1283.

[5] 中华书局编辑部．历代天文律历等志汇编 [M]．北京：中华书局，1975.

[6] 中华书局编辑部．历代天文律历等志汇编 [M]．北京：中华书局，1975：375.

因此，“太白昼见”与“荧惑守心”一样，在中国古代被视为大凶天象。如果说有出于政治目的而进行伪造天象的情况，伪造“太白昼见”记录也很有可能。因此，对“太白昼见”记录进行整理分析，有利于我们对中国古代天象记录的可靠性问题进行更深入的探讨。

中国古代天文记录较早时代一般是由天象、占辞、事应三部分构成，但随着古人对天文的认识逐渐加深，将占辞和事件与天象对应的记录趋于减少，到北宋时期天文记录中天象就完全与占辞和事件脱钩了。因此，本章选取东汉至唐代的“太白昼见”记录为研究对象，回推这些天象发生时金星的日角距、视星等及其所在星空位置，同时对这些记录进行考证，据此分析相关文献中出现的各种错误，并对占星术中可能出现的各种“比附”和“作伪”手法进行探讨，以此分析这些记录的可靠性。

东汉到唐代“太白昼见”记录的整理

本节对东汉至唐代历史的正史中“太白昼见”的记录进行考证与分析，使用的文献主要包括《后汉书》《三国志》《晋书》《宋书》《南齐书》《梁书》《陈书》《魏书》《周书》《北齐书》《隋书》《旧唐书》《新唐书》中的帝纪、《天文志》、《天象志》等[1]。经过搜索，共得 263 条“太白昼见”记录（表 9–1）。

[1] 中华书局编辑部．历代天文律历等志汇编 [M]. 北京：中华书局，1975.

表 9–1　东汉至唐代正史中的“太白昼见”记录条数统计

记录出处	记录条数（条）	文献说明
《后汉书》	19	《天文志》作者为蔡邕、刘洪[1]
《三国志》	7	全书作者为陈寿，本纪天象记录来自王沈或鱼豢
《晋书》	61	《天文志》为唐代李淳风所著[2]
《宋书》	57	《天文志》源于何承天，兼采徐爰[3]
《南齐书》	17	《天文志》为萧子显撰，主体内容来自江淹《齐史》
《梁书》	6	编纂者为姚察、姚思廉父子
《陈书》	13	编纂者为姚察、姚思廉父子
《魏书》	26	现存《天象志》三、四卷为唐代僧一行所著[4]
《周书》	1	令狐德棻主编，内容来源于隋代牛弘的未完成的《周史》
《北齐书》	0	李百药撰
《隋书》	10	《天文志》为李淳风所著
《旧唐书》	7	《天文志》同今本《唐会要》，在唐苏冕、崔铉等人著述基础上，北宋王溥撰[5]
《新唐书》	39	《天文志》为北宋刘羲叟所著[6]
总计	263	

《三国志》《宋书》《晋书》以及《旧唐书》《新唐书》等正史中都有记录同一时期的天象的情况。这些重复的记录来源应当相同，我们可以视同一天的记录为同一次“太白昼见”的记录。而南北朝时期，各朝自

[1] 朱文鑫．十七史天文诸志之研究 [M]. 北京：科学出版社，1965.

[2] 朱文鑫．十七史天文诸志之研究 [M]. 北京：科学出版社，1965：2.

[3] 朱文鑫．十七史天文诸志之研究 [M]. 北京：科学出版社，1965：18.

[4] 李迪．唐代天文学家张遂（一行）[M]. 上海：上海人民出版社，1964：4.

[5] 脱脱，阿鲁图．宋史 [M]. 北京：中华书局，1977：8801.

[6] 朱文鑫．十七史天文诸志之研究 [M]. 北京：科学出版社，1965：2.

行观测天象，在编纂整理时所用的占辞和对应的事应也不相同。在这种情况下，即便是在同一天的记录，也应视为是不同的“太白昼见”记录。这样，按照朝代统计，得到“太白昼见”记录 207 条，分布如表 9–2 所示。

表 9–2　东汉至唐代的“太白昼见”记录朝代分布

朝代	东汉	三国	两晋	宋	南朝齐	南朝梁	南朝陈	北魏	北齐	北周	隋	唐	总计
记录条数（条）	19	9	56	15	17	7	13	26	0	1	5	39	207

每条“太白昼见”记录包括时间、天象等信息，部分记录还包括天象的星空位置。当金星离太阳较远、视亮度比较高时，在白天看到的可能性比较大，因此，探讨“太白昼见”记录的可靠性，应当重点考察金星在当时的日角距和视星等。根据《三千五百年历日天象》[1] 查记录时间的公历日期，以此为观测时间（为便于软件推算，假设为当日 12 时），以各朝都城为观测点，利用 Sky Map 和 Stellarium 等天文软件 [2] 即可“再现”当时星空，获得金星的视星等、日角距及星空位置 [3] 等信息。以《晋书》“太元二十一年，二月壬申，太白昼见”为例，东晋的国都建康（即南京），“太元二十一年，二月壬申”对应公历日期为公元 396 年 3 月 23 日，以当日正午时刻为准，使用 SkyMap 天文软件，得到金星的日角距为 40.4 度，使用 Stellarium 天文软件，得金星的视星等为 –4.43，金星处于危、室之间，当日月亮与金星视位置重合。

[1] 张培瑜．三千五百年历日天象 [M]. 郑州：大象出版社，1997.

[2] 本文所使用的天文软件版本为 SkyMap Pro10.0.5、Stellarium0.12.4，在 SkyMap 软件中，输入任意时刻和任意位置，可以直接得到该时刻该位置所观测行星的具体信息。比如，396 年 3 月 23 日正午 12 时，观测地为建康，检索金星，可以得该金星的黄经、黄纬、视星等、日角距等。

[3] 郭盛炽．历代二十八宿距星考 [J]. 中国科学院上海天文台年刊，1990，11：192–198.

利用天文软件对记录的“太白昼见”进行这样的“复原”，可以发现原记录中的时间、位置、对应占辞和事应等错误。例如，《宋书·天文志》所载“元熙元年，七月己卯，月犯太微，太白昼见。是夜，太白犯哭星”[1]，而据《三千五百年历日天象》，当年七月，月犯太微，但“太白犯哭星”是几乎一年才有一次的天象，元熙元年的这次“太白犯哭星”发生在十月己卯，刚好这一天“月犯太微”。古书中“十”“七”互误属于“鲁鱼亥豕”之类的常见错误。综合来看，这一条记录的时间“七月己卯”应当校正为“十月己卯”。又如“升平元年，六月戊戌，太白昼见，在轸。轸，楚分也”[2]，经推导，当日太白在翼宿 12 度，距轸宿约 5 度，因此“在轸”有误。但现代学者刘次沅、马莉萍认为，5 度以内可算作古人观测的误差范围[3]。“在轸”应视为观测误差而不应简单地当作错误。由此看来，此条记录可能本来没有“在轸”，是编纂者根据当时精确不高的晷度推导出的“在轸”。

以同样的方法，我们对“太白昼见”天象记录进行了考察，发现原记录中有一些错误，并根据回推校正相关信息。有些“太白昼见”记录回推当时金星的日角距极小，金星几乎不可能被可见[4]。我们把这些信息都加以备注说明，以备分析之用。另外，《晋书》中“太元二年”与《宋书》中“太元三年”的昼见应当为同一记录，所以这一时期的“太白昼见”记录应为 206 条。

现将 206 条记录的原文、公历日期、史料出处、视星等和日角距、天空位置以及备注等，按记录的年代顺序列于表 9–3。

[1] 中华书局编辑部．历代天文律历等志汇编 [M]. 北京：中华书局，1975：356.

[2] 中华书局编辑部．历代天文律历等志汇编 [M]. 北京：中华书局，1975：333.

[3] 刘次沅，马莉萍．二十五史点校本修订工程与历代天象记录的全面检校 [J]. 中国科技史杂志，2010，31（4）：501–508.

[4] 中国古代对太阳观测很仔细，关于这种情况会不会是金星凌日记录，待考。

表 9–3　东汉至唐代正史中的“太白昼见”记录及其考证、回推信息

序号	年份	记录原文	公历日期	史料出处	视星等	日角距（度）	天空位置[1]	备注[2]
1	永初二年	正月戊子，太白昼见	108/2/20	《后汉书》，第3239页	- 4.19	45.7	在左更	
2	永初五年	六月辛丑，太白昼见，经天	111/8/16	《后汉书》，第3240页	- 4.42	34.5	在柳、鬼之间	
3	元初四年	（正月）乙未，太白昼见丙上	117/3/11	《后汉书》，第3240页	- 3.46	3.3	在外屏，入奎	当月，太白与日对行
4	永建二年	二月癸未，太白昼见三十九日	127/2/23	《后汉书》，第3243页	- 3.91	35.5	在娄	自二月癸未至三月己酉为三十九日。三月己酉，距日四十二度又四分
5	永建二年	闰月乙酉，太白昼见东南，维四十一日	闰月，朔在乙巳，无乙酉（127/7/27—127/8/24）	《后汉书》，第3243页	（–3.75~–4.25）	（20.4~41.8）	当月在柳、鬼之间	或为“己酉”之误
6	永建六年	十月乙卯，太白昼见	131/11/13	《后汉书》，第3244页	- 3.85	31.0	在建	
7	永和二年	五月戊申，太白昼见	137/6/7	《后汉书》，第3245页	- 3.97	42.3	在毕、昴之间	

[1] 表格中的天象位置是根据天文软件所做的推演结果。在本章中，天象位置的推演结果与记录情况不一致时，相差5度以内均视为误差而不当作错误。

[2] 表格中的备注是作者为了补充回推结果和校勘过程所做的说明，主要针对记录与回推不符以及昼见时伴随特殊天象等情况。

（续表）

序号	年份	记录原文	公历日期	史料出处	视星等	日角距（度）	天空位置	备注
8	永和三年	二月辛巳，太白昼见	138/3/7	《后汉书》，第3245页	- 3.81	22.1	在娄	
9	永和三年	三月壬子，太白昼见	138/4/7	《后汉书》，第3245页	- 3.84	29.6	在毕	
10	永和三年	六月丙午，太白昼见	138/7/30	《后汉书》，第3245页	- 4.34	44.7	在轸、角之间	
11	永和三年	八月乙卯，太白昼见	138/10/7	《后汉书》，第3245页	- 4.35	22.9	在轸、角之间	
12	永和三年	闰月乙卯，太白昼见	138/6/9	《后汉书》，第3245页	- 4.00	42.7	在轩辕	
13	永和五年	四月戊午，太白昼见	140/6/1	《后汉书》，第3246页	- 4.36	37.0	在昴	
14	汉安二年	正月己亥，太白昼见	143/2/27	《后汉书》，第3247页	- 3.93	37.3	在左更	
15	汉安二年	七月甲申，太白昼见	143/8/11	《后汉书》，第3247页	- 4.43	37.7	在鬼	
16	元嘉元年	二月戊子，太白昼见	151/3/6	《后汉书》，第3255页	- 3.96	39.1	在胃、昴之间	
17	永兴二年	闰月丁酉，太白昼见	154/10/25	《后汉书》，第3255页	- 4.53	40.9	在进贤	
18	延熹六年	十一月丁亥，太白昼见	163/12/27	《后汉书》，第3256页	- 4.02	41.5	在垒壁阵	

（续表）

序号	年份	记录原文	公历日期	史料出处	视星等	日角距（度）	天空位置	备注
19	永康元年	七月丙戌，太白昼见经天	167/8/7	《后汉书》，第3257页	- 4.42	39.3	在井、鬼之间	
20	黄初四年	六月甲申，太白昼见	223/8/11	《三国志》，第83页；《晋书》,第361页;《宋书》，第681页	- 4.33	45.2	在井、鬼之间	
21	黄初五年	冬十月乙卯，太白昼见	224/11/4	《三国志》，第84页；《晋书》，第361页	- 4.26	47.2	在斗、牛之间	
22	黄初五年	十一月辛卯，太白又昼见	224/12/10	《宋书》，第681页	- 4.53	43.8	在垒壁阵	校《宋书》者以为或同于“十月乙卯”
23	太和六年	十一月丙寅，太白昼见	232/11/4	《三国志》，第99页	- 4.27	47.3	入斗十五度余	太白行至守，约四十日。逆而与日对行，至八十余日，距日十余度。则“八十余日恒见”似为推导所得
	太和六年	十一月丙寅，太白昼见南斗，遂历八十余日恒见		《晋书》,第361页;《宋书》，第682页				

（续表）

序号	年份	记录原文	公历日期	史料出处	视星等	日角距（度）	天空位置	备注
24	青龙二年	五月，太白昼见	234/6/17	《三国志》，第103页	-4.21	45.5	在轩辕左角，入张六度	
		青龙二年五月丁亥，太白昼见，积三十余日		《晋书》,第362页;《宋书》，第683页				
25	青龙三年	冬十月壬申，太白昼见	235/11/24	《三国志》，第106页	-3.97	39.9	入牛三度	案《天文志》，四年三月己巳复昼见,仅隔百八十日。在尾,九月庚寅始。若自尾，则昼见可二百余日。尾为燕分，应渊之灭。入宿伪，当为“十月壬申，太白昼见在牛，历二百余日恒见”
	青龙三年	十月壬申，太白昼见在尾，历二百余日恒见		《晋书》,第362页;《宋书》，第684页				
26	青龙四年	二月，太白复昼见	236/3/25—236/4/23	《三国志》，第107页	-4.05~-3.80~-4.30	14.7~5.8~28.4	当月，自左更逆行，至右更	当月，太白逆日而行。或为“春三月”
27	青龙四年	三月己巳，太白与月俱加丙（景），昼见	236/5/19	《晋书》,第363页;《宋书》，第684页	-4.33	43.1	在天囷	当日，月合太白

（续表）

序号	年份	记录原文	公历日期	史料出处	视星等	日角距（度）	天空位置	备注
28	景初元年	七月辛卯，太白昼见	237/8/4	《三国志》，第109页	-4.09	45.1	入轸十四度	
	景初元年	七月辛卯，太白又昼见，积二百八十余日		《晋书》,第363页;《宋书》，第684页				
29	元康六年	十月乙未，太白昼见	296/11/26	《晋书》,第367页;《宋书》，第700页	-4.57	40.6	入女	
30	永康元年	三月，太白昼见	300/4/6—300/5/4	《晋书》,第367页;《宋书》，第700页	-4.34~-4.39~-4.32	30.2~44.0	当月，自壁至奎	
31	永宁元年	五月，太白昼见	301/6/23—301/7/21	《晋书》,第367页;《宋书》，第701页	-3.96~-4.11	41.4~45.3	过鬼，至轩辕左角	
32	咸康二年	九月庚寅，太白犯南斗，因昼见	336/10/22	《晋书》,第371页;《宋书》，第709页	-4.41	46.7	在斗	
33	咸康四年	四月己巳，太白昼见，在柳	338/5/24	《晋书》,第371页;《宋书》，第710页	-4.24	45.0	入柳二度余	

（续表）

序号	年份	记录原文	公历日期	史料出处	视星等	日角距（度）	天空位置	备注
34	咸康七年	五月，太白昼见	341/6/1—341/6/29	《晋书》，第372页；《宋书》，第711页	-3.92~-4.04	39.3~44.0	自入柳至太微	
35	建元元年	四月乙酉，太白昼见	343/5/14	《晋书》，第372页；《宋书》，第711页	-2.71	3.0		当月，太白与日对行
36	永和元年	五月辛巳，太白昼见，在东井	345/6/28	《晋书》，第373页；《宋书》，第712页	-3.80	24.7	入参五度	入参五度，极近东井而远参，距不足五度
37	永和六年	八月辛卯，月犯左角。太白昼见，在南斗。月犯右执法	350/10/10（九月丁卯350/11/15）	《晋书》，第374页；《宋书》，第714页	-3.80（-3.38）	21.5（29.8）	在房（在斗）	月犯左角，在八月庚午、丁酉。太白在斗，在九月戊午至丁卯，月亦犯右执法。月犯右执法，与犯左角绝非同日。此处脱漏“太白昼见、月犯右执法之日，为九月丁卯”
38	永和十年	七月庚午，太白昼见	354/8/29	《晋书》，第375页；《宋书》，第715页	-4.44	41.8	入柳七度半	
39	永和十二年	六月庚子，太白昼见，在东井	356/7/19	《晋书》，第375页；《宋书》，第715页	-3.87	35.5	入东井九度	

（续表）

序号	年份	记录原文	公历日期	史料出处	视星等	日角距（度）	天空位置	备注
40	升平元年	六月戊戌，太白昼见，在轸	357/7/12	《晋书》,第376页;《宋书》，第717页	- 4.15	45.7	入翼十二度	入翼十二度，亦在楚分，在翼轸之间，距轸五度
41	升平四年	（十二月）丙寅，太白昼见	361/1/24	《晋书》,第377页;《宋书》，第717页	- 4.50	42.6	在建	
42	兴宁三年	十月，太白昼见，在亢	365/10/31—365/11/29	《晋书》,第377页;《宋书》，第718页	- 4.55~- 4.40	39.0~46.7	当月，自轸及氐	在亢，为庚寅至庚子日
43	咸安二年	六月，太白昼见在七星	372/7/17—372/8/15	《晋书》,第378页;《宋书》，第721页	- 3.80~- 3.80	14.6~22.4	当月，自井至星	在七星，在辛卯日
44	宁康二年	十二月甲申，太白昼见，在氐	375/1/25	《晋书》，第378页	- 3.77	44.2	在羽林，奎壁间	奎兖州分，氐徐州分，氐奎相去甚远。在氐乃应王坦之薨。坦之，徐兖二州刺史。史官纂《晋书》，强以昼见在氐应兖州刺史。故太白昼见应王坦之薨，足见事应之伪。“太白昼见，在奎”
45	太元元年	八月癸酉，太白昼见，在氐	376/9/5	《晋书》,第378页;《宋书》，第722页	- 4.12	45.6	入氐五度	

（续表）

序号	年份	记录原文	公历日期	史料出处	视星等	日角距（度）	天空位置	备注
46	太元二年	九月壬午，太白昼见，在角	377/11/8	《晋书》，第378页	- 3.80	12.1°	在尾	案《宋书·天文志》，三年九月壬午，在角。以“三”年为“二”年，是年误
	太元三年	九月壬午，太白昼见，在角	378/11/3	《宋书》，第723页	- 4.05	42.3°	在角	
47	太元六年	九月丙子，太白昼见	381/10/12	《晋书》，第379页	- 4.44	28.3°	在轸、角之间	
48	太元七年	十一月，太白又昼见，在斗	382/12/22—383/1/19（十月382/11/22—382/11/29）	《晋书》，第379页	- 3.97~- 4.09（- 3.43~- 3.45）	39.3~43.8（33.5~35.0）	当月，自垒壁阵至壁（在斗）	其占曰：“吴有兵丧。”太白在斗，自闰月丙午至十月己巳。月误，当为“十月，太白昼见，在斗”
				《宋书》，第723页				
49	太元八年	四月甲子，太白又昼见，在参	383/5/23	《晋书》，第379页	- 4.29	29.2	在胃、昴之间	其占曰：“魏有兵丧。”自毕十二度至东井十五度为魏之分野，属益州。参在其间。案《孝武帝纪》《苻坚载记》《桓冲传》，桓冲出师皆为五月。然太白在参自五月乙卯至六月甲子，此时晋军已出。“入宿”为误
				《宋书》，第723页				
50	太元九年	七月丙戌，太白昼见	384/8/7	《晋书》，第379页	- 3.96	41.6	在角	

（续表）

序号	年份	记录原文	公历日期	史料出处	视星等	日角距（度）	天空位置	备注
51	太元九年	十一月丁巳，又昼见	庚辰朔，月无丁巳日（384/11/29—384/12/28）	《晋书》，第379页	- 3.43~- 2.90~- 4.26	9.9~2.0~31.3	当月，自斗逆行，入箕	当月，对日而行
52	太元十年	四月乙亥，又昼见于毕、昴	385/5/23	《晋书》，第379页	- 3.81	31.0	在胃、昴之间	其占曰：“魏国有兵丧。”魏分自毕十二度至东井十五度。时太白相去二十六度，亦距昴三度。是时苻坚大众奔溃，赵魏连兵相攻，坚为姚苌所杀，赵地兵丧，当为占伪
53	太元十一年	三月戊申，太白昼见，在东井	386/4/21	《晋书》，第379页；《宋书》，第724页	- 4.14	45.0	入东井三度	
54	太元十一年	六月甲申，又昼见于舆鬼	386/7/26	《晋书》，第379页	- 4.24	24.2	入井二十八度余	其占曰：“秦有兵。”秦分自东井十六度至柳八度。入井二十八余度，亦在秦分，远井而近舆鬼，不足五度
55	太元十二年	六月癸卯，太白昼见，在柳	乙丑朔，月无癸卯日（387/7/2—388/7/10）	《晋书》，第379页	（- 3.33）	（16.8~18.9）	当月，自柳至翼（在柳）	在柳，自乙丑至癸酉。当为日误。癸酉，太白与填星合于轩辕大星，或为六月癸酉

（续表）

序号	年份	记录原文	公历日期	史料出处	视星等	日角距（度）	天空位置	备注
56	太元十二年	十月庚午，太白昼见，在斗。	387/11/4	《晋书》，第379页；《宋书》，第724页	- 4.09	44.6	入斗十度	
57	太元十三年	正月丙戌，又昼见	壬辰朔，月无丙戌日（388/1/25—388/2/23）	《晋书》，第379页	（- 4.25~- 3.25~- 3.44）	（31.8~8.7~12.4）	当月，自霹雳逆行，至室	当月，对日而行
58	太元十四年	四月乙巳，太白昼见于柳	389/6/1	《晋书》，第380页	- 3.97	41.7	入柳六度余	
59	太元十四年	六月辛卯，又昼见于翼	389/7/17	《晋书》，第380页	- 4.25	45.7	入翼十六度	
60	太元十四年	九月丙寅，又昼见于轸	389/10/20	《晋书》，第380页	- 4.53	36.8	入轸七度	
61	太元十六年	四月癸卯朔，太白昼见	391/5/20	《晋书》，第380页	- 4.28	28.5	在胃、昴之间	
62	太元十七年	七月丁丑，太白昼见	392/8/16	《晋书》，第380页	- 4.02	43.5	在角、亢之间	
63	太元十七年	十月丁酉，又昼见	392/11/4	《晋书》，第380页	- 4.55	36.0	在斗	
64	太元十八年	六月，又昼见	393/6/26—393/7/24	《晋书》，第380页	- 3.79~- 3.80	21.8~14.4	自东井至鬼	

（续表）

序号	年份	记录原文	公历日期	史料出处	视星等	日角距（度）	天空位置	备注
65	太元十九年	五月，又昼见于柳	394/6/15—394/7/13	《晋书》，第380页	- 4.29~- 3.76~- 3.92	30.8~5.8~29.5	逆行，在柳	当月，对日而行。在柳，至甲辰日
66	太元十九年	六月辛酉，又昼见于舆鬼	394/7/21	《晋书》，第380页	- 4.18	21.1	入井二十七度	在井鬼之间而近于鬼，距五度余
67	太元十九年	九月，又昼见于轸	394/10/11—394/11/9	《晋书》，第380页	- 4.13~- 4.01	44.8~40.4	当月，过太微垣，至角	在轸，自辛卯至乙巳日
68	太元二十年	七月丁亥，太白昼见，在太微	395/8/11	《晋书》,第380页;《宋书》，第726页	- 3.81	27.7	在太微	《宋书》漏“昼见”
69	太元二十一年	二月壬申，太白昼见	396/3/23	《晋书》，第380页	- 4.43	40.4	危、室之间	当日，太白掩月
70	太元二十一年	三月癸卯，太白连昼见，在羽林	396/4/23	《晋书》,第380页;《宋书》，第726页	- 4.22	45.9	在羽林	
71	太元二十一年	三月，太白昼见于胃。	396/3/26—396/4/23（闰三月癸酉396./5/23）	《晋书》，第380页	- 4.42~- 4.22（- 3.69）	41.2~45.9（43.8）	自室至壁（在胃）	查二十一年，闰三月癸酉，太白至胃。当为月误，脱“闰”字

（续表）

序号	年份	记录原文	公历日期	史料出处	视星等	日角距（度）	天空位置	备注
72	隆安元年	四月丁丑，太白昼见，在东井	397/5/22	《晋书》,第381页;《宋书》，第727页	-3.95	40.3	入井三十一度	
73	隆安二年	闰月，太白昼见，在羽林	398/12/25—399/1/22	《晋书》,第381页;《宋书》，第727页	-4.00~-4.13	40.8~44.8	当月，在羽林	
74	隆安四年	十二月，太白在斗昼见，至五年正月乙卯	401/1/1—401/2/18	《宋书》，第728页	-4.55~-4.14	38.8~46.6~45.5	当月，太白自尾及牛，至羽林	在斗，自十二月丁酉至正月癸丑
	隆安五年	正月，太白昼见。自去年十二月在斗昼见，至于是月乙卯	401/1/1~401/2/28	《晋书》，第381页				
75	元兴元年	三月戊子，太白犯五诸侯，因昼见	402/5/7	《晋书》,第382页;《宋书》，第729页	-4.26	44.9	犯五诸侯	
76	义熙元年	七月庚辰，太白昼见，在翼、轸	405/8/11	《晋书》,第382页;《宋书》，第730页	-4.43	38.7	入轸十一度	

（续表）

序号	年份	记录原文	公历日期	史料出处	视星等	日角距（度）	天空位置	备注
77	义熙三年	正月丙子，太白昼见，在奎	407/1/29	《晋书》,第382页;《宋书》，第731页	- 4.18	45.7	在外屏，入奎四度半	是日，为月所掩
78	义熙三年	五月己丑，太白昼见，在参	己亥朔，月无己丑日（五月乙丑407/7/17）	《晋书》,第383页;《宋书》，第731页	（ - 3.82）	（45.2）	当月，太白自毕至井(在参)	其占曰："益州有兵丧，臣强。"参，益州分野。过参，在癸亥至戊辰日之间，有乙丑。当为日误，"己丑"改"乙丑"
79	义熙六年	六月甲午，太白昼见	410/7/30	《晋书》,第384页;《宋书》，第734页	- 4.39	34.3	在井、鬼之间	
80	义熙六年	（八月）丙午，太白在少微而昼见	410/10/10	《晋书》,第384页;《宋书》，第734页	- 4.11	44.3	在少微	
81	义熙七年	六月，太白昼见在翼	411/7/7—411/8/4	《晋书》,第385页;《宋书》，第734页	- 3.80~ - 3.81	19.8~27.1	当月，自轩辕大星至翼	在翼，自庚寅日
82	义熙九年	五月壬辰，太白犯右执法，昼见	413/7/12	《晋书》,第385页;《宋书》，第734页	- 4.26	45.4	犯右执法	

（续表）

序号	年份	记录原文	公历日期	史料出处	视星等	日角距（度）	天空位置	备注
83	元熙元年	（七月）己卯，太白昼见	己丑朔，月无己卯日（十月己卯419/11/25）	《晋书》,第387页;《宋书》，第739页	（-4.04）	（47.3）	（犯哭星）	七月，月犯太微，自庚寅至壬辰日。太白犯哭星，在十月己卯，其日，月亦犯太微。月误，“七”当为“十”
84	永初二年	六月甲申，太白昼见	421/7/22	《宋书》，第743页	-4.35	43.8°	在轸上	
85	元嘉六年	五月，太白昼见经天	429/6/18—429/7/16	《宋书》，第745页	-4.12~-4.32	45.2~45.6~44.1	当月，自轩辕左角至翼	
86	元嘉八年	四月辛未，太白昼见，在胃	431/5/18	《宋书》，第746页	-4.36	36.2	在左更，入胃	
87	元嘉十一年	三月丙辰，太白昼见，在参	434/4/17	《宋书》，第746页	-4.20	45.4	入参五度余	
88	元嘉十四年	五月丙子，太白昼见，在太微	437/6/20	《宋书》，第747页	-4.15	45.4	在轩辕左角	太白在太微，自六月戊子至七月癸丑。文载“其后，皇后袁氏崩”，太白在轩辕左角亦应。入宿误，当为“五月丙子，太白昼见在轩辕左角”
89	元嘉十六年	五月丁卯，太白昼见，在胃、昴间	439/6/1	《宋书》，第747页	-4.33	43.2	在胃、昴之间	

（续表）

序号	年份	记录原文	公历日期	史料出处	视星等	日角距（度）	天空位置	备注
90	元嘉十六年	八月，太白昼见，在翼	439/8/26—439/9/23	《宋书》，第747页	-3.92~-3.88	37.7~31.6	当月，自轩辕大星至翼	在翼，自丁巳日始
91	元嘉二十二年	七月，太白昼见	445/8/19—445/9/16	《宋书》，第748页	-4.25~-3.94~-4.28	22.4~8.8~21.4	当月，自轸逆行至翼	是月，太白逆日而过
92	元嘉二十四年	四月，太白昼见	447/5/1—447/5/30	《宋书》，第748页	-4.25~-4.37~-4.33	25.8~43.3	当月，在娄下至左更，胃下	
93	元嘉二十五年	（正月）太白昼见经天	448/1/22—448/2/19	《宋书》，第748页	-3.80	2.6~1.3~4.7		太白逆日而过
94	元嘉二十七年	夏，太白昼见经天	450/4/28—450/5/26	《宋书》，第748页	-4.30~-4.36~-4.32	44.3~32.7	当月，在井鬼间	《魏书》为夏四月
95	元嘉二十八年	五月，太白昼见犯哭星	451/6/15—451/7/14（十月451/11/10—451/12/9）	《宋书》，第749页	-3.80（-3.98~-4.29）	16.8~24.6（47.2~47.4~45.5）	当月，过鬼，至轩辕左角（犯哭星）	是年，太白犯哭星在十月，当为漏昼见月日干支。故“十月，太白昼见犯哭星”
96	元嘉二十九年	正月，太白昼见经天	452/2/6—452/3/6	《宋书》，第749页	-4.14~-4.46	14.6~40.1	当月，在羽林	太白逆行，守，复逐日行

（续表）

序号	年份	记录原文	公历日期	史料出处	视星等	日角距（度）	天空位置	备注
97	元徽五年	五月戊申，太白昼见午上，光明异常	477/6/22	《宋书》，第757页	- 4.24	45.3	在轩辕左角	
98	昇明元年	九月丁亥，太白在翼，昼见经天	477/9/29	《宋书》，第757页	- 4.50	39.9	入翼二度	
99	建元二年	六月丙子，太白昼见	480/7/4	《南齐书》，第223页	- 3.93	40.1	翼上	
100	建元四年	二月丙戌，太白昼见在午上	482/3/6	《南齐书》，第224页	- 4.07	43.5	在胃、昴之间	
101	建元四年	六月辛卯，太白昼见午上	482/7/9	《南齐书》，第224页	- 4.36	34.0	在井	
102	永明二年	正月戊戌，太白昼见当午上	484/3/7	《南齐书》，第224页	- 4.41	43.8	在羽林	
103	永明三年	四月丁未，太白昼见	485/5/10	《南齐书》，第225页	- 4.01	42.5	在五诸侯	
104	永明三年	（四月）癸亥，太白昼见当午上	485/5/26	《南齐书》，第225页	- 4.08	44.5	在鬼	
105	永明三年	八月丁巳，太白昼见当午上	485/9/17	《南齐书》，第225页	- 4.46	34.0	在张、翼之间	

（续表）

序号	年份	记录原文	公历日期	史料出处	视星等	日角距（度）	天空位置	备注
106	永明四年	九月壬辰，太白昼见当午	486/10/17	《南齐书》，第225页	-3.86	32.8	在天江	
107	永明五年	五月丁酉，太白昼见当午上	487/6/19	《南齐书》，第225页	-4.12	45.5	在毕	
108	永明六年	五月癸卯，太白昼见当午上	488/6/19	《南齐书》，第225页	-3.89	37.5	在轩辕，张上	
109	永明六年	五月己丑，太白昼见当午上	488/6/5	《南齐书》，第242页	-3.86	34.4	在鬼	
110	永明六年	闰八月甲午，太白昼见当午	闰十月，非八月（闰十月488/12/7）	《南齐书》，第226页	（-4.04）	（39.2）	（在房）	案永明六年闰十月，故以闰十月甲午
111	永明八年	正月丁未，太白昼见当午上	490/2/13	《南齐书》，第226页	-4.00	40.8	在右更	
112	永明八年	（六月）己丑，太白昼见当午	490/7/25	《南齐书》，第226页	-4.36	43.0	在井中	
113	永明九年	六月丙子，太白昼见当午上	491/7/7	《南齐书》，第227页	-3.81	25.6	在轩辕，张上	
114	永明十一年	五月戊午，太白昼见当午上，名为经天	493/6/8	《南齐书》，第228页	-4.18	45.4	在轩辕	

（续表）

序号	年份	记录原文	公历日期	史料出处	视星等	日角距（度）	天空位置	备注
115	永明十一年	九月己酉，太白昼见当午上	493/9/27	《南齐书》，第228页	- 4.49	41.2	在翼、张间	朔日
116	武帝天监五年	（春，正月）丁亥，太白昼见	506/3/1	《梁书》，第43页	- 4.09	43.9	在左更，胃下	
117	天监五年	（五月）辛卯，太白昼见	506/7/3	《梁书》，第44页	- 4.36	34.6	在参上	
118	天监六年	秋，七月甲子，太白昼见	507/7/31	《梁书》，第45页	- 3.84	32.7	在太微，轸	
119	普通四年	十一月癸未，太白昼见	523/11/23	《梁书》，第67页；《梁书》，第594页	- 4.53	44.1	在牛	朔，日有蚀之
120	普通六年	五月己酉，太白昼见	525/6/11	《梁书》，第69页；《隋书》，第594页	- 4.26	44.9	在轩辕	
121	普通六年	六月癸未，太白经天	525/7/15	《梁书》，第594页	- 4.35	32.4	入翼	
122	太清三年	春，正月乙酉，太白昼见	549/3/13	《梁书》，第95页；《梁书》，第595页	- 3.90	35.1	在胃	

（续表）

序号	年份	记录原文	公历日期	史料出处	视星等	日角距（度）	天空位置	备注
123	文帝天嘉元年	九月丙子，太白昼见	560/11/1	《陈书》，第52页	- 4.46	28.4	在角、亢之间	
124	天嘉四年	六月癸巳，太白昼见	563/7/6	《陈书》，第56页	- 3.82	30.4	在轩辕左角	
125	天嘉六年	七月丁酉，太白昼见	565/8/28	《陈书》，第59页	- 4.44	36.6	在星	
126	废帝光大元年	四月乙卯，太白昼见	567/5/8	《陈书》，第67页	- 4.26	45.4	在外屏，入奎	
127	光大二年	四月辛巳，太白昼见	568/5/28	《陈书》，第68页	- 3.90	37.5	在鬼	
128	光大二年	九月戊午，太白昼见	568/11/1	《陈书》，第69页；《梁书》，第599页	- 4.49~- 4.50	30.8	在角、亢之间	
129	宣帝太建二年	闰月己酉，太白昼见	570/6/15	《陈书》，第78页	- 4.35	34.8	在毕	
130	太建二年	八月戊子，太白昼见	570/9/22	《陈书》，第79页	- 3.96	39.1	在翼	
131	太建三年	五月戊申，太白昼见	571/6/9	《陈书》，第80页	- 3.80	24.1	在鬼	
132	太建三年	九月癸酉，太白昼见	571/11/1	《陈书》，第80页	- 4.47	45.7	在斗	

（续表）

序号	年份	记录原文	公历日期	史料出处	视星等	日角距（度）	天空位置	备注
133	太建十年	五月甲申，太白昼见	578/6/8	《陈书》，第92页	-4.31~-4.32	31.1	在毕	
134	至德二年	九月癸未，太白昼见	584/11/2	《陈书》，第111页	-4.54	35.6	在角	
135	至德三年	十二月丙戌，太白昼见	585/12/30	《陈书》，第112页	-3.95	38.4	在垒壁阵	当日，月犯太白
136	天兴五年	三月戊子，太白犯五诸侯，昼见经天	402/5/7	《魏书》，第2391页	-4.26	44.9	犯五诸侯	
137	天赐四年	正月，太白昼见，奎	407/1/29	《魏书》，第2393页	-4.18	45.7	入奎四度半	案《宋书》，正月丙子，太白昼见
138	永兴二年	六月甲午，太白昼见	410/7/30	《魏书》，第2394页	-4.39	34.3	在井鬼之间	
139	永兴二年	八月乙未，太白犯少微，昼见	410/9/29	《魏书》，第2394页	-4.16	45.5	犯少微	
140	始光二年	五月，太白昼见经天	425/6/2—425/7/1	《魏书》，第2400页	-3.79	25.6~18.1	当月，自毕至井	
141	神䴥二年	五月，太白昼见	429/6/18—429/7/16	《魏书》，第2401页	-4.12~-4.32	45.2~45.6~44.1	当月，自轩辕左角至翼	

（续表）

序号	年份	记录原文	公历日期	史料出处	视星等	日角距（度）	天空位置	备注
142	神䴥四年	四月辛未，太白昼见于胃	431/5/18	《魏书》，第2402页	-4.36	36.2	入胃一度	
143	延和元年	四月己丑，太白昼见	432/5/30	《魏书》，第2402页	-3.82	29.1	井、鬼之间	
144	延和三年	三月丙辰，金昼见，在参	434/4/17	《魏书》，第2403页	-4.20	45.4	入参五度	
145	太延五年	五月，太白昼见胃昴，入羽林，遂犯毕	439/6/1	《魏书》，第2404页	-4.33	43.2	当月，自胃行，犯毕	案宋志，五月丁卯昼见胃昴间，而载“入羽林”有误，当窜入之文
146	太平真君九年	四月，太白昼见经天	448/5/19—448/6/16	《魏书》，第2406页	-3.82~-3.85	27.5~34.4	当月，自井上至轩辕	
147	太平真君十一年	正月甲子，太白昼见经天	450/1/31	《魏书》，第2406页	-3.92	36.0	在奎、壁之间	
148	太平真君十一年	四月，又如之	450/4/28—450/5/26	《魏书》，第2406页	-4.30~-4.36~-4.32	44.3~32.7	当月，在井鬼之间	
149	文成帝兴安元年	正月，太白经天	452/2/6—452/3/6	《魏书》，第2407页	-4.14~-4.46	14.6~40.1	当月，在羽林	逆行至守，后逐日行
150	太和元年	九月丁亥，太白昼见经天	477/9/29	《魏书》，第2413页	-4.50	39.9	在翼	

（续表）

序号	年份	记录原文	公历日期	史料出处	视星等	日角距（度）	天空位置	备注
151	太和十一年	五月丁酉，太白经天昼见	487/6/19	《魏书》，第2417页	- 4.12	45.5	在毕	
152	太和十七年	五月戊午，昼见	493/6/8	《魏书》，第2428页	- 4.18	45.4	在轩辕	
153	太和十七年	九月，又如之	493/9/27	《魏书》，第2428页	- 4.49	41.2	在太微右垣南	案《南齐书》乃九月己酉，朔日
154	正始三年	六月丙辰，太白昼见	506/7/28	《魏书》，第2432页	- 4.32	44.7	在井中	
155	延昌三年	六月辛巳，太白昼见	514/7/11	《魏书》，第2435页	- 4.38	40.4	在参上	
156	永安三年	五月己亥，太白在参昼见	530/7/5	《魏书》，第2443页	- 4.37	39.8	入毕十六度	入毕十六度，在参上，距参二度余
157	永熙元年	九月，太白经天	532/10/15—532/11/12	《魏书》，第2445页	- 3.82~- 3.81	1.1~0.9~6.3	当月，逐日行	
158	永熙二年	四月，太白昼见	533/5/10—533/6/7	《魏书》，第2445页	- 4.08~- 4.25	44.2~45.4~45.0	当月，自五诸侯至轩辕	朔，日有食
159	天平四年	十一月，太白昼见	537/12/18—538/1/15	《魏书》，第2447页	- 3.88~- 3.95	32.9~38.4	当月，羽林中	

（续表）

序号	年份	记录原文	公历日期	史料出处	视星等	日角距（度）	天空位置	备注
160	元象元年	七月，太白在柳昼见	538/8/11—538/9/9	《魏书》，第 2446 页	- 4.18~ - 4.04	45.8~43.0	当月，自井至轩辕	在柳，自癸酉至甲申日
161	武定四年	四月庚午，金昼见	癸酉朔，无庚午（546/5/16—546/6/13）	《魏书》，第 2449 页	（ - 3.39~ - 2.57~ - 3.97）	（12.6~0.1 ~27.3）	（辛巳，毕井间逆行，至参）	当月，太白逆日行。金星凌日，但中国不可见
162	天和元年冬	十月乙卯，太白昼见经天	566/11/9	《周书》，第 73 页；《梁书》，第 604 页	- 4.02	42.2	在斗、牛之间	
163	开皇元年	三月甲申，太白昼见	581/4/22	《梁书》，第 14、612 页	- 4.06	43.8	在井	
164	开皇元年	三月乙酉，又昼见	581/4/23	《梁书》，第 14 页	- 4.07	43.9	在井	
165	开皇元年	四月壬午，太白岁星昼见	581/5/20	《梁书》，第 15 页	- 4.22	45.2	在鬼	
166	开皇四年	九月癸未，太白昼见	584/11/2	《梁书》，第 22 页	- 4.54	35.6	在角	
167	开皇二十年	冬，十月己未，太白昼见	600/11/14	《梁书》，第 45、612 页	- 4.51	43.7	在角、亢之间	

（续表）

序号	年份	记录原文	公历日期	史料出处	视星等	日角距（度）	天空位置	备注
168	武德元年	五月庚午，太白昼见	618/6/24	《新唐书》，第6、851第	- 4.31	44.2	在毕	
169	武德元年	六月丙子，太白昼见	618/6/30	《新唐书》，第7页	- 4.27	45.1	在毕、觜之间	
170	武德二年	九月庚寅，太白昼见	619/11/6	《新唐书》，第9、852页	- 4.56	38.7	在斗	
171	武德九年	五月，太白昼见	626/5/31—626/6/28	《旧唐书》，第1321页；《新唐书》，第852页	- 4.36~ - 4.37~ - 4.27	35.5~45.1	当月，自胃至毕	秦分，自东井十六度至柳八度。自胃至毕，去秦分四十度之遥。若参详唐太宗弑兄杀弟欲夺嫡事，其分野当伪
172	武德九年	六月丁巳,(太白昼见)经天	626/6/29	《新唐书》，第19、852页	- 4.26	45.2	入毕四度半	朔日。距秦分三十八度余。其分野当伪
173	武德九年	（六月）己未，又经天。在秦分	626/7/1	《新唐书》，第852页	- 4.25	45.4	入毕六度	去秦分约三十七度。其分野当伪
174	武德九年	（六月)己卯，太白昼见	626/7/21	《新唐书》，第19、852页	- 4.13	45.4	在井	
175	武德九年	七月辛亥,(太白）昼见	626/8/22	《新唐书》，第19、852页	- 3.99	41.5	在鬼	
176	武德九年	（七月)甲寅，(太白）昼见	626/8/25	《新唐书》，第19、852页	- 3.98	41.0	在鬼	

（续表）

序号	年份	记录原文	公历日期	史料出处	视星等	日角距（度）	天空位置	备注
177	武德九年	八月丁巳,(太白)昼见	626/8/28	《新唐书》，第19、852页	-3.97	40.5	在柳上	
178	贞观十六年	六月戊戌,(太白)昼见	642/7/16	《新唐书》，第41、852页	-4.13	45.4	在参上	
179	贞观二十二年	七月(甲申)，太白昼见	648/7/30	《新唐书》，第47、852页	-4.37	43.1	在轸、角之间	
180	永徽元年	五月己未，太白昼见	650/6/25	《新唐书》，第52、853页	-4.24	45.5	在毕	
181	永徽二年	十二月乙未，太白昼见	652/1/22	《新唐书》，第54、853页	-4.44	45.6	在斗上	
182	永徽四年	六月己丑，太白昼见	653/7/9	《新唐书》，第55页	-3.93	11.3	在井、鬼之间	
183	龙朔元年	六月辛巳，太白昼见经天	661/7/19	《新唐书》，第853页	-4.27	26.4	在井	
184	调露二年	五月丁酉，太白经天	680/6/11	《旧唐书》，第106、1322页	-4.09	44.8	在轩辕，星上	案《旧唐书》“高宗以调露二年八月乙丑改元，是为永隆元年”，从《旧唐书》
	永隆元年	五月丁酉，太白昼见经天		《新唐书》，第75、854页				

（续表）

序号	年份	记录原文	公历日期	史料出处	视星等	日角距（度）	天空位置	备注
185	景龙三年	六月癸巳，太白昼见，在东井	709/7/19	《新唐书》，第855页；《旧唐书》，第1322页	-4.39	37.5	入井五度	
186	景云元年	六月癸卯，太白昼见	710/7/24	《新唐书》，第116页	-3.81	28.2	在西上将	
187	开元十四年	十月甲寅，太白昼见	726/11/8	《新唐书》，第132、856页	-4.31~-4.32	47.4	在斗、牛之间	
188	至德二载	七月己酉，太白昼见经天。至于十一月戊午，不见	757/7/23 而十一月乙亥朔，无戊午日	《新唐书》，第856页	-4.33	44.1	入井一度余	又曰“历秦、周、楚、郑、宋、燕之分”，则自七月至十月戊午，由东井及尾，未入牛。月有误，当为“十月戊午”
189	永泰元年	九月辛卯，太白昼见经天	765/10/3	《旧唐书》，第1328页；《新唐书》，第857页	-3.98	39.8	在翼上	
190	大历八年	八月，昼见	773/8/23—773/9/20	《新唐书》，第858页	-4.13~-4.01	45.4~41.3	当月，自鬼至轩辕左角	

（续表）

序号	年份	记录原文	公历日期	史料出处	视星等	日角距（度）	天空位置	备注
191	大历十一年	闰八月丁酉，太白昼见	776/9/29	《旧唐书》，第1328页；《新唐书》，第179、858页	- 4.41	45.1°	在张上	
192	贞元三年	闰五月戊寅，太白昼见	787/7/15	《旧唐书》，第357、1329页；《新唐书》，第195页	- 4.06	44.5°	在右执法	
193	贞元十年	四月，太白昼见	794/5/4—794/6/2	《旧唐书》，第359页；《新唐书》，第199页	- 4.32~- 4.11	44.3~45.8~45.4	当月，自外屏至左更	朔日，日有食
194	元和九年	七月，太白入南斗，至十月出，乃昼见	814/11/4—814/11/15	《新唐书》，第214、860页	- 4.49~4.55	44.9~41.1	当时，自太微至南斗	七月，自太微右垣至角。过角亢氐房心箕，九月甲申，入南斗。出而昼见，自九月壬辰至十月。月误，七月当为九月
195	长庆元年	三月庚戌，太白犯五车，因昼见，至于七月	821/4/19	《新唐书》，第223、860页	- 4.36	33.4	犯五车，入毕十二度半	

（续表）

序号	年份	记录原文	公历日期	史料出处	视星等	日角距（度）	天空位置	备注
196	长庆二年	九月，太白昼见	822/9/19—822/10/18	《新唐书》，第860页	- 4.13~- 4.36	45.8~47.2~47.0	当月，自房至箕	
197	长庆四年	三月庚午，太白犯东井，遂入井中，昼见经天，七日而出，因犯舆鬼	824/4/23	《新唐书》，第861页	- 4.07	43.9	犯井	
198	长庆四年	六月己丑，太白犯轩辕右角，因昼见，至于九月	824/7/11	《新唐书》，第861页	- 4.13	19.9	犯轩辕右角	逆行，守柳鬼之间。九月出轩辕
199	长庆四年	八月丁亥，太白昼见	824/9/7	《新唐书》，第228页	- 4.42	43.1	犯轩辕右角	
200	大和六年	四月己丑，太白昼见	832/5/31	《新唐书》，第862页	- 4.30	43.8	在鬼	
201	大和九年	夏，太白昼见，自轩辕至于翼轸	835/5/2—835/7/28	《新唐书》，第862页	- 3.86~- 4.24	33.0~45.9	夏，自井至轸上	自五月己巳在轩辕

（续表）

序号	年份	记录原文	公历日期	史料出处	视星等	日角距（度）	天空位置	备注
202	乾符二年	四月庚辰，太白昼见，在昴	875/6/5（二月庚辰875/4/6）	《新唐书》，第265、863页	- 3.99（- 3.38）	42.2（29.6）	入柳八度（在昴）	太白在昴，自二月甲戌至癸未，庚辰在其间。而四月庚辰，太白在柳。或月有误，为“二月庚辰”；或入宿误，为“在柳”
203	光化三年	十一月丁未，太白犯月，因昼见	900/12/17	《新唐书》，第297、863页	- 3.99	40.4	在垒壁阵，羽林中	当日，太白未尝犯月。十一月戊子，太白犯月，距四度。丁未，太白距月过百度。十二月戊午，太白复犯月，合。日误，或为“十一月戊子”
204	天复元年	五月，自丁酉至于己亥，太白昼见经天，在井度	901/6/5—901/6/7	《新唐书》，第864页	- 4.5、- 4.5、- 4.4	42.3、42.6、42.9	数日间，皆在胃	在井，自闰月丁亥至七月辛亥。太白去井，三十八度余。井，京师分，恐所宿有伪。当在胃
205	天复二年	十月甲戌，太白夕见在斗，去地一丈而坠	902/11/4	《新唐书》，第864页	- 4.50	30.2	入箕一度	夕见在斗下，高度角极大约十度
206	天佑元年	二月辛卯，太白夕见昴西，色赤，炎焰如火	904/3/15	《新唐书》，第864页	- 4.02	41.9	入胃十三度，在昴西	案《旧唐书》，天复四年四月乙巳，昭宗“改天复四年为天佑元年”

对比发现，大部分记录所述情况与回推情况相符，但也有部分记录中的年、月、日等时间出现遗漏或错误，记录位置与逆推位置不符等情形，还有的记录因金星距日很近而无法确定是否为观测所得。本文将后三类记录都归为“问题”记录。表 9-3 中的“问题”记录有 39 条，其中，位置错误的记录 15 条，时间信息不全或错误的记录 14 条，金星近日的记录 10 条。

出现上述“问题”的原因很多。一般而言，历史文献中的“太白昼见”记录难免会在流传过程中出现各种错误，数字、月份及干支更容易出现传抄或印刷错误。也有将其他星与太白混淆、其他天象记录文字窜入等情况。此外，逆推天象时有些假设条件与古人认定的可能不一样[1]，就会导致回推天象与记录天象有差别。因此，不能一看到古代记录与回推天象不符就简单地就断言古人因“政治需要”或其他因素而伪造天象。

“太白昼见”记录的可靠性分析

由于实际观测受到金星亮度、地平高度、天气以及观测者条件等因素的影响，很难确定金星在何种条件下能在白天被观测到。但是总的来说，金星亮度越高，距离太阳越远，它就越容易被观测到。因此可以通过分析金星的视星等和日角距来探讨“太白昼见”记录的可靠性。

[1] 以五星凌犯的“犯”为例，古人认为“七寸以内即为犯”，根据王玉民的研究成果，7 寸约合 1 度，而刘次沅则认为“五度以内为犯”。

视星等亮度取 –4.00 和 –3.90 两个参照值，日角距以 40.0 度为基准点，每 10.0 度递减，作为参照值，根据校正后的数据（表 9–3），按“太白昼见”记录的朝代前后顺序排列，统计金星视亮度和日角距分布，见表 9–4。

表 9–4　金星视星等和日角距的数值分布

朝代	记录条数	视星等		距日角度				
		＜-4.00	-4.00~-3.90	≥40.0	30.0~40.0	20.0~30.0	10.0~20.0	0~10.0
东汉	19	11	4	7	8	3	0	1
三国	9	8	1	7	1	0	0	1
晋	55	37	3	32	7	11	1	4
宋	15	13	1	10	3	0	0	2
南齐	17	12	1	10	6	1	0	0
梁	7	4	1	3	4	0	0	0
陈	13	8	3	2	9	2	0	0
北魏	26	19	2	15	7	2	0	2
北周	1	1	0	1	0	0	0	0
北齐	0	0	0	0	0	0	0	0
隋	5	5	0	4	1	0	0	0
唐	39	31	7	30	5	2	2	0
总计	206	149	23	121	51	21	3	10
比例	100%	72.33%	11.17%	58.74%	24.76%	10.19%	1.46%	4.85%

由表 9–4 中的统计结果可知，金星昼见时亮度超过 –4.00 的记录有 149 条，约占总条数的 72.33%，加上亮度超过 –3.90 的记录共有

172 条，约占总条数的 83.50%；金星昼见时日角距差超过 40.0 度的记录有 121 条，占总条数的 58.74%，加上日角距超过 30.0 度的记录条数，累积比例达到 83.49%，即绝大多数记录的情况是金星亮度高、距日远，符合“昼见”理想条件。据此可以推断，这些“太白昼见”记录应当是实际观测的记录，真实性是比较高的。

从“问题”记录看《天文志》的编纂

现在回过头来对那些“问题”记录进行分析。发现被人为改变“昼见”时间或位置的记录有 8 条，如下：

（1）“青龙三年十月壬申，太白昼见在尾，历二百余日恒见。”（《晋书·天文志》）

（2）“宁康二年，十二月甲申，太白昼见在氐。”（《晋书·天文志》）

（3）“（太元）八年四月甲子，太白又昼见，在参。占曰：‘魏有兵丧。’”（《晋书·天文志》）

（4）“（太元）十年四月乙亥，又昼见于毕昴。占曰：‘魏国有兵丧。’”（《晋书·天文志》）

（5）“（元嘉十四年）五月丙子，太白昼见，在太微。”（《宋书·天文志》）

（6）“（武德）九年五月，太白昼见。”（《新唐书·天文志》）

（7）“（武德九年）六月丁巳，（太白昼见）经天。”（《新唐书·天文志》）

（8）“（武德九年，六月）己未，又经天在秦分。”（《新唐书·天文志》）

这些记录与5次历史事件相关，现就这些记录分析历史事件如何影响“太白昼见”的记录。

记录（1）指向了“司马懿平定公孙渊叛乱”事件。天文软件演示：青龙三年，从九月庚辰开始太白进入尾宿，到十月壬申，太白已经到达牛宿三度的位置，与尾宿相距较远。《三国志》中也记载了这次“昼见”，但未指明在何宿。《宋书》《晋书》中明确太白在尾宿（尾宿的分野为燕），并说“二百余日恒见”，似乎是为了点出“燕有兵”，且事态严重。历史事实是，公孙渊“自立为燕王，改元，置百官”。诸侯自立，与中央王朝分庭抗礼，引起魏国朝野震动。这场声势浩大的叛乱在一年之内就被“晋宣帝司马懿”讨灭，这无疑显示了“晋宣帝”英明神武、功勋卓著。但是，“二百余日恒见”的说法与《三国志》中的“（青龙）四年春二月，太白复昼见”矛盾，因为中间只隔180多天。而从史料的可靠性来看，《三国志》要优于《宋书》和《晋书》，因此“二百余日恒见”的说法当为伪造。这个情况表明，古人可能为了附会某种政治形势而对天象的位置和可见时长做一些篡改。

记录（2）对应的是“王坦之薨”。王坦之是兖州刺史，氐宿所对应的分野为兖州，这在分野上对应上了。但回推当时太白的位置，应在奎宿。奎、氐两宿相去100度之多，不可能是观测误差所致。事实上，史载王坦之是徐、兖二州刺史，而奎宿的分野是徐州。不难想象，古人初次记录本次“昼见”时因知道太白在奎，所以才把它跟“王坦之薨”对应起来。但似乎天象发生的位置在后来文献中未记录或没有保存下来，到编纂《晋书》的时候太白“在奎”记录已经不存，编纂者为了让这次“太白昼见”和“王坦之薨”呼应，就凭氐宿是兖州分野来对应兖州刺史王坦之的事件，进而选取相应的占辞，结果出现系列错误。很明显，本条记录中，史官在“太白昼见”的位置上进行了错误的推演，占辞也随之错误。

记录（3）和记录（4）分别发生在“淝水之战”前后。参为魏分野，如果太白所在宿记录在参，就能得到“魏有兵丧”的占辞。经推导，太白在参宿是在五月乙卯至六月甲子期间。而根据记录（3）中的时间，可以推出当日太白在胃、昴之间，此时太白距参宿30度以上，观测误差可能较小。太白在胃，对应的分野是赵。据此可判断，编纂者在记录中错补了“在参”，进而由相应的分野导致选择错误的占辞。根据记录（4）中的所记时间，推出太白位置在胃宿11度，所在分野为赵国，对应的占辞应为“赵国有兵丧”。太白的位置距离昴宿很近，可视作在胃、昴之间。而魏国分野是从毕12度至东井15度，此时太白距其最近也达26度，不大可能是观测错误。参考后文中的事应，如“赵魏连兵相攻”“符坚被姚苌所杀”等内容，应当是编纂者根据这些发生在赵、魏等地的兵丧，将天象发生的位置调整成兼顾赵、魏分野的“毕昴”，进而后继的编纂者仅凭魏地来选择占辞，以致占辞也发生错误。

记录（5）与记录（2）的情况相似。在《宋书》中，“太白昼见在太微”与“月犯东井”“太白犯舆鬼”“岁星入轩辕”“荧惑犯上将”“荧惑犯左执法”等天象并置，对应的事件有“皇后袁氏崩，丹阳尹刘湛诛，尚书仆射殷景仁薨”。当天，太白的实际位置在轩辕左角，而“太白在太微”是从六月戊子到七月癸丑，两个位置相距10度左右，因观测不精准而导致记录错误的可能性较小。根据《开元占经》[1]中“太白占”的占辞，“太白昼见在轩辕左角”的占辞有“女主当之”“女主有忧”等内容，本可以与“皇后袁氏崩”对应，“太白在太微”的占辞主要对应的则是反将逆臣相关内容，“太白”之名本身具有“主兵”“主杀”“主诛罚”占星含义。可以推测，

[1] 瞿昙悉达．开元占经[A]//庾季才，瞿昙悉达．四库术数类丛书．上海：上海古籍出版社，1990：524-527.

原始记录中的“在轩辕左角”没有保存到《天文志》编纂的时代，编纂者根据“太白主诛伐、刑罚”的特点挑选“丹阳尹刘湛诛”作为其对应的事件，再加上古人不精确的回推水平，致使错推出“太白在太微”。

记录（6）、（7）、（8）发生在“玄武门之变”前夕。秦分，自东井16度至柳8度，但这几次太白昼见时所入宿都不在秦分野，最近时距度也超过30度，应当不是观测误差所致。武德九年（626年）六月秦王李世民发动“玄武门之变”，“弑兄杀弟”夺得皇储之位，进而取得皇位。基于这样的历史背景，“太白昼见”固然有“改政易王”的占星意义，更多的还是“强臣争”“大国弱，小国强”的意思，该天象若为高祖或隐太子知晓，并不会对太宗有利。考虑天文特殊的政治影响力，这些“昼见”记录更应该是唐太宗用来解释自己才是“天命所归”的“天意”证据，充当了“弑兄杀弟”“大逆不道”的遮羞布，于是在史书上留下多次并不在秦分的“太白昼见”在秦分的记录。

根据对上述8条“太白昼见”记录的分析，可以大略了解史官编纂《天文志》的流程：先确定天象，由其占辞范围确定事应，并选定合适的占辞，使事应有据可依；然后对天象发生的时间和位置、占辞的解释等信息进行一些调整，使各项之间的关系更加“自洽”。

具体来说，编纂者列出天象、选定天象也就意味着占辞及其占星的范围被限定，根据各类星经解读该天象的占星意义，选取历史上发生各类事件中的一件或几件作为事应，其中一些记录还要补齐由观测记载或通过计算逆推等方式得到的天象发生时间和位置等信息（时间、位置等信息在观测之初应该是确切的信息，大约到编纂时已经散佚和错漏了一部分，所以才有很多时间、位置信息不完整或明显不符合事实的天象记录），然后由天象和事件来选定占辞，做占辞解释，再根据实际需要对天象发生的时间和位置、占辞解释等信息进行调整，形成一条“完整”的天象记录。

从这个过程中可以看出，编纂工作是建立在观测记录的基础上，把事件与天象对应起来，补充占辞，部分记录不惜改变天象的时间和实际位置，甚至对占辞进行不合理的解读，而不是去伪造事实上不存在的天象以迎合人事需要。这种做法虽然会暴露记录中天象的时间、位置及占辞等作伪的痕迹，却从侧面说明天象当初为观测所得，在某种程度上反而证明了天象的真实性，史官凭空捏造出事实上并没有发生的天象的可能性不大。这样的做法一方面不合经典，要承担离经叛道的政治压力，另一方面有悖中国古代著史一贯秉承的“直书”“实录”的“职业道德”[1]，即便有，也只是占很少的部分，并不妨碍绝大多数天象记录的真实性。

在天文记录中还经常出现“以晷度推之”的方式来确定天象位置，说明有些天象为在前人记录基础上推导补充的结果，因此没有必要多此一举地凭空伪造天象。

结　　论

通过对东汉至唐代正史中的天象记录进行整理，发现共有206条“太白昼见”记录。对这些天象进行回推，发现其中有10条记录中，太白

[1] 刘知几．史通新校注[M]．赵吕甫，校注．重庆：重庆出版社，1990：445-446.

离太阳太近，在白天看到的可能性不大，另有 29 条记录存在时间错漏、天空位置不符等情形。我们称这些记录为“问题”记录。经考证，其中 29 条记录中的“错误”大都可以得到合理的解释，它们并不是纯粹的伪造，而是基于实际的天文观测。对这些记录进行整理、校正和分析，发现大部分的记录中金星亮度高、距日远，这符合亮度高、日角距大时金星在白天更容易被观测的常识。据此，我们认为该时期正史中的“太白昼见”记录基本上是实际天文观测的结果。

从东汉到唐代的《天文志》中的天象记录大体由天象、占辞、事应三部分组成。古人记录天象后会选择占辞解释天象，同时也会择取军国大事与之对应，组成一条占星活动记录。通过研究发现，它们三者，特别是后二者的对应关系往往是相互妥协的——基本上是占辞和事应围绕着天象编排，而不是将就对应某个重大历史事件或占辞去伪造一个根本不曾发生的天象。

总之，中国古代的天文主要是为政治服务的工具，天象记录中故意写错时间、位置的现象也偶尔存在，但我们不应因此而怀疑大多数天象记录的真实性。如果要以天象记录中少数错误来质疑史官的职业操守，并将各种原因造成的错误记录当作史官出于政治需要而伪造、篡改或者虚构天象以“上应天文、下应人事”的依据，恐怕是偏离事实的，至少在“太白昼见”这一天象的记录上是失之武断了。

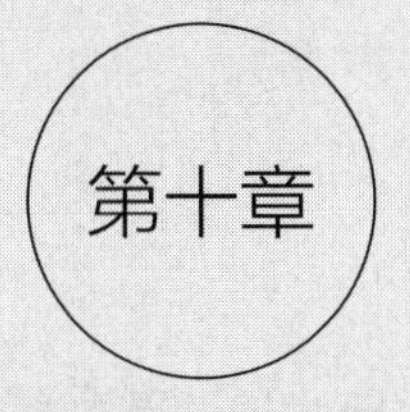

第十章 验历与中国古代历法的制定

罗依然

制定历法是中国古代天文学中一项非常重要的工作，可以说中国古代天文学史就是一部历法史。历法并不只是历日安排，更是一种数理天文学体系，用以预测天体的位置及天象的发生，因此，历法的优劣要用实际发生的天象来检验。所以，验历是中国古代历法制定过程中一个非常重要的环节。改历过程中往往有多方参与，一部历法要确立颁布，需要进行认真的、具有组织性的检验。

“太初改历”是已知的中国古代最早的历法改革活动，由于沿用秦代《颛顼历》时间太久，历法导致出现较大误差，大中大夫公孙卿、壶遂、太史令司马迁上言：“历纪坏废，宜改正朔。”“太初改历”伊始，中国古代民间天文学家落下闳与邓平、唐都等 20 多人以及官方天文学家公孙卿、壶遂和司马迁各有方案，相持不下，最后形成了 18 家不同的历法。多家历法之间激烈争论，并且进行实际观测和比较，最终采用了邓平与落下闳的历法，认为其与观测现象结合得更为精密，即《太初历》。元封三年时，太史令张寿王以阴阳不调为理由，认为应该停用《太初历》，改用《调律历》。于是皇帝命鲜于妄人对历法进行检验，请 20 余人观测日月晦朔弦望及八节二十四气，《太初历》均符合。又请丞相、御史、大将军、右将军在林清台观测，比较 11 家历法的疏密。观测从元封三年十一月朔旦冬至一直进行到元封五年十二月，结果是张寿王的历法和天象所差甚远，而《太初历》最密。后来，张寿王又多次上书认为《太初历》不适用，最终险些入狱。“太初改历”到元封六年正式结束，之间的检验与争论过程耗时三十六个月，终于是非论定，得以确认。从“太初改历”的过程中可以看出，中国古代对验历非常重视，验历过程中存在着辩论与比较，各历家都对制历和验历报以严肃态度，甚至不惜为自己的坚持冒生命危险。

历本之验在于天，验历活动需要耗费大量的人力、物力，中国古代对其投入了极大的精力，用天象检验历法是历法制定过程中的一大重要环节。用何种天象来验历，与当时人们对天象的认识及把握程度有关，验历所采取的方法和标准，根源自中国古代历法“合天为本”的思想。一般选取能够观测得比较准确但还不完全确定的天象进行验历，这样的检验才较为准确并且具有争论的余地和必要。例如汉代主要采用月相与日食来验历，很少用到五星检测法，而到唐宋时期五星检验较为普遍，这是因为汉代人们对五星的认知还很不准确，观测偏差也较大，唐宋时期人们对五星运动规律逐渐掌握，五星检验法便提上议程。验历时所选取的天象的变化显示着中国古代数理天文学的进步和发展，检验的标准也越来越严格，这是“合天为本”的“历本说”的自然延伸。在用某种天象对历法进行检验时，判定其“优”与“密合”的标准多是与实际天象符合的次数，验历时，以符合观测多次者为优。这种选择机制在一般情况下是正确的，但也未必完全可靠。

本章探讨中国古代为什么要验历、如何认识验历活动以及用何种方法验历，通过考察汉代至元代验历所选取天象的变化，研究验历活动背后中国古代人们的自然观、天象观及对天体运行规律的认识。

为什么要进行验历

中国古代历法的制定是以天文观测为基础的，但天文观测得到结果并不代表历法的确定，制历就是要根据所观测到的天象构造出一个尽可能与天相合的模型。构造模型的方法各有不同，与天象的符合程度也因而不同，验历的必要性就在于此。

陈美东考察了中国古代先后行用的53部历法[1]，总结出需要改历的原因主要是朔差、气差、宿差、日月食差、五星行度差以及王朝更迭、新帝即位而废旧改新，还有小部分历法是由于闰月及大小月安排问题、漏刻时刻失准等原因进行改历。其中，与实际天象不合的改历约占改历总数的80%，而与政治因素相关的只占20%，且政治因素往往不是导致改历的唯一因素，所以，不符合天象是中国古代改历的主要原因，改历时，气朔、交食以及五星检验最受重视，这恰恰体现出了以天为本的历本思想。

中国古代并没有比较精确的观测仪器，无法得到完全真实的天体运行轨迹及规律，只能通过较为粗略的观测和推算来制定历法，这样的历法在规律数字的把握上会出现不可避免的误差，且误差会随着时间推进不断积累。中国古代历法的制定，是技术因素和政治因素共同作用的结果，所谓“顺乎天而应乎人”，故而至多300年，历法就必须有所变化，

[1] 陈美东．中国古代天文学思想[M]. 北京：中国科学技术出版社，2008：359–367.

才能与天相合。

关于历法行久必差的原因，古人也有诸多讨论，东汉早期的贾逵指出天体运动状况是变动不定的，历法只是对其进行描摹的模型，其间存在必然的差距。晋代的杜预在《春秋长历》中阐述了历差产生的三大原因：一是运动之物的状况总是在变化的，这一点与我国古代阴阳运动的道家思想是一致的；二是“以人验天”所得到的历数存在误差是必然的，人不可能完全精确复刻天体运动；三是误差的累积，积少成多便与真实数据相差千里，于是不得不改历。[1]

古代历法的实质是用数学方法来计算和预测天体位置，发现天文现象，探究天文规律的体系。《后汉书·律历志》中有说“历之验，本在于天”，所以，用天象来判断历法的优劣是验历的基本思想，为了验历，官方机构及古代天文学家会进行大量的观测与记录、推算活动。验历是中国古代非常重要的一项科学实践，内含“验证”的科学哲学思想。验证时，要尽力排除干扰和误差，得到尽量准确的结果，比如会进行多次观测、让不同的人多次使用不同仪器进行观测等，因为“由人测天”是人借助观测仪器进行天体观测，不论是同一人用不同的仪器，还是不同人使用同一仪器，或是同一人用同一仪器进行多次观测，测量结果都是不尽相同的。每次观测时，观测者对瞄准部位等诸多不可测因素的把握都有细小的差异，因而测量误差是不可避免的。所以，对历法的验证，需要进行多次观测，排除偶发的细小因素。

《宋史·律历志》中记载，对《乾道历》“九道太阴间有未密”，宋孝宗下诏“搜访能历之人补治新历”，并且对新的月行法“上之御史台，令测验官参考”，“然后见其疏密”，“从其善者用之”，从中能够看出中

[1] 房玄龄．晋书·律历志 [A]// 中华书局编辑部．历代天文律历等志汇编(五). 北京：中华书局，1976.

国古代对验历活动的重视以及在验历活动中所表现出的验证与对比思想。《魏书·律历志》记载，北魏宣武帝正始四年，公孙崇造《景明历》，"伺察晷度"，"然后乃可取验"，宣武帝下诏令多方学士立晷观测，详细对比记录，但由于"仰测晷度，实难审正"，故而造成"议者纷纭，竞起端绪，争指虚远，难可求衷"的状况，可以看出，验历时的每一个步骤和细节都可能造成相当激烈的争论。

实际上，改历和验历都是为了使历法精密化而进行的，中国古代天文学家运用特有的代数学方法，如调日法、内插法、剩余定理、逐步逼近等方法，力求与天更密合，在验历时能表现出更好的统计结果。以这种标准进行的验历活动，从整体上来说是进步的，在较长时间跨度内，历法与天象的密合程度越来越好，但并不是每次改历都是绝对意义上的进步，可能出现在优化了对某一天象的检验结果的同时，对另一天象的预测变得更不准确了，或是虽然大多数观测都符合天象，但存在少数几次误差极大的情况，这些由验历的标准和机制产生的问题可能使得历法在短期内的精度倒退，但并不影响长期的进步，毕竟检测的严密程度和多样性随着数理天文学的进步逐步提升，能够在验历过程中表现出更密合结果的历法多是优于前代历法的。新的历法能够更准确地预告天体位置、日月交食等，且更加切合百姓的农时季节需求，也在认识天体运动规律方面做出了贡献。

历法在中国古代社会中极为重要，所以与之相关的改历、验历等活动的进行也是十分慎重的，有关学者各自提出理论，官方组织统一观测对其进行验证，其形式与现今的考试选拔制度有些类似，是中国古代天文历法发展进程独有的研究体系。

验历所用天象

验历时，会选取当时的天文水平可观测但并不完全准确、误差在较少范围内的天文现象，已经完全确定的天象或完全不能把握的天象不会用于验历，《元史·历志》中有“历法疏密，验在交食”的记录，这正是因为元代对交食的检验已经达到了较高的水平，而且当时社会对交食现象十分重视。用天象来验历体现了中国古代历法合天为本的思想，刘洪所提出的“追天作历”和“随天为节”，正是将历法与合天紧密联系起来的思想。

验历所选取的天象变化是一个技术难度加大、检验精度提高、范围逐渐扩大的过程，周秦到汉代初期，气朔检验是较为常用的验历方法。验气指的是通过测定八节二十四气（尤其是二分二至）的时间来判定历法的疏密。验朔指的是通过观测月亮望满盈亏及运动状况来判定历法的疏密。汉代晚期到唐宋时期，多用交食检验历法优劣性，即依据历法对日食和月食的预报是否准确来判定历法的疏密，这是因为交食比气朔具有更高的准确性，且更为社会所重视。唐宋以后，古人对五星运动状态及规律的认识有所提升，且五星在恒星天上的位置伏见易于判断，没有模棱两可的余地，因而五星检验历法被提上日程。

验气在验历活动中有着重要地位，《宋史·律历志》中有“必使气之与朔无毫发之差，始可演造新历”的记载，足以说明气朔检验受到极大重视。历史记录中最早的节气验历出现在汉昭帝元凤三年，“太初改历”过程中，太史令张寿王上言废《太初历》，在验历过程中，曾用日月晦朔弦望及八节二十四气检验历法，证明《太初历》优于诸历法，遂沿用。陈美东总结其方法的进步过程：西汉晚期，验气的主要方式是对历法推算节气时刻的准确性进行检验；西汉末年，出现了对冬至点位置进行检验的方法；东汉早期检验每日漏刻长度；刘宋时期检验历法所推晷影长度[1]；隋唐以后，验气已经成为验历过程中不可缺少的一环；在元代，郭守敬创制高表、景符等仪器后，测影验气甚至达到历本地位。

验朔是最早用来验历的方法。西周前，由于没有朔的概念，故用上弦、下弦月及满月、新月来验历，朔的概念产生后，由于发生日食现象才能进行检验，所以当时并无实际天象可用，之前的方法继续沿用，这是西汉最为重要的检验方法。对《颛顼历》“朔晦月见，弦满盈亏，多非是”的批评也是运用了这种检验方法，这也是“太初改历”的起因。东汉晚期不再单纯检验月相，而是检验月亮的位置，汉灵帝熹平年间检验冯恂《九道术》时就使用了测量弦望时月亮所在位置的检测方法，后来这种方法被改进成为可用于任意时日月亮位置的检测的重要验历方法。宋孝宗乾道四年，对《纪元历》《统元历》和《乾道历》三种历法的疏密进行检验，就是依照其对月亮所在位置预测的准确程度来判定的。

交食验历的内容是一个不断充实的过程，陈美东详细梳理了交食验历的进展过程。东汉早期，交食检验还被看作验朔的一种方法。交食检验在中国古代验历活动中非常普遍，汉和帝永元四年，在贾逵论历的过程中，发现《太初历》存在日食不在朔日的现象，出于对“日食在朔”这一理念的坚持，得出“《太初历》不能下通于今”的结论。汉顺帝汉

[1] 陈美东．中国古代天文学思想 [M]. 北京：中国科学技术出版社，2008：385-387.

安二年，太史令虞恭指出“课历之法，晦朔变弦，以月食之验，昭著莫大焉”，表现了用交食检验朔望的思想。

日食记录始于春秋，从西汉开始，日食记录较为全面，并且备受重视。日食独立作为检验历法的标准始于刘洪，刘洪欲改《四分历》，故检验日食，检验了日食的发生时间、亏起方位、食分多少等内容，取得了成功，随即产生了“效历之要，要在日食”的观念。到了隋代，交食检验的过程更加细致，司历刘宜检验张胄玄历时，依历预测584—596年共发生8次月食、3次日食的食时、食分及亏起方位，一一对比，计算平均误差，这种检验开始普遍应用。唐代一行曾评价日食验历的客观性与准确性：“日月合度谓之朔，无所取，取之食也。”

五星之验的思想自汉魏之际就已经出现，但由于数理天文学水平的限制，对于五星伏见日期预测的误差较大，到祖冲之时期，已经可以对五星留、顺行、逆行时所在位置（即宿度）进行检验，精度更高。北魏《兴和历》颁行之初，信都芳便以该历法在五星上“差殊”予以反驳，他提出五星的一个会合周期中的“七头”是7个关节点，历法的检验需以“得七头者造历为近，不得七头者其历甚疏”[1]，这样细致的检测需要长时间的观测。唐代，除“七头”外又提出“行度”，即任一时日五星所在的宿度。五星检验法最终和交食检验法一起成为判定历法疏密的重要依据。

中国古代不乏将不同的验历方法综合起来之例，检验跨越较长的时间，对历法进行气朔、交食、五星等多方面的检验。东汉《四分历》的检验并用验月朔、节气以及交食；祖冲之检验《元嘉历》也涉及了朔差、气差及五星差三个方面；唐代一行制《大衍历》，验气31事、朔39事、冬至点位置20事、交食142事、五星122事，非常详尽。可以看出中国古代对历法的重视、对历法精确的追求以及数理天文学水平的进步。

[1] 陈美东．中国古代天文学思想[M]．北京：中国科学技术出版社，2008：397.

刘次沅[1],[2],[3],[4]统计归纳了汉代到元代有记载的天象记录。西汉到东晋时期，天象记录数量总体越来越多，在东汉及东晋时期记录数量骤增，王朝交替时则骤减，然而日食的记录因具有重要的占星意义，一直平稳分布，彗星、陨石、特大流星等会引起社会广泛关注的重大天文现象也会被更加专业且详细地记录[5]。唐代的天象记录呈现出时段及天象种类分布不均的现象[6]，在750年以前，对日月食的记录较多，750年之后，对月行星位置，即月亮的犯、掩、聚、合、入等现象及一些重大特殊天象的记录较多，对同一天象的观察和记录也越来越细致。结合刘次沅对汉代到元代天象记录的整理得到表10-1，可以看到随着时间的推移，除个别短暂时期外，天象记录的错误率整体呈下降趋势，并且可验算的天象占比越来越高。

表10-1　汉代到元代部分天象记录及错误率

朝代	天象		
	日月食	月行星	错误率
西汉	60	5	20%
东汉	89	40	31%
魏	22	41	32%

[1] 刘次沅.两汉魏晋天象记录统计分析[J].时间频率学报，2015，38（3）：177-187.

[2] 刘次沅.隋唐五代天象记录统计分析[J].时间频率学报，2013，36（3）：181-189.

[3] 刘次沅.《宋史·天文志》天象记录统计分析[J].自然科学史研究，2012，31（1）：14-25.

[4] 刘次沅.《金史》《元史》天象记录的统计分析[J].时间频率学报，2012，35（3）：184-192.

[5] 刘次沅.两汉魏晋天象记录统计分析[J].时间频率学报，2015，38（3）：177-187.

[6] 刘次沅.隋唐五代天象记录统计分析[J].时间频率学报，2013，36（3）：181-189.

（续表）

朝代	天象		
	日月食	月行星	错误率
西晋	34	4	63%
东晋	31	194	27%
隋	20	7	—
唐	201	581	30%
五代	35	176	16%
宋	383	2868	10%
元	78	805	5%

张培瑜[1]总结了我国数理天文学发展的几个阶段。在清代传教士引入西方天文学以前，历法主要经历了观象授时阶段、匀速运动计算阶段以及代数方法变速运动计算阶段。在观象授时阶段，古人对星空和天文学的认知较为初级，用观测自然现象来决定现在的时间、四季、时令、时机等，观象授时的方法还没有找到天文现象的周期规律，也不能使用数学计算的方式。春秋时期人们开始初步掌握天文周期，通过计算而非观测来排定历法，此时，人们认为天体是匀速运动的，这样方便计算，于是产生了平均运动计算阶段。后来，人们发现日月的运动速度并不均匀，隋唐以后，人们便不再使用平均速度来计算天体运动了，而是使用一种表格记录太阳运动快慢规律，通过代数方法修正不均匀运动。宋元明时期的历法，计算采用二次、三次内插，相减、相乘等算法，此时，对日食的预测才变得准确起来。

周秦到刘宋时期，由于晷影测量技术还不发达，测得的冬至时刻偏差较大，为二到三天。到北宋时期，由于祖冲之发明了新的冬至推算方法，误差降至 20 刻左右，南宋时期，降至 10 刻左右，到元代误差仅

[1] 张培瑜，陈美东，薄树人，等．中国古代历法 [M]. 北京：中国科学技术出版社，2008.

为数刻[1]。

朔的概念产生以前，验历使用的是满月、新月及上、下弦月这种最基本的月相，在朔的概念产生之后到日食现象被普遍观测这段时间里，依据月亮的位置验历成为主要手段之一，在此期间也从预测弦望时的月亮位置发展到预测任一时日的月亮位置。

在东汉早中期，对日食的预测主要在于有无日食、何日发生日食之争。东汉晚期以后，对日食的预测更加准确，检验法也得到了改进，可以预测出日食发生在哪一具体的时辰。元代郭守敬用日食的初亏、食甚、复满等时刻对《授时历》及重修《大明历》进行检验，经计算，《授时历》平均误差 1.1 刻，重修《大明历》为 1.6 刻，也就是说，元代交食检验的准确度和测量交食的精度都有大幅提高。明思宗崇祯二年，徐光启督修历法，提出交食之验宜增加多地点的交食有无、加时先后、食分多少等数据，也要考察交食发生时日月的地平高度等，再次提升了交食检验的内涵和深度。

交食检验从一开始作为验朔的一种方法，变成独立的历法检测标准，其内容随着中国古代数理天文学水平的提升不断丰富着，初亏、复满、生光时刻等逐步被纳入交食检验的范畴，同时检验的标准也越来越严格，食时的误差范围从汉代的 10 刻到隋代的数刻、宋代的 2 刻以下，再到元代及以后的半刻左右；食分从北宋的 1 分到南宋及以后的半分左右。交食验历的权威性与交食预测水平的提升是一个相辅相成、共同进步的过程。

验历所选取的天象体现着当时的天文学技术水平，二者是相互促进的过程，天文学技术水平越高，可观测的天象和把握的规律越多，经过其验证的历法就越准确，越精密。

---

[1] 陈美东．观测实践与我国古代历法的演进 [J]．历史研究，1983（4）：85－97.

唐宋时期五星天象进入验历

研究五星运动理论是中国古代历法制定的一项重要前提。近年来，多位学者对“中国古代的行星运动理论”这一课题进行深入研究。曲安京[1]给出了中国古代行星理论的整体框架。蔹内清[2]研究了隋唐时期对行星运动不均匀性的纠正。刘金沂[3]研究了《麟德历》中的行星运动理论。陈美东[4]给出了中国古代历法研究的路线、方法及要素，对比了历代五行会合周期测定精度。张培瑜等[5]以宋元时期历法为例研究了五星视位置计算精度。唐泉[6],[7]用具体数据说明了唐宋时期的行星计算精度。这些学者的工作进一步明晰了中国古代对五星运动问题的把握程度，厘清了中国古代数理天文学的进步过程，为以五星检验为目标的历法研究问题奠定了基础。

[1] 曲安京 . 中国古代的行星运动理论 [J]. 自然科学史研究，2006，25（1）：1–17.

[2] 薮内清，杜石然 . 隋唐历法 [J]. 自然科学史研究，2015，34（4）：403–410.

[3] 刘金沂 . 麟德历行星运动计算法 [J]. 自然科学史研究，1985（2）：144–158.

[4] 陈美东 . 古历新探 [M]. 沈阳：辽宁教育出版社，1995.

[5] 张培瑜，陈美东，薄树人，等 . 中国古代历法 [M]. 北京：中国科学技术出版社，2008.

[6] 唐泉，曲安京 . 北宋的行星计算精度：以《纪元历》外行星计算为例 [J]. 中国科技史杂志，2009，30（1）：46–54.

[7] 唐泉《纪元历》五星定合算法及其精度研究 [J]. 广西民族大学学报(自然科学版)，2013，19（4）：9–17.

唐代以前，中国古代对五星状态的预测误差较大。唐宋以后，由于北齐天文学家张子信为躲避农民起义，隐居海岛，制作了一架浑天仪测量日、月、五星运动，探索其中规律，发现了太阳及五星运动的不均匀性以及月亮视差会对日食产生影响，并提出相应算法，使人们对五星运动的认识有了新进展。这一推进把中国古代对于交食以及太阳与五星运动的认识提升到一个新阶段，为历法检验提供了更准确的新方法。

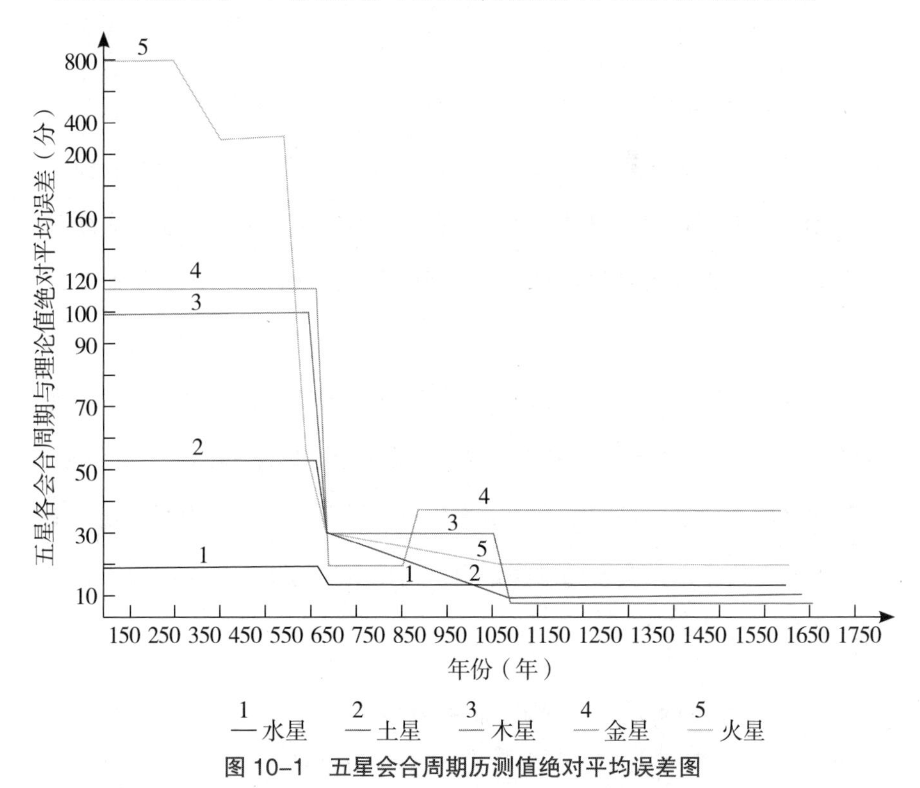

图 10-1　五星会合周期历测值绝对平均误差图

陈美东比较了历代五星会合周期的精度。先秦时期，五星会合周期误差大于 0.5 天，测算水平较低。相比之下，汉代有所提高，但仍然存在不小的误差。对五星会合周期测定的转折点是《皇极历》《大业历》《戊寅历》及《明天历》时期。《皇极历》的制定者刘焯及《大业历》的制定者张胄玄都受到了张子信的影响，将五星不均匀的运动状态纳入计算中，大大提高了预测精度。本节引用了陈美东所绘各阶段五星会合周期历测值绝对平均误差图，如图 10–1 所示。从 600 年左右开始，中国古代对五星周期的预测误差就保持在较低的范围内[1]，这意味着此时已经基本掌握了五星运动规律。但就某一阶段而言，五星会合周期精度会出现倒退的情况。当然，纵观整个历史发展历程，预测准确度是逐步提高的。

本节根据唐泉的研究数据[2]绘制了前代部分历法的木星、火星、土星退度差异曲线，结果见图 10–2。从图中可以看出，宋代以后，五星的观测结果误差较小，基本保持在 0.5 度以内，因此，五星检验从这个时期开始盛行。可以看出，五星检验法的应用也表现出与当时的数理天文学水平相一致的特点。

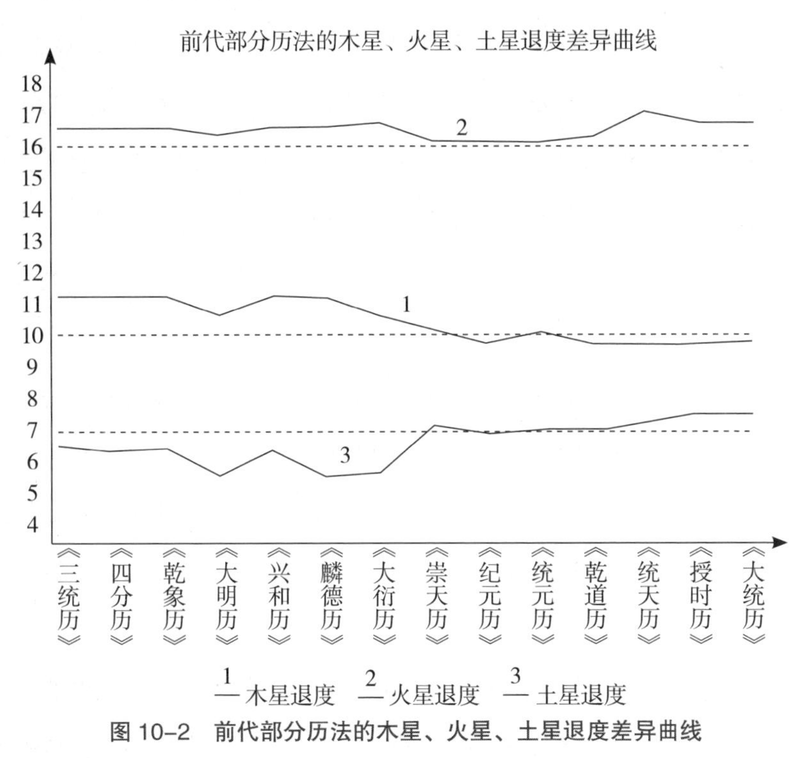

图 10–2　前代部分历法的木星、火星、土星退度差异曲线

[1] 陈美东．古历新探 [M]. 沈阳：辽宁教育出版社，1995.

[2] 唐泉．中国古代五星动态表的精度：以“留”与“退”两个段目为例 [J]. 内蒙古师范大学学报（自然科学汉文版），2013，42（4）：463–470.

从对五星位置预测的准确度可以看出，历法的精确性整体呈提高趋势，但中间会有短暂的倒退现象。这种现象的产生根源于中国古代的自然观以及对因果律的认知。中国古代没有近现代机械论中因果必然的概念，在古代，因果律就是“善有善报，恶有恶报，不是不报，时候未到”的规劝之语，这种因果概念的产生，是为了让人们心生畏惧，产生约束，以促进社会的安定和谐，这是一种建立在逻辑之上相对感性化的认识。因此，古人所持的天象观认为，天行有道但并非必然如此，人事也可能会对天象产生影响，所以在制定历法时，并不会要求与观测到的天象完全相符，五星周期预测的精度倒退现象也极大可能源于此。

南宋杨忠测算回归年长度的计算公式时，发现前代历法所记载的回归年长度与自己的测算有所偏差。他并没有坚持自己的观测与计算结果，而是选择了既能反映回归年长度递减规律，也尽量不违背传统观念的折中方案。这一理论的思想前提并不完全正确，所以得出的公式有很大偏差。当出现新的天文学构想，并产生与传统观念相违背的结果时，古人偏向于选择一个折中之法，既不全面违背传统，也部分揭示出新的理念与结论。

当出现与现行历法预测不符的异常天象时，异常天象会被认为是凶吉之兆，古人并不会因为偶然的异常现象而否定掉现行历法，也不会对其进行规律性把握，而是致力于了解异常天象的占星术意义以及如何消除不详的天象，解释灾异现象的理论基础也是基于元气、阴阳、五星的天人感应学说。

也就是说，中国古代对历法这一模型的选择是有一定容错度的，所造之历需要尽力地符合天象，而不是完全符合、一丝不差，虽然这种思想在一定程度上减慢了天文学的发展速度，但也为更多的假设和构想提供了存在的空间，为中国古代占主导地位的天人感应思想留下了余地。

验历统计性结果与历法优劣判断

古人认为天行有常，也正是这种认为“规律是客观存在的”的科学观促使古人对天行之道进行探索，从而制定历法，并以天为尺来判断历法疏密。历法的制定是以天象观测为基础的，历法之所以会出现误差，是因为古人对天体运动规律掌握得还不够准确。朱熹认为，只要掌握天体运行的固有规律就能够得到完全准确的历法，这一论点也体现出古人对理想化历法的追求，解释了古人在历法制定和修改工作中所做的巨大努力。

为了追求更为准确的历法，古人用天象验历，取优废劣，而衡量优劣的方法是具有统计性质的，即以与观测事实符合次数最多的历法为优，例如在观测的 10 次日食现象中，8 次预测准确的历法优于 6 次预测准确的历法，而实际上，符合次数多并不意味着客观上更真实准确，也许会出现 8 次预测准确的历法中，2 次不准确情况偏离实际观测时间非常远的情况。可以看出，中国古代对历法的验证包含着统计的思想，对验历结果的判断是统计性的而非判决性的，认为符合次数较多的历法更真实，并且能够接受个别历法推算不符合实际天象的情况。

例如，曹魏初年，徐岳用五星法检验《乾象历》与《黄初历》时，在 14 次观测中，《乾象历》七近、二中、五远，《黄初历》五近、一中、八远，于是认为《乾象历》与实际的五星伏见相近较多而相远较少，判定《乾象历》更密。这种判定方法体现了中国古代非决定论的、整体性的自然观。如果将每一次观测的结果看作一个随机事件，那么验历就是对不同历法符合天象的概率进行计算。这是一种非常朴素的统计思想的体现，可以从假设检验的角度排除掉错误较多的历法，但实际上，并非符合次数最多的历法就一定最优，例如徐岳验《乾象历》与《黄初历》时，虽然《乾象历》统计性质更密合于天象，但其对于金星的推算误差非常大，达到了 23.5 日之多。

《统元历》与《乾道历》的验历过程中，天文学家选取了 4 天的月亮位置进行观测，得到表 10–2 的结果。《乾道历》的推测结果平均误差约为 0.6 度，而《纪元历》为 2.8 度，《统元历》为 2.2 度，因此判定《乾道历》更为精确，从而废止《统元历》。虽然从平均误差上来看，《乾道历》有明显优势，但从三月二十四晨的观测结果来说，它产生了较大的误差，导致一部分人认为它“未尽善”。尽管如此，《乾道历》还是以统计性优势被予以颁行。

表 10–2　郭守敬比较《纪元历》、《统元历》与《乾道历》推算月亮位置及误差

日期	实测月亮位置	《纪元历》历推月亮位置	《纪元历》误差（度）	《统元历》历推月亮位置	《统元历》误差（度）	《乾道历》历推月亮位置	《乾道历》误差（度）
三月初九昏	赤道张宿十五度半	赤道张宿十度	5.5	赤道张宿十度	5.5	赤道张宿十五度太	0.3
三月十二昏	赤道亢宿九度少弱	赤道氐度二度太	2.8	赤道氐度三度少	3.3	赤道亢宿九度少弱	0
三月二十晨	赤道斗宿十度	赤道斗宿十一度半	1.5	赤道斗宿十二度少	2.3	赤道斗宿十度少	0.3
三月二十四晨	赤道危宿十度	赤道危宿八度半	1.5	赤道危宿九度	1.0	赤道危宿十度	2.0

郭守敬收集前代 49 次节气记录，用若干前代历法与《授时历》进行比较，结果如表 10–3 所示[1]，得结论“前代诸历较之,《授时》最密”，自信宣称“《授时历》与古历相较，疏密自见，盖上能合于数百载之前，则下可行之永久”[2]。可以看出，判定历法密合与否的标准是符合次数更多，对不符合时的误差大小基本不予关注。

表 10–3　郭守敬比较各历法冬至记录

历法	年代及作者	不符合次数（次）	符合次数（次）	符合率（%）
《大衍历》	唐　一行	17	32	65.31
《宣明历》	唐　徐昂	23	26	53.06
《纪元历》	北宋　姚舜辅	14	35	71.43
《统天历》	南宋　杨忠辅	11	38	77.55
《大明历》（重修）	金　赵知微	15	34	69.39
《授时历》	元　郭守敬	10	39	79.60

同样，郭守敬在用交食发生时刻验证《授时历》及重修《大明历》时，对历法推算结果与观测记录之间的差距定义了 5 个量级，由近及远依次是密合、亲、次亲、疏及疏远。密合指完全同刻，亲指相差 1 刻，次亲指相差 2 刻，疏指相差 3 刻，疏远指相差 4 刻，结果如表 10–4、表 10–5 所示，由此得到《授时历》更为密合的结论。其中，《授时历》不仅符合天象的次数更多，并且不符合的情况下，相差较大的情况更少。其对历法疏密的判断在以符合次数多为依据的基础上，对不符合的的情况也予以考虑了，初步具备了统计中“分布”的思想，使得“整体符合”的概念更加完备和精确。

[1] 陈美东．中国古代天文学思想 [M]. 北京：中国科学技术出版社，2008：385.

[2] 宋濂．元史·历志 [A]// 中华书局编辑部．历代天文律历等志汇编（九）. 北京：中华书局，1976.

表 10-4　郭守敬比较《授时历》与重修《大明历》日食记录
（221—1277 年日食“三十五事”）

亲疏度	密合（刻）	亲（刻）	次亲（刻）	疏（刻）	疏远（刻）
《授时历》	7	17	10	1	0
《大明历》（重修）	2	16	8	3	6

表 10-5　郭守敬比较《授时历》与重修《大明历》月食记录
（434—1280 年月食“四十五事”）

亲疏度	密合（刻）	亲（刻）	次亲（刻）	疏（刻）	疏远（刻）
《授时历》	18	18	9	0	0
《大明历》（重修）	11	17	14	2	1

宋孝宗乾道四年，以五星之法判断《统元历》《纪元历》《乾道历》的疏密，结果如表 10-6 所示。从表中可以看到《乾道历》《纪元历》《统元历》平均误差分别约为 0.2 度、0.7 度、1.5 度，所以判定《乾道历》最优，予以颁行。这实际上是对五星行度的随机抽样检验法，检验结果具有可靠性。

表 10-6　以五星法比较《纪元历》《统元历》《乾道历》疏密记录 [1]

日期	历法	与木星的差度（度）	与土星的差度（度）	与火星的差度（度）
三月十一晨	《统元历》	3/4	7/6	
	《乾道历》	1/6	1/4	
三月二十晨	《纪元历》		11/12	2/3
	《统元历》		7/3	7/6
	《乾道历》		0	1/12
三月二十四晨	《纪元历》	1/2	3/2	1/2
	《统元历》	3/2	31/12	1/2
	《乾道历》	1/6	1/6	1/2
三月二十七晨	《纪元历》	1/4	1	0
	《统元历》	7/12	5/2	3/2
	《乾道历》	1/12	1/12	1/2

[1] 陈美东 . 中国古代天文学思想 [M]. 北京：中国科学技术出版社，2008：398.

在验历活动中，中国古代对“优”和“密合”的判定依据是统计性的，这可以反映出古人天人感应及整体性的宇宙观。在古人的观念中，人类自身与周围外界是不可分割、相互关联的整体，主体与客体之间的统一性并不需要机械的因果关系进行连接。在这种观念的引导下，天地万物规律性的变化就被看作宇宙秩序，对天象、物候、季节等规律性变化的掌握就成了古代天文学的重要内容。古人对天文知识的追求是建立在天、地与人相协调的基础上的。天与地的联系即借用天象以编制历法，并用天象予以检验；天与人的协调即古代备受推崇的星占术。

用统计性结果来判定历法的优劣，与中国古代的思想传统及自然观相关。中国古代看重整体性，对于整体中的大多数是否符合规律极其看重，这也是统计思想的前提，即以群体性或大多数所表现出来的固有规律为研究对象。同时，在测量用来验历的天象时，一般会选取多个日期或时间点，这体现出了抽样调查的思想方法，结果具有可靠性。中国古代历法的发展进程体现了辩论、检验的科学思想，是一项独立、完整并有其自身进步机制的体系。

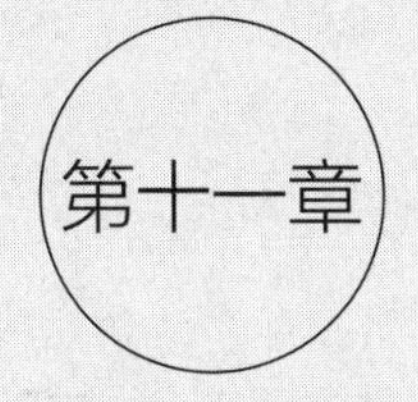

第十一章 “天下之中”“土中”与“地中”概念辨析

徐　丹

"天下之中"是中国古代重要的建都理论之一，其在夏商之前就已初见端倪，经西周丰富完善后为历代所继承，与中国传统"中心观""天下观"的形成和发展关系密切[1]，而与此紧密相关的几个概念，如"土中""地中""天地之中"，也都被划为同义词。我们在对文献进行梳理后发现，以上四个词语分别属于两个不同概念，但是在历史发展的过程中逐渐脱其原义，经历了逐步趋同的过程。

总览前贤研究可以发现，几乎所有关于"天下之中""天地之中""土中""地中"的讨论，都未分析其具体含义。例如，关增建曾著文对天文学史中的"地中"进行系统梳理，将史料记载为"天下之中""天地之中""土中"的不同地点一并列为"地中"，总而论之[2]；刘长东在讨论"天下之中"的具体位置和选地特征时，将传世文献记载为"天地之中"的地点并入讨论[3]；张强虽明确指出"天下之中"与"天地之中"存在区别，

[1] 李久昌."天下之中"与列朝都洛 [J]. 河南社会科学，2007（4）：114–117.

[2] 关增建.中国天文学史上的地中概念 [J]. 自然科学史研究，2000（3）：251–263.

[3] 刘长东.武王周公作雒原因考论 [A]// 四川大学中国俗文化研究所.项楚先生欣开八秩颂寿文集.北京：中华书局，2012：233–290.

但认为“由于天下的‘中心’位置具有很强的政治、文化意蕴，所以古人更关注的是‘天下之中’，在具体表述中常将二者混用，但实际含义多指‘天下之中’”[1]；周书灿虽然将“天下之中”与“天地之中”分开讨论，但并未解释原因，且其所提及的“天地之中”仅指嵩山，所取材料时代较晚，不能追本溯源[2]。

由上可见，此四者之间的关系复杂难清，但是，“土中”为“天下之中”最初表达形式的观点已经得到了学界的普遍认可，而“地中”和“天地之中”与其他二者的关系则有待梳理。我们认为，“地中”“土中”“天下之中”和“天地之中”是完全不同的几个概念，但在历史发展过程中，这些概念被混淆，因此被后世误认为同义词。

“中”是一种方位，与之相对应的是“四方”。目前所见最早的“四方”出自甲骨文，例如“东方曰析，风曰协；南方曰因，风曰凯；西方曰彝，风曰夷；北方曰伏，风曰役”[3]，这表明商人已经具有了非常清晰的空间方位观念。晁福林在对清华简《保训》的“中”字进行解读后，认为“居中”为“中”的本意，甲骨文中“中”的出现，表示“中”观念正式形成。[4]

[1] 张强．“天下之中”与周公测影辨疑 [J]. 自然辩证法研究，2013，29（7）：84-89.

[2] 周书灿．“天下之中”与“天地之中”的文化意蕴 [N]. 河南日报，2019-8-30（10）.

[3] 郭沫若．甲骨文合集 第5册 第1期 11480 ~ 14821[M]. 北京：中华书局，1982.

[4] 晁福林．观念史研究的一个标本：清华简《保训》补释 [J]. 文史哲，2015（3）：22-32，165.

“天下之中”“土中”与“地中”

（一）“土”与“天下”

甲骨文中的“土”表示受中央政府统治的地理区域，多与方位词联用。甲骨卜辞中记载了商王祈丰的过程，“己巳王卜，贞：[今]岁商受年。王占曰：吉。东土受年。南土受年。吉。西土受年。吉。北土受年。吉。”[1]根据补文，由于“商”是指商王朝的统治范围，因此与之相对应的“东土”“南土”“西土”“北土”应指商王朝统治的4块地理区域。周人继承了商人的四方观念并对其进行了发展完善。[2]《尚书·酒诰》载有“我西土惟时怙，冒闻于上帝……”[3]“乃穆考文王，肇国在西土”[4]，《尚书·牧誓》载有“西土之人”[5]，此二处的“土”与方位相连，表示西部区域。随着西周生产力的发展和分封制的建立，“土”也用于完整的疆土。宗周钟铭文中“勤疆土”[6]的“土”已经脱离了方位词，与“疆”对应，表示中央政府控制的疆域范围。

[1] 郭沫若．甲骨文合集 第12册 第5期 35343～39476[M]．北京：中华书局，1982.
[2] 邓国军．殷周时期“中”观念的生成演变：兼论殷周制度文化的沿革[J]．古代文明，2018，12（1）：80-88，127.
[3] 孔颖达．尚书正义[M]．上海：上海古籍出版社，2007：532.
[4] 孔颖达．尚书正义[M]．上海：上海古籍出版社，2007：549.
[5] 孔颖达．尚书正义[M]．上海：上海古籍出版社，2007：420.
[6] 郭沫若．甲骨文合集 第1册 第1期 1～1139[M]．北京：中华书局，1982.

"天下"一词晚出，甲金文中未见。《书·大禹谟》载有"奄有四海，为天下君"[1]，《尚书·诏告》载有"其惟王位在德元。小民乃惟刑用于天下"[2]，《尚书·顾命》载有"燮和天下，用答扬文武之光训"[3]，此中"天下"，均指中央政府政治势力的覆盖范围，但是由于生产力低下，这个势力范围不一定是中央政府直接控制的疆域。春秋战国时期，"天下"一词的含义出现了新发展。《管子·封禅》载有"兵车之会三，而乘车之会六，九合诸侯，一匡天下，诸侯莫违我"[4]，"天下"的含义与前代相同，表示政治势力的覆盖范围，但在《管子·地图》中，"缮器械，选练士，为教服，连什伍，遍知天下，审御机数，此兵主之事也"[5]中的"天下"则表示什伍制度所能覆盖的范围，而什伍制度的覆盖范围是某一中央政府能够直接控制的疆域范围。由此，"天下"不仅具有政治势力范围的含义，也可表示实际的疆域范围。

由上述分析可知，"天下"多表示政治势力的覆盖范围，虽然这一范围不一定是中央政府直接控制的疆域范围，但理论上都臣服于中央政府。"土"则主要表示特定的地理范围。后期二者含义重合，都可以指代整个疆域。

（二）"土中"与"天下之中"

相较于"天下之中"，"土中"一词使用年代更久远，且指代明确。[6]目前有明确记载的"土中"均指成周（即洛邑，后文统称为成周）。《尚

[1] 孔颖达．尚书正义 [M]. 上海：上海古籍出版社，2007：124.

[2] 孔颖达．尚书正义 [M]. 上海：上海古籍出版社，2007：587.

[3] 孔颖达．尚书正义 [M]. 上海：上海古籍出版社，2007：740.

[4] 黎翔凤．管子校注 [M]. 北京：中华书局，2004：532.

[5] 黎翔凤．管子校注 [M]. 北京：中华书局，2004：953.

[6] 张强．"天下之中"与周公测影辨疑 [J]. 自然辩证法研究，2013，29（7）：84–89.

书·召诰》载“王来绍上帝，自服于土中。旦曰：‘其作大邑，其自时配皇天’”[1]。另可见《逸周书·作雒解》载“乃作大邑成周于土中……南系于洛水，北因于郏山，以为天下之大湊”，“土中”表示成周的坐落之地，可代指成周，即周疆域的地理中心。[2]

“天下之中”是在“天下”的范围内寻找一个点，而此点需要具备一个显著的特征，就是“近四旁”。《荀子·大略》载“欲近四旁，莫如中央，故王者必居天下之中，礼也”[3]，“四旁”与“中央”结合，共同构成了王者统治的疆域，而“中央”即指“天下之中”，表示疆域的中心位置。《吕氏春秋·慎势》载“古之王者，择天下之中而立国”[4]，根据前文“欲近四旁，莫如中央”可以基本确定，“天下之中”的“中”应指“中央”，而“天下”则是指包括“中央”与“四旁”在内的疆域。这与《史记·周本纪》中“此天下之中，四方入贡道里均也”[5]所表达的内涵别无二致。“天下”包含“四方”，指代需要向周王朝缴纳贡赋的地区。因此，“天下”表示西周的疆域范围，而“天下之中”则是在疆域范围的一个相对中心的地理位置，一般为都城所在之地，由于自此处到疆域各处的距离均等，信息有效性可以发挥到最大，是最理想的建国立都之处，即李久昌所说的“天下之中”建都理论[6]。由此，或可认为，“天下之中”最初是选择都城的标准，可指代建都之地，即一个国家的政治中心。

[1] 孔颖达.尚书正义[M].上海：上海古籍出版社，2007：583.

[2] 王克陵.西周时期“天下之中”的择定与“王土”勘测[J].湖北大学学报（哲学社会科学版），1990（2）：46-53.

[3] 王先谦.荀子集解[M].北京：中华书局，1988：485.

[4] 许维遹.吕氏春秋集释[M].北京：中华书局，2009：460.

[5] 司马迁.史记[M].北京：中华书局，2012：170.

[6] 李久昌.周公“天下之中”建都理论研究[J].史学月刊，2007（9）：22-29.

随着历史发展，"天下之中"的含义产生了变化和发展。例如，《史记》中记载了3处不同的"天下之中"。除《史记·周本纪》[1]中的成周（政治中心）外，《史记·货殖列传》[2]又记三河和陶为"天下之中"。对此，王克陵认为，三河地区为"天下之中"，是因为"天下之中"被与都城挂钩[3]，即古都。史念海在对战国时期的经济都会进行分析后指出，"朱公以陶为天下之中，诸侯四通，货物所交易也"，则是从商业角度将当时作为重要的商业都会的陶地称为"天下之中"[4]，即经济中心。由此可以发现，西汉时期，"天下之中"除表示疆域地理中心和政治中心外，亦可指代商业版图的中心。此后，被称为"天下之中"的地点不断增多，例如元金时期的燕京亦被称为"天下之中"，但将经济中心称为"天下之中"的情况则不再见。因此，"天下之中"成了都城的代名词。[5]

由上述可以发现，"天下之中"从最初的择都标准，逐渐发展成了都城的代名词。这正如关增建所言，所谓"天下之中"，极有可能是疆域范围内极其重要的中心城市。[6]

另外，"天下之中"首次指代明确的地点，是在《史记·鲁世家》中，"（周公）曰：此（成周）天下之中，四方入贡道里均也"，这里明确表

[1] 司马迁．史记 [M]. 北京：中华书局，2012：170.

[2] 司马迁．史记 [M]. 北京：中华书局，2012：3954.

[3] 王克陵．西周时期"天下之中"的择定与"王土"勘测 [J]. 湖北大学学报（哲学社会科学版），1990（2）：46-53.

[4] 史念海．释史记货殖列传所说的"陶为天下之中"兼论战国时代的经济都会 [J]. 人文杂志，1958（2）：77-87.

[5] 龚胜生．试论我国"天下之中"的历史源流 [J]. 华中师范大学学报（哲学社会科学版），1994（1）：93-97.

[6] 关增建．中国天文学史上的地中概念 [J]. 自然科学史研究，2000（3）：251-263.

示成周为“天下之中”，这不仅是“天下之中”首次具有明确的位置，也是成周首次被称为“天下之中”，由此，以成周为连接点，“土中”“天下之中”成为同义词。《白虎通义》载“王者京师必择土中何？所以均教道，平往来，使善易以闻，为恶易以闻，明当具慎，损于善恶”[1]，可知在汉人观念中，“土中”已不再仅指成周（洛邑），而代指京师，与代指都城的“天下之中”同义。

由上，“土中”与“天下之中”虽原意不同，但至迟在西汉时期成为同义词，指都城。

（三）“地中”

《说文·土部》载：“元气初分，清、轻、阳为天，重、浊、阴为地。万物所陈列也。从土，也声。”“地”的本意为与天相对的大地、地面，而后引申出表疆域等含义，如《周礼·大司徒》载“诸公之地，封疆方五百里”[2]。

“地中”历来被认为是一个与古人宇宙观念紧密相关的概念。关增建认为“地中”源自古人的地平观念，“既然地是平的，其大小又是有限的，地表面当然有个中心，这个中心就是地中”[3]。张强认为“地中”是与“天中”相对应的概念，位于天枢垂正下方[4]，即《隋书·天文志》所谓的“北极之下为天下之中”[5]。但是根据目前已有材料，“地中”最初恐与地平观念无甚关系，也并不是天枢对应的大地中心。

[1] 班固. 白虎通义 [M]. 北京：中国书店出版社，2018.

[2] 郑玄. 周礼注疏 [M]. 贾公彦，疏. 彭林，整理. 上海：上海古籍出版社，2010：300.

[3] 关增建. 中国天文学史上的地中概念 [J]. 自然科学史研究，2000（3）：251–263.

[4] 张强. “天下之中”与周公测影辨疑 [J]. 自然辩证法研究，2013，29（7）：84–89.

[5] 魏征，长孙无忌. 隋书 [M]. 北京：中华书局，1973：521–522.

《吕氏春秋·有始览》中记录了一个以天枢为天之中的宇宙模型,"凡四极之内，东西五亿有九万七千里，南北亦五亿有九万七千里。极星与天俱游，而天枢不移。冬至日行远道，周行四极，命曰玄明。夏至日行近道,乃参于上。当枢之下无昼夜"[1]。在这个模型中,天枢在天空中固定不动，以天枢为圆心，日月围绕其旋转，由于日月均环绕天枢，所以天枢垂直对应在地面上的地点无昼夜。这个无昼夜的地点应是此天文模型构画的"地中"，但不是传世文献中多次出现的"地中"，因为无昼夜即无日月，而"地中"是一年四季均有阳光照射并且产生日影以定四时的地点。

《周礼·大司徒》载:"以土圭之法测土深，正日景，以求地中。日南则景短，多暑；日北则景长，多寒；日东则景夕，多风；日西则景朝，多阴。日至之景尺有五寸，谓地之中：天地之所合也，四时之所交也，风雨之所会也，阴阳之所和也。然则百物阜安，乃建王国焉，制其畿方千里而封树之。"[2] 其中,"日至之景尺五寸"是择"地中"的条件,"建王国"是择"地中"的目的,三者紧密结合,组成了后人奉为圭臬的"择都理论"。但其实，除去"日至之景尺五寸"这个条件，这里的"地中"与《荀子·大略》和《吕氏春秋·有始览》中的"天下之中"并无区别，都是指适宜建都之处，此处甚至多了一些形而上的描写，要求建都之处"天地之所合也，四时之所交也，风雨之所会也，阴阳之所和也"。

《周礼·瑞典》中的"土圭以致四时日月,封国则以土地"[3] 可与《周

[1] 许维遹.吕氏春秋集释[M].北京：中华书局，2009：281-282.

[2] 郑玄.周礼注疏[M].贾公彦，疏.彭林，整理.上海：上海古籍出版社，2010：295-296.

[3] 郑玄.周礼注疏[M].贾公彦，疏.彭林，整理.上海：上海古籍出版社，2010：633.

礼·大司徒》中的“以土圭之法测土深，正日景，以求地中”[1]内容相辅。“致，亦谓之底也”[2]，据孙怡让之意，土圭是用来确定四时日月和四方方位的工具。张强认为土圭有两种用途：建国时求“地中”，即“致日”；分封诸侯时度地以正四方，即“土地”。[3]土圭“致四时日月”是根据测得的影长变化，而“封国以土地”则是基于天地平行的理论背景，利用“日影千里差一寸”的公式，进行土地测量以分封诸侯国。需要注意的是，无论是定四时还是度土分封，都需要在“地中”进行。换言之，《周礼·瑞典》中的这句话中也隐含了与《荀子·大略》中的“欲近四旁，莫如中央，故王者必居天下之中”相同的理论，即以“地中”为中心进行四方诸侯国的分封。

因此，此处的“地中”与前述“土中”“天下之中”含义相同，均表示营建国都之处，体现了“中国早期政治与经济地理思想”[4]。

（四）“地中”与“日至之景尺有五寸”

“日至之景尺有五寸”的条件源自何处呢？

《周礼·大司徒》载“以土圭之法测土深”[5]，贾公彦疏“土圭尺有五寸”[6]，可知其尺寸为“一尺五寸”，其使用方法为《文选·张衡〈东

[1] 郑玄.周礼注疏[M].贾公彦，疏.彭林，整理.上海：上海古籍出版社，2010：295.

[2] 孙怡让.周礼正义[M].北京：中华书局，2013：1593.

[3] 张强.“天下之中”与周公测影辨疑[J].自然辩证法研究，2013，29（7）：84-89.

[4] 王克陵.西周时期“天下之中”的择定与“王土”勘测[J].湖北大学学报（哲学社会科学版），1990（2）：46-53.

[5] 郑玄.周礼注疏[M].贾公彦，疏.彭林，整理.上海：上海古籍出版社，2010：295.

[6] 郑玄.周礼注疏[M].贾公彦，疏.彭林，整理.上海：上海古籍出版社，2010：296.

京赋》李善注引郑玄曰“夏至之日，竖八尺表，日中而度之，圭影正等，天当中也”[1]，可知土圭的尺寸固定为一尺五寸，似专为夏至日测影量身打造，这似乎表明，一尺五寸这个数据由来已久，已经成为一种标准。

郑玄注“景尺有五寸者，南戴日夏万五千里，地与星辰四游升降于三万里之中，是以半之得地之中也”[2]，贾公彦疏“‘夏至之景，尺有五寸，冬至之景，丈三尺’者，皆《通卦验》文”[3]，即一尺五寸的数据是由“天道之数”推论而出的另一个“天道之数”[4]。与郑、贾二人不同，隋代的刘焯认为这些数据为实际测量，也正是因为此，他对以日影一尺五寸的标准择“土中”的方法提出了疑议[5]，而清代的江永则明确指出“是景以土中而定，非土中因景而得也”[6]，张强分析后总结出“先有‘天下之中’的预设，然后才有‘尺有五寸’的标准”。[7] 与之相反，徐凤先认为应先有一尺五寸影长标准，再择“土中”之都城。[8]

目前关于夏至日和冬至日日中影长的记载主要有两组（表 11-1）。

[1] 萧统．文选 [M]. 李善，注．上海：上海古籍出版社，1986：98.

[2] 郑玄．周礼注疏 [M]. 贾公彦，疏．彭林，整理．上海：上海古籍出版社，2010：298.

[3] 郑玄．周礼注疏 [M]. 贾公彦，疏．彭林，整理．上海：上海古籍出版社，2010：634.

[4] 张强．“天下之中”与周公测影辨疑 [J]. 自然辩证法研究，2013，29（7）：84-89.

[5] 魏征，长孙无忌．隋书 [M]. 北京：中华书局，1973：521-522.

[6] 江永．周礼疑义要举 [M]. 王云五，编 上海：商务印书馆，1936：12.

[7] 张强．“天下之中”与周公测影辨疑 [J]. 自然辩证法研究，2013，29（7）：84-89.

[8] 徐凤先，何驽．“日影千里差一寸”观念起源新解 [J]. 自然科学史研究，2011，30（2）：151-169.

表 11-1　二至日中影长记载数据与出处

序号	夏至日日中影长	冬至日日中影长	数据出处
1	一尺五寸	一丈三尺	《淮南子·天文训》[1]、《周礼·大司徒》[2]
2	一尺六寸	一丈三尺五寸	《周髀算经》[3]

第一组数据出现频率较高且被承袭，成为后世确定“地中”的重要标准。郑玄认为第一组数据来源于阳城[4]，即今登封告成镇，而贾公彦则认为这组数据来源于成周[5]。黎耕在对登封地区西汉时期夏至日和冬至日日中的影长理论值进行推算后发现，其结果与《淮南子·天文训》《周礼·大司徒》中的记载十分接近。[6]近来考古发现证明，阳城（王城岗遗址）为禹都，是禹时代的“地中”，在其地测得的影长被记录并流传下来是很有可能的。这正如徐凤先所言，“历史上影长一尺五寸的地方曾作为重要的政治中心”。[7]因此，第一组数据很可能是某一时期禹都阳城实地测量得出的结果。

第二组数据仅见于《周髀算经》。基于第一组数据存在真实性的可能，该组数据极有可能是来自某时某地的实际观测。经过实际观测发现，

[1] 张双棣．淮南子校释 [M]. 北京：北京大学出版社，1997：432.

[2] 郑玄．周礼注疏 [M]. 贾公彦，疏．彭林，整理．上海：上海古籍出版社，2010：295.

[3] 周髀算经 [A]. 杜石然，郭书春，刘钝．李俨钱宝琮科学史全集（第四卷）．沈阳：辽宁教育出版社，1998：28.

[4]《周礼·大司农》郑注“郑司农云：‘土圭之长尺有五寸，以夏至之日立八尺表，其景适与土圭等，谓之地中。今颍川阳城地为然。’”。

[5]《周礼·大司农》贾疏“周公摄政四年，欲求土中而营王城，故以土圭度日景之法”。

[6] 黎耕，孙小淳．陶寺Ⅱ M22漆杆与圭表测影 [J]. 中国科技史杂志，2010，31（4）：363-372，360.

[7] 徐凤先，何驽．“日影千里差一寸”观念起源新解 [J]. 自然科学史研究，2011，30（2）：151-169.

陶寺遗址夏至日日中影长一尺六寸，冬至日日中影长一丈三尺五寸，与《周髀算经》的影长数据一致。[1] 根据考古发现，陶寺为尧都，是尧时代的“地中”。所以，第二组数据很可能是尧时期在“地中”平阳（陶寺遗址）测量的数据。

贾公彦认为周公定成周采取的是圭表测影的方法，“周公摄政四年，欲求土中而营王城，故以土圭度日景之法”[2]，但根据目前所有史料，并无材料可为其提供证据，因此我们倾向于周公定成周采用的是卜筮之法。具体内容，张强在其文章中已做过详细论述[3]，此不赘述。但无论如何，可以发现，至迟东汉以后，人们对这两组数据的来源已不甚清楚。

经过上述分析可以发现，尧都平阳、禹都阳城和周都成周的日至之景存在区别，且各时代择“地中”建都城的方法并不一定是圭表测影。因此，我们认为，无论是“日至之景尺有五寸”还是“日至之景尺有六寸”，均不是三代甚至更早时期的古人测“地中”的方式，它只是某一时代的“地中”在夏至“日至之景”的长度。它因是当时定四时的重要数据而被流传下来，但因时代久远，在流传过程中逐渐脱离所产生的情景，而被误当作测“地中”的标准，甚至被附会为周公所测之数据[4]。

[1] 黎耕，孙小淳．陶寺Ⅱ M22 漆杆与圭表测影 [J]. 中国科技史杂志，2010，31（4）：363-372，360.

[2] 郑玄．周礼注疏 [M]. 贾公彦，疏．彭林，整理．上海：上海古籍出版社，2010.

[3] 张强．“天下之中”与周公测影辨疑 [J]. 自然辩证法研究，2013，29（7）：84-89.

[4] 黎耕，孙小淳．陶寺Ⅱ M22 漆杆与圭表测影 [J]. 中国科技史杂志，2010，31（4）：363-372，360.

“天地之中”

“天地之中”常被当作“天下之中”的同义词使用[1][2][3]，所以，昆仑、建木、日中无影等“天地之中”的特点在后世被纳入“天下之中”的范畴，在与特定的时代背景结合后，产生了须弥山夏至日中无影、阳城周公测影台等现象。

《吕氏春秋·有始览》中出现了与前述《吕氏春秋·慎势》中的“天下之中”含义完全不同的“天地之中”，或可以将此与其他时代相近的传世文献结合，溯其原义。

《吕氏春秋·有始览》载:“冬至日行远道，周行四极，命曰玄明。夏至日行近道，乃参于上。当枢之下无昼夜。审堂下之阴而知日月之行，白民之南，建木之下，日中无影，呼而无响，盖天地之中也。”[4] 这段话前述“盖天说”的宇宙模型，后述“天地之中”的相关内容。前辈学者多将“天地之中”理解为地之中，即天枢垂直对应的大地自然地理中心。[5], [6] 但是

[1] 关增建．中国天文学史上的地中概念 [J]. 自然科学史研究，2000（3）：251–263.

[2] 刘长东．武王周公作雒原因考论 [A]// 四川大学中国俗文化研究所．项楚先生欣开八秩颂寿文集．北京：中华书局，2012：233–290.

[3] 张强．“天下之中”与周公测影辨疑 [J]. 自然辩证法研究，2013，29（7）：84–89.

[4] 陈其猷．吕氏春秋新校释 [M]. 上海：上海古籍出版社，2001.

[5] 关增建．中国天文学史上的地中概念 [J]. 自然科学史研究院，2000（3）：251–263.

[6] 张强．“天下之中”与周公测影辨疑 [J]. 自然辩证法研究，2013，29（7）：84–89.

根据这则材料的内容可以发现，天枢之下无昼夜，而“天地之中”有昼夜。若其无昼夜，又怎会有日中时刻？即“天地之中”并不在天枢垂直对应的正下方。《淮南子·地形训》所载“建木在都广，众帝所自上下，日中无景，盖天地之中也”[1]与《吕氏春秋·有始览》相似，虽然建木的具体位置不同，但都强调了“天地之中”具有“日中无影”的特点。建木是一种神木，“百刃无枝，上有九欘，下有九枸”[2]的形态，本就极富神话色彩。《山海经·海内南经》记载白民之国有建木[3]，但此处建木的形态与《山海经·海内经》完全不同，不知是因为建木之名是为神木之统称，还是两处树木重名。但无论如何，张强判断建木所在之地绝非中原[4]的观点，应是正确的，所以，我们无法从中原之地找到由建木标志的“天地之中”，这与前述“天下之中”的特点完全不同。《山海经·海内经》所载“建木……大暤爰过，黄帝所为”[5]，为“众神自上下”提供了证据。因此，袁珂认为建木为沟通天地之“天梯”，是古人心中通天的工具之一。[6]我们认为，或许与通天之山类似，建木并不特指某一棵或某一类植物，而是代指所有具有“天梯”功能的植物。

文献中关于建木和“天地之中”的记载并无特指性，且对“日中无影”的出现时间并未做具体规定，即并非夏至日的日中时刻。根据《吕氏春秋·有始览》中的“极星与天俱游，而天枢不移”的“盖天说”宇宙模型可知，太阳是在天空中绕天枢不停游移的，因此在古人所认知的地域范围内就会有无数个地点在非夏至日日中时刻便具备“日中无影”的条件。但是再结合“呼而无响”“大暤爰过，黄帝所为”及建木“百刃无枝，上

[1] 张双棣．淮南子校释 [M]. 北京：北京大学出版社，1997：432.

[2] 袁珂．山海经校注 [M]. 北京：北京联合出版社，2014：377.

[3] 袁珂．山海经校注 [M]. 北京：北京联合出版社，2014：246.

[4] 张强．“天下之中”与周公测影辨疑 [J]. 自然辩证法研究，2013，29（7）：84-89.

[5] 袁珂．山海经校注 [M]. 北京：北京联合出版社，2014：377.

[6] 袁珂．山海经校注 [M]. 北京：北京联合出版社，2014：378.

有九欘，下有九枸”的特点，可以猜测，“天地之中”似乎是指通神之地，而“日中无影”“呼而无响”是为烘托其神话氛围，“大暤爰过，黄帝所为”则是为了证明其确有通天功能。

综上，在梳理了“天下之中”“土中”“地中”“天地之中”的最初含义之后，我们发现时代稍晚的材料中关于这四个词的含义明显发生了混淆。

《艺文类聚》“昆仑虚在西北，去嵩高五万里，地之中也”，这可能是“天地之中”与“地中”的混淆导致的。昆仑虚、西王母在西汉早期墓葬美术中便已十分常见，而西王母授药则是墓主人升天成仙必须经过的步骤，因此，昆仑虚、西王母、授药成为了人死后由鬼而仙必须具备的三个要素，并流传后世。昆仑虚上虽无建木，但通天、通神的功能与“天地之中”相似，因此在隋唐时期被称为天地之中并不难理解。这是“天地之中”与“地中”的混淆。

《释迦方志》记载何承天与慧严的辩论，“昔宋朝东海何承天者……问沙门慧严曰：‘佛国用何历术，而号中乎？’严云：‘天竺之国，夏至之日，方中无影，所谓天地之中也。此国中原，影圭测之，固有余分……明非中也。’”此处“天地之中”的限定条件较之以前多了“夏至之日，方中无影”，可知慧严所谓“天地之中”为自然地理概念的天地之中，且位于北回归线附近的佛国印度确有此自然现象发生。但是，这种夏至日中无影标定出来的天地之中，并不符合盖天说“天地之中”。由此，也便可以理解，为什么《隋书·天文志》“天似盖笠，地法覆盘，天地各中高外下。北极之下，为天地之中，其地最高，而滂沱四隤，三光隐映，以为昼夜”[1]中的“天地之中”位于天枢的正下方了。但如果“天地之中”与天枢相对应，那么就不会具有“日中无影”的特征了。

[1] 魏征，长孙无忌．隋书[M]．北京：中华书局，1973：521-522.

相似的例子不胜枚举，例如，《宋史·律历一》“古今测验，止于岳台，而岳台岂必天地之中”[1]是“天下之中”与“天地之中”的混淆；《通典·边防典》“日月所临，华夏居土中，生物受气正。……以度数推之，则华夏居天地之中也”是“土中”与“天地之中”的混淆；《徐霞客游记》“按嵩当天地之中，祀秩排列次序为五岳首，故称嵩高”[2]，嵩山为“天地之中”的说法自唐代开始流行，可能是因为其地理位置近阳城，因此这可能是“土中”与“天地之中”的混淆。

结　论

（1）“天下之中”“土中”和“地中”最初含义不同，但后期都可指政治疆域范围内的中心。“天地之中”是指通天、通神之处，并非位于《隋书·天文志》所记载的“北极之下”[3]。

（2）史料中记载的夏至日日中影长尺有五寸和尺有六寸，冬至日日中影长丈三尺和丈三尺五寸极有可能均是古人在当时的“地中”实际观测得到的真实数据，但是在流传的过程中，观测地点与观测数据之间的联系断裂，导致这些数据成为后人择“地中”的标准，且执着于将“地中”固定为阳城或成周。

[1] 魏征，长孙无忌．隋书 [M]. 北京：中华书局，1973：521–522.

[2] 徐霞客游记 [M]. 朱惠荣，译注．北京：中华书局，2016.

[3] 魏征，长孙无忌．隋书 [M]. 北京：中华书局，1973：521–522.

（3）夏至日和冬至日日中时刻的影长并不是三代甚至更早的古人择“地中”的标准。古人也没有根据夏至日和冬至日日中时刻的影长择“地中”的观念。此为后世误传。

（4）“天地之中”在隋唐之后常用于表达“天下之中”的含义。

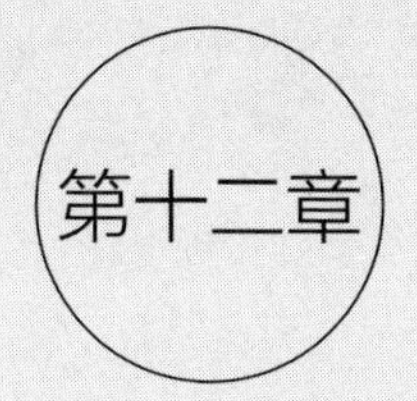

第十二章 郭守敬四丈高表测影研究

肖 尧

圭表测影是中国古代重要的天文观测手段，通过圭表测影确定至日时刻，是历法制定的关键内容，因此，圭表测影一直为古代天文学家所重视。中国古代的圭表测影多用八尺表，据研究，表高八尺的制度在东周已经形成[1]，其后 1000 多年里，历朝官方几乎都用八尺表进行测影。元代郭守敬建四丈高表之前，官方仅在南朝梁武帝时使用过九尺表，郭守敬之后，明、清官方还使用过四丈、六丈和一丈表。综观中国古代的圭表测影，郭守敬对于圭表测影技术的革新无疑是最突出的，因此，本章从更细节的层面研究郭守敬的四丈高表测影。

郭守敬用四丈高表和景符测日体中影，测影精度十分之高[2]。李约瑟认为郭守敬建四丈高表,是“受到了阿拉伯仪器巨型化倾向的激励”[3]，不过史料中并无对此说法的明确支持。尽管很难说清郭守敬是否受到阿拉伯仪器巨型化倾向的影响，但从《元史・天文志》中的“圭表”介绍

[1] 伊世同．量天尺考 [J]. 文物，1978（2）：10–17.

[2] 陈美东．郭守敬等人晷影测量结果的分析 [J]. 天文学报，1982，23（3）：299–305.

[3] 李约瑟．中国科学技术史・天文学卷 [M]. 北京：科学出版社，1975：284.

中，我们可以分析出郭守敬将表高定为四丈的原因。

对于郭守敬四丈高表的讨论，除了对郭守敬将表高定为四丈的原因进行分析，四丈高表本身对测影精度的影响也需要重新考量。值得说明的是，过去学者对于郭守敬定表高为四丈的原因未有专门的讨论，而对于四丈高表对测影精度的影响则基本默认为使用四丈高表可以提高测影精度。事实上，郭守敬定表高为四丈并非随意而定，它有自身的合理性，但以现代知识来看，这种合理性有其局限。四丈高表是否比八尺圭表的测影精度更高，也需要更进一步地分析。郭守敬四丈高表的测影精度，应注意基于准确测影地点的误差分析才更为可靠，因此，本章参考了有关测影地点的研究工作。最后，本章对古代各个时期圭表测影的技术水平及革新进行了相关梳理和分析。

郭守敬为何建四丈高表进行测影

中国古代使用八尺圭表进行测影的传统由来已久，后代如果要改变圭表的高度，往往需要说明缘由。古人进行圭表测影，主要是用来推算冬至时刻。为了得到准确的冬至时刻，历代天文学家往往先要测得准确的表影数据。在郭守敬等制定的《授时历》中，所定冬至时刻十分准确（其误差在 1 刻以内）[1]，其中四丈高表测得准确的表影数据

[1] 陈美东．论我国古代冬至时刻的测定及郭守敬等人的贡献 [J]. 自然科学史研究，1983，2（1）：51-60.

是一个重要因素[1]。现在看来，郭守敬的四丈高表测影显然提高了测影精度，但如果追问郭守敬将八尺表改为四丈高表的理由，还是需要优先从文献记载中寻找答案。在《元史・天文志》的“圭表”一段中，有如下记述：

按表短则分寸短促，尺寸之下所谓分秒太半少之数，未易分别；表长则分寸稍长，所不便者景虚而淡，难得实影。前人欲就虚景之中考求真实，或设望筒，或置小表，或以木为规，皆取端日光，下彻表面。今以铜为表，高三十六尺，端挟以二龙，举一横梁，下至圭面共四十尺，是为八尺之表五。圭表刻为尺寸，旧一寸，今申而为五，厘毫差易分别。[2]

这段描述中，郭守敬先说表短的缺点，“按表短则分寸短促，尺寸之下所谓分秒太半少之数，未易分别”，意思是，如果表短，那么影长就短，尺寸之下的分、厘、毫就不易分辨（“分秒太半少之数”当是借用浑仪天体位置测量的用语，以描述“未易分别”[3]）。后面说如何消除这个缺点，“圭表刻为尺寸，旧一寸，今申而为五，厘毫差易分别”，这是说圭面上刻有尺寸，过去一寸的影长，如今伸展为五寸，这样一毫一厘的差异就能够分辨。

用现代知识来解读这段话，我们会产生一个疑问：为什么四丈高表比八尺圭表更容易分辨毫厘的差别？因为在实际测量中，当圭面的最小刻度值不变时，厘毫差异的分辨难度也是不变的。而四丈高表圭面的最

[1] 肖尧，孙小淳．郭守敬圭表测影推算冬至时刻的模拟测量研究[J]. 中国科技史杂志，2016，37（4）：397-412.

[2] 宋濂．元史・天文志[A]// 中华书局编辑部．历代天文律历等志汇编（四）．北京：中华书局，1976：1190，1193.

[3]《孙子算术》云：“蚕所生吐丝为忽，十忽为秒，十秒为毫，十毫为厘，十厘为分。”（语出《隋书・历律志上》）分秒相差1000倍，“分”“秒”并用不常见。同时，长度测量中不用“太半少”描述，因此“尺寸之下所谓分秒太半少之数”当是借用的表述。

小刻度并不会比八尺圭表圭面的最小刻度更小，因此测影时，使用四丈高表不会比使用八尺圭表更容易分辨毫厘的差异。

显然，郭守敬所谓的“厘毫差异分别”不能完全按照现代知识来进行理解，我们需要结合其他资料来重新理解这段文字。

在《元史·历志》中的《授时历议》中记载有郭守敬四丈高表 98 天的测影影长值，这些数据中的最小读数为 5 毫（约为 0.12 毫米）[1]，如“十一月十二日辛卯，景七丈五尺八寸八分一厘五毫”[2]。这样看来，5 毫应该是郭守敬当时测影读数的最小值。通过这个认识，“旧一寸，今申而为五，厘毫差易分别”就可以有新的理解，它同时也可以解释高表高度为四丈的原因。

在郭守敬的圭表测影中，毫是最小的长度计量单位，而 1 毫约为 0.02 毫米，根据经验可知，这个长度值（0.02 毫米）凭借肉眼是无法直接读取的。但郭守敬期望的是“厘毫差易分别”，如果从字面上理解，那显然是要能分辨出一毫的差异，也即是说能够读出一毫这个长度值。前面已经提到，郭守敬测影读数的最小值为 5 毫，这个长度值和我们常规刻度尺的读数最小值（0.1 毫米）相当，是可以被直接读取的。明显地，郭守敬当时实际能读到的最小值只有 5 毫，但他期望的最小值却是 1 毫，因此，他采取了一种方法来实现他的预期，那就是增加表的高度。

前面已经提到，单纯增加表高并不会使得测影读数的最小值变小，但增加表高之后，如果仍以八尺表为标准，就可以得到更精确（读数最小值更小）的影长值。具体来说，就是四丈表的影长数据除以 5，就相

[1] 5 毫约为 0.12 毫米，与用刻度尺测量时能读到的最小值 0.1 毫米接近，是有可能通过估读直接读出的。

[2] 宋濂．元史·天文志 [A]// 中华书局编辑部．历代天文律历等志汇编（四）．北京：中华书局，1976：3305.

当于得到了八尺表的测影数据，四丈表的读数最小值为 5 毫，则换算后的八尺表的影长值读数最小值为 1 毫，这样一来，就做到了“厘毫差易分别”。由此可见，郭守敬想达到的“厘毫差易分别”是以八尺表为基准的，所以高表表高四丈，并非随意而定。它是根据郭守敬当时测影能读出的最小值（5 毫）而定出的，5 毫为 1 毫的 5 倍，要想八尺表做到“厘毫差易分别”，高表的高度就需要是八尺的 5 倍，即四丈。如果当时测影读数的最小值是 1 分（约为 0.245 毫米），那么郭守敬很可能使用的就是八丈高表了。

郭守敬四丈高表测影的误差分析

（一）四丈高表测影有没有提高测影精度?

郭守敬为了使“厘毫差异分别”，改八尺圭表为四丈高表，上文已经分析过其缘由。接下来的问题在于，八尺圭表变为四丈高表后，其测影精度有没有提高?

按照一般看法，使用四丈高表测影相较于使用八尺圭表提高了测影精度（即减小了相对误差）。但郭守敬使用四丈高表的测影，不同于以测量工具直接测量实物。郭守敬使用景符的四丈高表测影，其测影误差中除了长度测量中存在的读数误差外，还有一项方法误差。因此，关于郭守敬的四丈高表对测影误差的实际影响，需要更仔细地分析才可以给出结论。

在具体分析之前，需要进行以下说明：

（1）误差分析中，我们以理论影长值[1]作为真值进行误差分析。

（2）为了分析四丈高表对测影误差的影响，我们采用控制变量法进行分析。由于郭守敬使用景符进行圭表测影，因此我们分析的圭表测影也使用景符。

（3）本节我们只从方法原理上进行分析，不考虑测影的实际情况（如表高实际不足四丈等情况）。

上文说到，郭守敬使用景符的四丈高表测影，除了测量影长的读数误差之外，还有一项方法误差，它是由景符引出的误差。使用景符测影读数，太阳光会透过景符在圭面上形成小光斑，测量者需要先判断光斑中的横梁影是否平分光斑，在确认横梁影平分光斑后，再对照圭面上的刻度进行读数。其示意图如图 12–1 所示，具体操作中即判断 AB 与 CD 是否相等，$AB=CD$ 时即横梁影平分光斑。误差分析中，我们首先要对此方法误差进行分析。

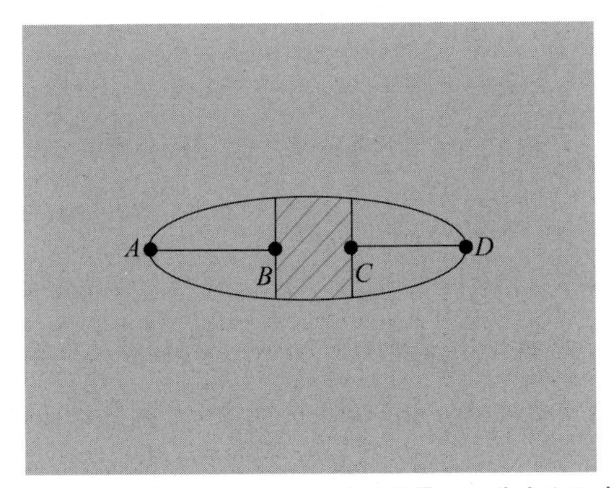

图 12–1　使用景符测影时判断横梁影是否平分光斑示意图

[1] 根据现代天文学知识计算出正午太阳视地平高度，以此计算出的影长值为理论影长值。

使用景符时的圭表测影示意图如图 12-2 所示。光线 S 和 S' 都是从日体中心发出的光线，当横梁影恰好平分光斑时，景符上的小孔位于 B 点，横梁中心影恰与日体中心成像点重合于 A 点，此时 OA 为理论影长 L；当被横梁影平分的两部分光斑长度相差 $2d$ 时，景符小孔位于 B'点，横梁中心影在 A' 点，日体中心成像点在 D 点，此时 OA' 为实测影长 L'，测影误差 $\Delta L=L'-L$，同时易得 $A'D=d$，$AD=BB'=CC'$，再根据三角函数知识，$\Delta L=\frac{H}{h}\times d$。其中 H 表示表高，h 表示景符小孔与圭面的垂直距离。

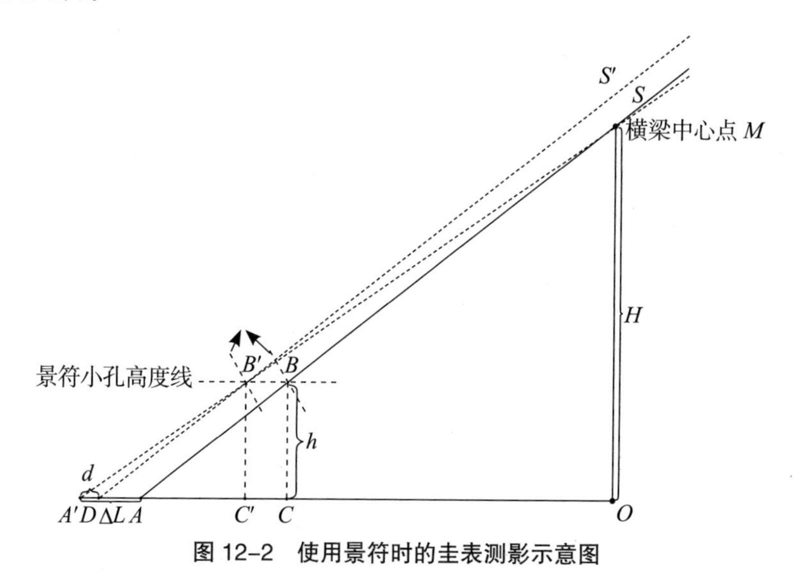

图 12-2　使用景符时的圭表测影示意图

由此可知，当 h 和 d 不变时，$\Delta L\propto H$，也即是说，都使用景符且其他情况相同时，测影误差正比于表高，所以，表高的变化不会改变测影的相对误差。根据现代误差理论[1]，在无系统误差的情况下，可以对测影误差 ΔL 使用贝塞尔（Bessel）公式求得标准差以反映测影误差。

需要说明的是，在郭守敬使用景符测量四丈高表影的过程中，实际上还存在一个明确的系统误差。它受两个因素影响：一是圭面光斑中心

[1] 费业泰．误差理论与数据处理 [M]．北京：机械工业出版社，2015：4.

点与日体中心成像点的偏差，二是横梁影中心点与横梁中心影的偏差。它们都是由圭面与景符铜片不平行造成的。这两个偏差会相互抵消，且前者的偏差要大于后者（因为横梁影比光斑窄），最终形成一个系统误差。需要注意，此系统误差会引起上文所分析的方法误差变动，也就是说，此系统误差会引出一项与表高成正比的随机系统误差。下面以圭面光斑中心点与日体中心成像点的偏差为例来说明此系统误差，做示意图如图 12–3 所示。在图 12–3 中，S' 和 S'' 分别为太阳上下沿发出的光线，S 为日体中心发出的光线，则圭面光斑中心点为 D 点，日体中心成像点为 C 点。其中，CD 的长度与日体中心视高度角有关，以太阳的视直径为 32′ 34″（则图 12–3 中，$\angle\alpha$=16′ 17″），将日体中心视高度角为 27° 30′ 27″（接近 1279 年冬至的太阳视高度角）和 h=8 厘米（根据景符描述和实测经验估计）代入计算，则 CD=0.0162 毫米。此时的系统误差 $\Delta L_{系}=\frac{H}{h}\times CD$=1.98 毫米（$H$ 为四丈高表表高，为 9.81 米）。这里我们将此项随机系统误差称为“中心点偏差”随机系统误差，其数值范围在 ±2 毫米以内。

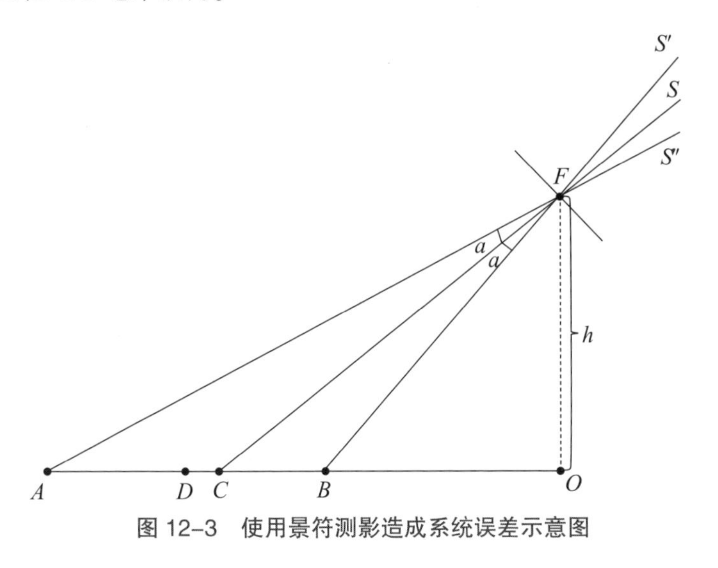

图 12–3　使用景符测影造成系统误差示意图

综合上述分析，我们得出结论：从原理上分析，使用景符的圭表测影中，由于有方法误差与表高成正比，因此单纯地提高表高，并不能减小圭表测影的相对误差。所以，在都使用景符的情况下，四丈高表测影相较于八尺圭表测影，并不会提高测影的精度。其中的主要原因是使用景符测影带有一项方法误差，它使得（在原理上）表高度的改变不会影响测影的精度。同时，当这项方法误差不存在时，四丈高表测影的相对误差会只有八尺圭表测影相对误差的 1/5。

（二）郭守敬冬天圭表测影的精度分析

《元史·历志》中的《授时历议》中郭守敬 1277—1280 年 98 天的高表影长数据记录是分析郭守敬圭表测影精度最为直接可信的材料，分析的方法很简单，即通过现代天文方法回推当年的太阳位置，计算出每日的标准影长，再与史料中的影长数据比较分析精度。需要注意的是，回推计算标准影长时，必须先确定准确的测影地点。那么，这 98 天的影长数据是在何处测量的呢？过去大家默认这个地点为元大都太史院司天台。但参考相关研究[1]，结合我们之前研究的结论，这 98 天的影长数据应该是在两个地点进行测量的，其中可以确定的是，郭守敬 1279 年冬天的测影地点为元朝太史院司天台[2]。因此，分析郭守敬圭表测影精度的合理做法，是只对 1279 年冬天进行的圭表测影进行精度分析。

元代太史院的位置应在现今北京的中国社会科学院内[3]，其地理纬度是北纬 39° 54′ 28″ （按中国社会科学院大楼纬度测算）。已知测量

[1] MERCIER R.Solsticial Observations in Thirteenth Century Beijing[J].SCIAMVS，2003，4：191−232.

[2] 肖尧，孙小淳.《授时历》圭表影长数据测量地点考 [J]. 中国科技史杂志，2018，39（4）：379−389.

[3] 徐苹芳. 中国城市考古学论集 [M]. 上海：上海古籍出版社，2015：162−169.

地点纬度 φ，通过现代天文方法得到当日的太阳赤纬 δ，根据公式：

$$\beta = 90° - \varphi + \delta$$

$$x = \beta + \varepsilon$$

$$x = \frac{h}{\tan \alpha}$$

其中 β 表示太阳正午真地平高度角，α 表示太阳正午视地平高度角，ε 表示蒙气差，h 表示表高，x 表示影长。

我们求出每日的标准影长值 x，再与史料记载的影长数据进行比较分析。现将《元史・历志》中记载的 1279 年 10 月 26 日至 1280 年 2 月 2 日的影长数据、标准影长和误差值（记载影长与标准影长之差）列于表 12–1。

表 12–1 《元史・历志》中 1279 年 10 月 26 日至 1280 年 2 月 2 日的测影数据与标准影长数据的误差表

测影日期及对应公历日期	记载影长（景表尺）	标准影长（景表尺）	误差值（景表尺）	误差值（米）
至元十六年九月二十日甲子（1279 年 10 月 26 日）	56.4925	56.5428	–0.0503	–0.01235
至元十六年九月二十二日丙寅（1279 年 10 月 28 日）	57.8250	57.8818	–0.0568	–0.01393
至元十六年十月朔日乙亥（1279 年 11 月 6 日）	63.8700	63.9182	–0.0482	–0.01182
至元十六年十月初七日辛巳（1279 年 11 月 12 日）	67.7450	67.8148	–0.0698	–0.01711
至元十六年十月初八日壬午（1279 年 11 月 13 日）	68.3725	68.4427	–0.0702	–0.01721
至元十六年十月初九日癸未（1279 年 11 月 14 日）	68.9775	69.0615	–0.0840	–0.02060
至元十六年十月十四日戊子（1279 年 11 月 19 日）	71.9225	72.0062	–0.0837	–0.02053
至元十六年 十月十五日 己丑（1279 年 11 月 20 日）	72.4690	72.5588	–0.0898	–0.02202

（续表）

测影日期及对应公历日期	记载影长（景表尺）	标准影长（景表尺）	误差值（景表尺）	误差值(米)
至元十六年 十月十六日 庚寅（1279年11月21日）	73.0150	73.0985	–0.0835	–0.02048
至元十六年 十月十八日 壬辰（1279年11月23日）	74.0525	74.1321	–0.0796	–0.01953
至元十六年 十月十九日 癸巳（1279年11月24日）	74.5450	74.6249	–0.0799	–0.01959
至元十六年 十月二十日 甲午（1279年11月25日）	75.0250	75.1008	–0.0758	–0.01858
至元十六年 十月二十四日 戊戌（1279年11月29日）	76.7400	76.8147	–0.0747	–0.01833
至元十六年 十一月二十五日 己巳（1279年12月30日）	76.5800	76.6831	–0.1031	–0.02528
至元十六年 十一月二十六日 庚午（1279年12月31日）	76.1425	76.2768	–0.1343	–0.03294
至元十六年 十一月二十八日 壬申（1280年1月2日）	75.3200	75.4054	–0.0854	–0.02093
至元十六年 十一月二十九日 癸酉（1280年1月3日）	74.8525	74.9413	–0.0888	–0.02178
至元十六年 十二月朔日 甲戌（1280年1月4日）	74.3650	74.4592	–0.0942	–0.02310
至元十六年 十二月初二日 乙亥（1280年1月5日）	73.8715	73.9605	–0.0890	–0.02182
至元十六年 十二月初三日 丙子（1280年1月6日）	73.3200	73.4457	–0.1257	–0.03082
至元十六年 十二月初四日 丁丑（1280年1月7日）	72.8425	72.9146	–0.0721	–0.01767
至元十六年 十二月初五日 戊寅（1280年1月8日）	72.2725	72.3703	–0.0978	–0.02398
至元十六年 十二月十二日 乙酉（1280年1月15日）	68.1450	68.2238	–0.0788	–0.01933

（续表）

测影日期及对应公历日期	记载影长（景表尺）	标准影长（景表尺）	误差值（景表尺）	误差值（米）
至元十六年 十二月十八日 辛卯（1280 年 1 月 21 日）	64.2975	64.3496	–0.0521	–0.01277
至元十六年 十二月十九日 壬辰（1280 年 1 月 22 日）	63.6250	63.6872	–0.0622	–0.01527
至元十六年 十二月二十八日 辛丑（1280 年 1 月 31 日）	57.5800	57.6478	–0.0678	–0.01663
至元十六年 十二月二十九日 壬寅（1280 年 2 月 1 日）	56.9150	56.9770	–0.0620	–0.01522
至元十七年 正月朔日 癸卯（1280 年 2 月 2 日）	56.2500	56.3086	–0.0586	–0.01437

根据表 12–1 绘制出误差值的分布图（图 12–4），可以明显地看出，所有误差值为负值，我们认为其中存在系统误差。因此，评估郭守敬 1279 年冬天的圭表测影精度前，需要先修正误差中的系统误差。

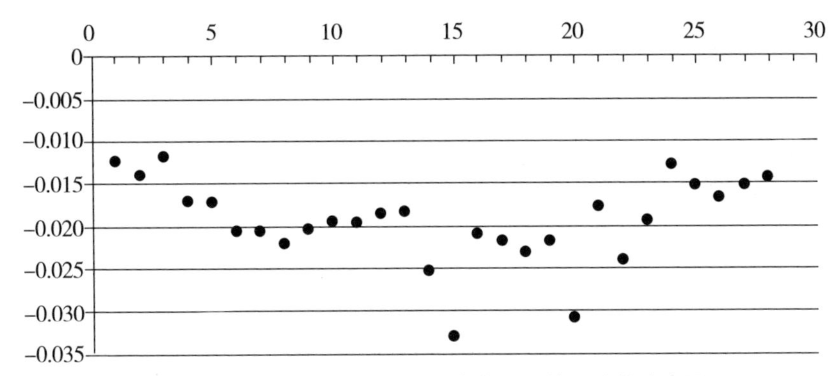

图 12–4　郭守敬 1279 年冬天圭表测影的误差值分布图

郭守敬 1279 年冬天圭表测影的系统误差可能由多种因素造成，如圭表高度是否精确为四丈、圭面是否严格水平、圭面刻度刻划是否均匀等。针对不同的可能，我们需要进行具体的误差分析。

分析的具体步骤是通过最小二乘法求出最或然系统误差，而后对其修正，最后计算标准差评估随机误差水平。标准差根据贝塞尔公式计算

（其中 Δx_i 为误差值，Δl_i 为系统误差，N 为样本个数，σ 为标准差）：

$$\sigma = \sqrt{\frac{1}{N-1}\sum_{i=1}^{N}(\Delta x_i - \Delta l_i)^2}$$

首先单独地分析 3 种常见且规律明显的系统误差，分别为不变的系统误差，如某几块圭面石板的长度实际比规定的长度短；线性变化的系统误差，如圭面刻度每景表尺比实际短；非线性变化的系统误差，考虑高表实际不足四丈的情况。

如果郭守敬 1279 年冬天圭表测影的系统误差为不变的系统误差，则此系统误差可以表示为 a 的形式，通过最小二乘法可求出最或然系统误差 Δl=−19.43 毫米，标准差为 4.99 毫米。

如果郭守敬 1279 年冬天圭表测影的系统误差为线性变化的系统误差，系统误差可表示为 $b \times L$ 的形式（L 为测量影长），通过最小二乘法可求出最或然值 b=−0.2830 毫米 / 景表尺，标准差为 3.87 毫米。

如果郭守敬 1279 年冬天圭表测影的系统误差为表高引起的非线性变化的系统误差，系统误差可表示为 $c \times \cot\alpha$ 的形式，通过最小二乘法可求出最或然值 c=−11.3059 毫米，标准差为 3.87 毫米。

更进一步，我们又分析了 $a+b \times L$，$a+c \times \cot\alpha$，$b \times L+c \times \cot\alpha$，$a+b \times L+c \times \cot\alpha$ 这 4 种混合形式的系统误差，其最或然值分别为 a_1=16.1228 毫米，b_1=−0.5138 毫米 / 景表尺；a_2=16.1635 毫米，c_2=−20.5515 毫米；b_3=245.2379 毫米 / 景表尺，c_3=−9809.5182 毫米；a_4=−0.0141 毫米，b_4=245.2477 毫米 / 景表尺，c_4=−9810.9649 毫米。

明显地，$b \times L+c \times \cot\alpha$ 和 $a+b \times L+c \times \cot\alpha$ 这两种形式系统误差求出的最或然值不符合实际，而 $a+b \times L$ 和 $a+c \times \cot\alpha$ 这两种形式系统误差修正之后，标准差分别为 3.53 毫米和 3.52 毫米。

综合上述分析，我们认为郭守敬冬天圭表测影的随机误差在 4 毫米左右，此随机误差中包含“中心点偏差”随机系统误差。

同时，我们注意到，对郭守敬的圭表测影而言，冬天与夏天的测影误差有所区别。从理论上来说，同等观测水平下，使用景符进行圭表测影，夏天的测影误差会大于冬天的测影误差，这是因为夏季测影时，景符的小孔高度较低，根据公式 $\Delta L=\frac{H}{h}\times d$，测影误差会较大。但根据模拟测量的经验，实测中夏天测影误差往往会小于冬天，这主要有两个原因：一是夏天时光更强，能够更准确地分辨光斑内的横梁中影是否平分光斑；二是夏天的“中心点偏差”随机系统误差比冬天小很多。

中国古代圭表测影技术的革新

前文就表高为四丈的原因、四丈高表本身是否提高测影精度、四丈高表测影精度问题分别进行了探讨，按当时的情境解释了郭守敬改八尺圭表为四丈高表的原因，在此基础上，用现代知识分析指出四丈高表本身并不能提高测影精度，并对四丈高表冬天测影的精度进行了分析，确认了郭守敬四丈高表测影的高精度。毫无疑问的是，郭守敬的四丈高表测影是中国古代圭表测影的重大革新，为了更好地理解郭守敬的创新，我们接下来对中国古代圭表测影技术的革新做一些梳理和分析。

圭表测影的历史悠久，最早与圭表测影相关的文字记载可能是殷朝甲骨文中的一些符号[1]，而用测日中影长的办法确定冬、夏至日期的工作，大约在春秋中期就已进行[2]，当圭表测影成为制定历法的基本方法后，其技术开始逐步精致化，为的是利用更精确的圭表测影数据来提高历法精度[3]。圭表测影技术主要体现在两方面：一是圭表测影的方法原理，二是圭表测影的测量仪器。这两方面的改进都可以算作圭表测影技术的革新。

春秋时期的圭表，以玉石制尺作圭，以木制柱作表。[4]从汉代开始，圭表的材质开始用铜，且把短小土圭改成长尺与表固定在一起。[5]圭表的材质用铜，使测影工作可以长期稳定地进行，有利于历法计算，而圭面和表相连有利于圭表测影的实际操作。《三辅黄图》记载："长安灵台……又有铜表，高八尺，长一丈三尺，广尺二寸，题云太初四年造。"[6]这件八尺圭表是当时官用的测量仪器，它也成为后世圭表的标准制式。尽管八尺圭表成为官方测量的标准尺寸，但圭表还有其他尺寸，通过考古发现的一件东汉时期的八寸铜圭表即是明证。前人研究认为，东汉圭表使用日益广泛，民间已经掌握圭表的使用，并且将圭表尺寸缩小以便携带使用[7]。因此，对于官用圭表，汉代所做的"材质用铜，表高八尺，圭表一体"三点改变是圭表测影技术的重要革新。

---

[1] 萧良琼.卜辞中的"立中"与商代的圭表测影[A]//中国天文学史整理研究小组.科技史文集 第10辑 天文学史专辑3.上海：上海科学技术出版社，1983：27-44.

[2] 黎耕，孙小淳.汉唐之际的表影测量与浑盖转变[J].中国科技史杂志，2009，30(1)：120-131.

[3] 肖尧.郭守敬圭表测影模拟测量研究[D].北京：中国科学院大学，2016：5.

[4] 南京博物院.东汉铜圭表[J].考古，1977（6）：406-408.

[5] 伊世同.量天尺考[J].文物，1978（2）：10-17.

[6] 何清谷.三辅黄图校注[M].西安：三秦出版社，1995：267.

[7] 南京博物院.东汉铜圭表[J].考古，1977（6）：406-408.

汉代之后，官用圭表的形制（材质、尺寸、结构）基本固定。这在一定程度上限制了圭表测影技术的发展，从现有的资料来看，汉代之后数百年里，官用圭表测影技术少有改进。但实际上，传统八尺圭表测影工作中，一直存在一个不能忽视的问题——表端影虚。按我们的研究，造成表端影虚的主要原因是面光源照射产生的半影[1]，而对于表端影虚问题，现存文献少有提及，仅在《元史·天文志》中有一段关于此的记载："前人欲就虚景之中考求真实，或设望筩，或置小表，或以木为规，皆取端日光，下彻圭面。"[2]相关研究已经对此进行过分析，"设望筩"法和"置小表"法可以明确对应到《新仪象法要》和《景表议》中的记载，只有"以木为规"法不能明确，我们分析的结论是：此3种方法都不能有效地解决表端影虚的问题[3]。但需要注意，不能有效解决表端影虚，并不代表没有提高圭表测影的实测精度，对实测而言，操作方法和仪器改良都会产生影响。

元代郭守敬对圭表测影技术进行了3处创新。首先是将传统的八尺圭表增高，表高定为四丈，其目的是要在八尺表的制式下做到"厘毫差异分别"；其次，发明景符（利用小孔成像原理），有效解决表端影虚的问题；最后，测影时以横梁影平分光斑为准，改过去的测日体上边影长为测日体中心影长，使测量与历法计算的轨道相合。与过去一般的看法不同，根据上文的分析可知，改八尺圭表为四丈高表实际上并不提高测影精度，但对当时而言，这项改进是完全合理的。所以，景符才是郭守敬提高测影精度的关键，它真正减小了表端影虚造成的读数误差，是圭

[1] 肖尧．郭守敬圭表测影模拟测量研究[D]．北京：中国科学院大学，2016：12.

[2] 宋濂．元史·天文志[A]//中华书局编辑部．历代天文律历等志汇编（四）．北京：中华书局，1976：996.

[3] 肖尧．郭守敬圭表测影模拟测量研究[D]．北京：中国科学院大学，2016：13-26.

表测影技术进步的关键所在。此外，测日体中心影使得测影更加准确。应该说，中国古代的圭表测影技术在郭守敬时达到了顶峰，郭守敬之后，传统的圭表测影在技术上再无寸进。

明清时期，西方天文学传入，中国传统天文学的正统地位一去不返，与此同时，圭表测影的理论转向西方天文学的解释，不过圭表测影的技术没有进步，甚至发生了退步。这里有一重要的案例可供分析，且能获得与前人不一样的结论。清初传教士天文学家和维护传统的士人就“定气注历还是平气注历”相互争论，双方决定以推算（圭表测）日影长度相较高下，最终南怀仁等传教士推算的日影长度更加准确。在这次推算日影事件中，南怀仁的 3 次推算均被测验官员认为分毫不差[1]，对此黄一农认为，南怀仁的推算中，有两次的推算并不是准确无误的，他的解释是“当时奉旨测验的官员们，或因本身欠缺专业素养，以致态度并不严谨，且对南怀仁多少有所袒护”[2]。王广超则从南怀仁自述和可操作性方面入手，认为“后两次测验中，南怀仁可能还是很准确的”[3]。对于黄一农和王广超的不同观点，有一种可以调和二者的解释，并且这种解释十分合理。我们认为，南怀仁推算日影长度究竟是否分毫不差，需要考虑测影的实际操作。事实上，在不使用景符的情况下，南怀仁计算的日影长度即便有些微误差，也可以被认作“毫忽不差”[4]，而在南怀仁的自述（包括配图）中[5]，我们完全看不到 3 次测影有使用景符的痕迹。因此，我们认为，这次推算日影事件中没有使用景符进行测影，导致测验官员

[1] 南怀仁．南怀仁的《欧洲天文学》[M]. 郑州：大象出版社，2016：19-25.

[2] 黄一农．清初天主教与回教天文家间的争斗 [J]. 九州学刊（美国），1993，5（3）：47-69.

[3] 王广超．明清之际圭表测影考 [J]. 中国科技史杂志，2010，31（4）：447-457.

[4] 南怀仁．南怀仁的《欧洲天文学》[M]. 郑州：大象出版社，2016：295.

[5] 南怀仁．南怀仁的《欧洲天文学》[M]. 郑州：大象出版社，2016：295，307.

们本身就不能测得准确的日影长度，因此黄一农所说的南怀仁的计算影长与实测影长有数分[1]误差，就完全可以理解了。

纵览中国古代的圭表测影，从汉代的铜制八尺圭表成为官用圭表的标准形制开始，圭表测影技术在很长时间内没有进步，直到宋元时期，实测之风的再度兴起才令圭表测影技术进一步发展，郭守敬对圭表测影的方法和仪器所做的改进使得四丈高表测影成为中国古代圭表测影技术的巅峰。

结　论

元朝郭守敬对圭表测影的改进，使圭表测影技术和精度都达到巅峰。有些学者认为郭守敬的四丈高表是受到阿拉伯大型天文仪器巨型化潮流的影响，毕竟在郭守敬制四丈高表之前，西域的札马鲁丁就曾上献过7件西域仪象，其中一件是“冬夏至晷影堂”，对其的描述为“为屋五间，屋下为坎，深二丈二尺”[2]，规模更甚四丈高表，郭守敬完全有可能接触这类大型天文仪器并受其影响，但就目前的资料而言，这种观点仍缺少关键性的证据。但换一种角度，我们可以找出郭守敬将高表高度定为四丈的直接理由。通过分析，我们认为郭守敬将表高定为四丈并非随意而

[1] 此处“分”为中国古代量天尺中的单位。

[2] 宋濂．元史·天文志 [A]// 中华书局编辑部．历代天文律历等志汇编（四）．北京：中华书局，1976：1193.

定，四丈的高度是为了达成“厘毫差易分别”，由于当时的测影读数最小值为 5 毫，若要使八尺圭表能够分辨出 1 毫，则高表高度必须是八尺的 5 倍，即四丈。由此可见，郭守敬创制四丈高表有其自身的内在需求和逻辑，表高四丈使（八尺表）“厘毫差易分别”，这显然是合理且成功的一项创造。但不同于人们通常的想象，四丈高表本身并不会使测影精度高于八尺圭表。对于四丈高表相较于八尺圭表是否提高测影精度的问题，我们从基本原理上进行了分析，结论是：在都使用景符的情况下，四丈高表相较于八尺圭表并不能提高测影精度。但如果测影读数的横梁影恰好平分光斑，四丈高表会有比八尺圭表更高的测影精度。在此基础上，我们重新对郭守敬四丈高表测影的原始数据进行分析。结合之前的研究，我们仅对确定了测影位置的测影数据进行处理，其结论是郭守敬 1279 年冬天的测影数据有明显的系统误差存在，在分多种情况消除系统误差之后，我们推断郭守敬 1279 年冬天高表测影的随机误差在 4 毫米左右。

在重新探讨了郭守敬四丈高表的 3 个问题之后，我们梳理了中国古代圭表测影技术的发展历程，指出传统圭表测影技术在汉代定型之后，直到宋元时期才得到新的发展，其中郭守敬的四丈高表测影从方法和仪器两方面做出改进，使圭表测影技术达到顶峰。元代之后，圭表测影技术的发展再次停滞，在实际使用中甚至出现了倒退的情况。当然，对于中国古代圭表测影，由于诸多文献的缺失，还有很多细节值得研究，尤其是在宋代的技术演进，需要更进一步地探索和挖掘。